できる®
Excel VBA プログラミング入門

仕事がサクサク進む
自動化プログラムが作れる本

小舘由典 &できるシリーズ編集部

インプレス

できるシリーズはますます進化中！

本書の3大特典のご案内

特典1 操作を「聞ける！」できるサポート

「できるサポート」では書籍で解説している内容について、電話などで質問を受け付けています。たとえ分からないことがあっても安心です。

詳しくは……
252ページをチェック！

特典2 すぐに「試せる！」練習用ファイル

レッスンで解説している操作をすぐに試せる練習用ファイルを用意しています。好きなレッスンから繰り返し学べ、学習効果がアップします。

詳しくは……
16ページをチェック！

特典3 内容を「検索できる！」無料電子版付き

本書の購入特典として、手軽に持ち歩ける電子書籍版（PDF）を提供しています。

PDF閲覧ソフトを使えば、キーワードから知りたい情報をすぐに探せます。

書籍情報ページをチェック！
https://book.impress.co.jp/books/1118101038

まえがき

本書はExcelのマクロを解説したものでもVBAでExcelを便利に使うためのものでもありません。プログラムを学ぼうと考えて数々の入門書を読んでも身につかなかったプログラミングの基礎を、身近にあるExcelのVBAを使って解説した本です。いわばプログラミング基礎の基本を解説した本です。

プログラミングを始めてみたいけど何から手を付ければよいのか分からないとか、プログラミング言語の解説書を読んだけど理解できなかったと感じたことは多いのではないでしょうか。

そう感じられてきた多くの方々の声を聞き、何とかできないものかといろいろと検討を重ねてきました。プログラムに関する解説書となると、どうしても説明が多くなってしまい、今までの「できる」シリーズのようにはできないのではと思ったほどです。しかし根気強い編集担当者の努力のおかげで、今までのVBAをはじめとするプログラミングの解説書にはないわかりやすさを持ったものを作ることができました。簡単な内容で十分に伝えられるように、サンプルも厳選してあります。

もちろんExcelのVBAをベースにした内容ですから、本書を読んでいただければExcelのマクロをより深く理解することができるので、今まで以上にExcelを便利に使うことができるようになります。さらに本書の内容をしっかり理解していけばプログラミングの基本的な考え方も身につくので、VBA以外のプログラミング言語を学習するときの基礎にもなるはずです。

今まで、プログラミングは難しいものという気持ちがあって敬遠されていた方にも、本書を読めば少しは理解を深めていただけると考えています。

2018年9月　小舘由典

本書の読み方

第1章～第4章　プログラミングの基本を理解する

本書は全8章で構成されています。前半となる第1章から第4章までは、プログラミングの基本知識を身に付けられます。フローチャートを書くための論理的な考え方や、プログラミングで重要な3つの処理方法が分かります。また、初めてのプログラミングでおさえておきたい構文を厳選して解説します。

第1章

プログラムの基礎知識が分かります。処理手順を論理的に考えるためのコツや、フローチャートの書き方を解説しています。また、マクロとVBAの違いや関係が理解できます。

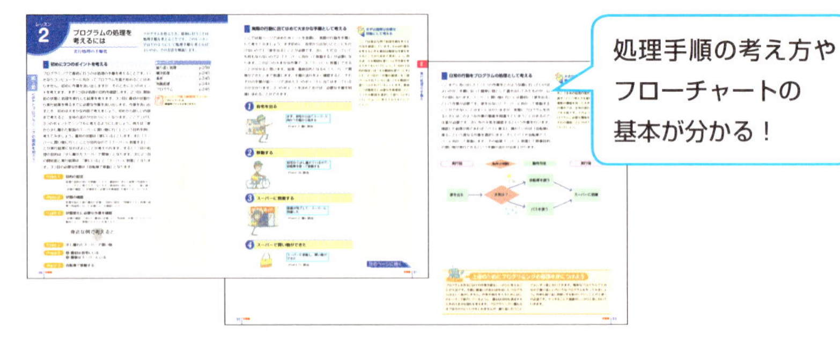

第2章

Excel VBAでプログラミングするときに欠かせない開発ツール「VBE」の基本が分かります。コードを記述する方法から、完成したコードを実行する方法が身に付きます。

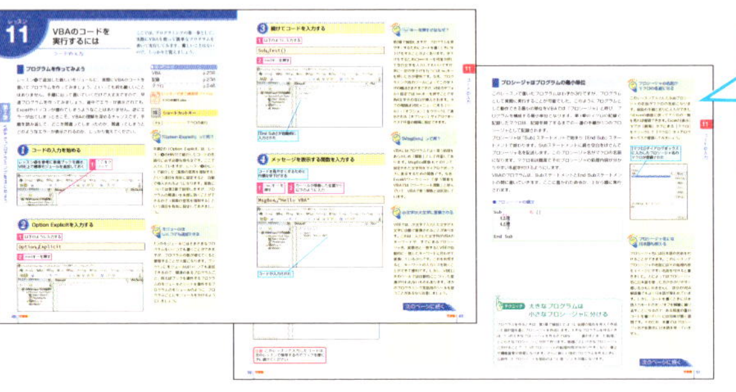

開発ツールや
コード入力の
基本が分かる！

第3章

VBAのプログラミングで、最初に知っておきたい構文やコードが分かります。どの構文やコードも実際のプログラミングでもよく使われるので、効率よくVBAが学べます。

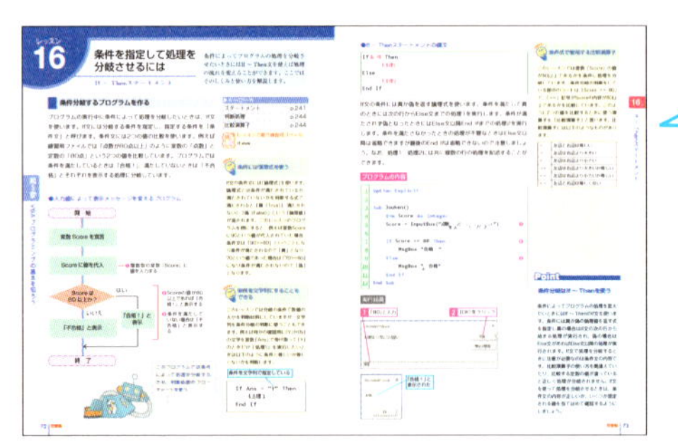

プログラミングに
必須の3大処理と
構文が分かる！

第4章

Excelの操作を自動化するために必要なコードが理解できます。値の入力や消去といったセルの操作からワークシートの操作、ファイル操作などを解説しています。

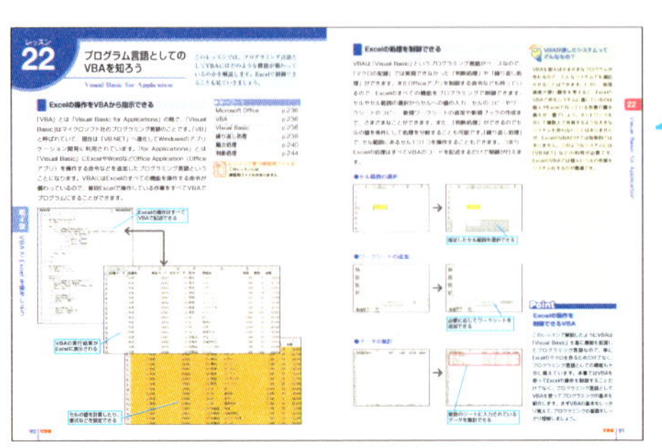

Excelそのものを
自動制御する基本が
分かる！

第5章〜第8章　実践的な知識が身に付く

本書の後半となる第5章から第8章では、前半の章で身に付けた知識を徐々にレベルアップさせながら、本格的なプログラムを作成していきます。第5章から第7章まで分割して作成したプログラムを第8章で1つのプログラムとして統合します。作成するプログラムは8ページで詳しく解説しています。

第5章

テキストファイルなどの読み込みと、Excel ブック形式への変換を自動で行うプログラムを作成します。更に変換するときには、データに手を加えて整形する機能も付けます。

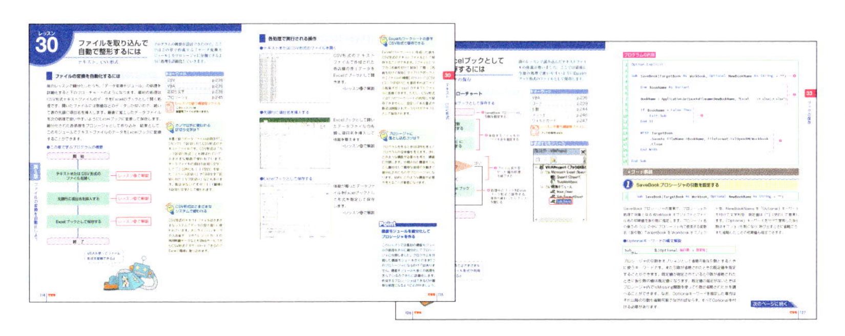

第6章

読み込んだファイルに、別のファイルから自動転記するプログラムを作成します。転記するときには、双方のデータを検索して合致した項目のコピーと貼り付けを自動で行います。

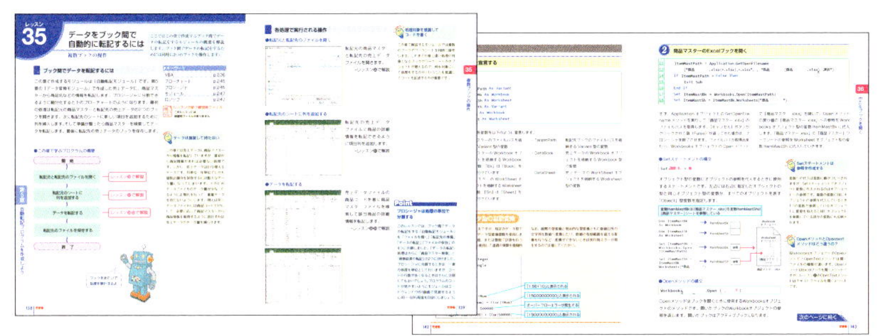

第7章

第６章で完成したデータを自動で並べ替えるプログラムを作成します。並べ替えるときにはダイアログボックスを表示して、任意の項目で並べ替えられる機能を付けています。

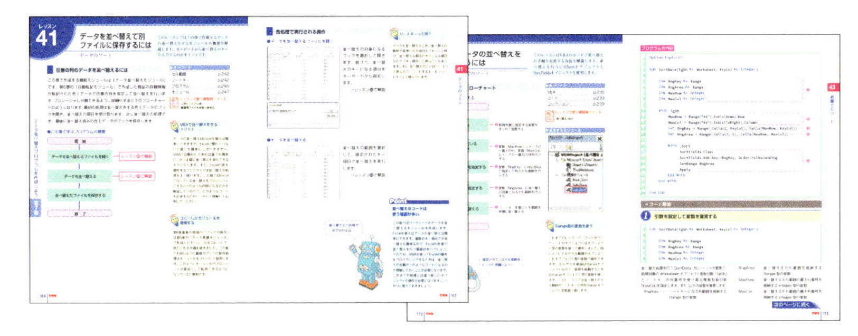

第8章

第５章から第７章を経て加工されたデータを自動集計するプログラムを作成します。ここまで作成したプログラムを統合し、ボタンに登録して簡単に実行できるようにします。

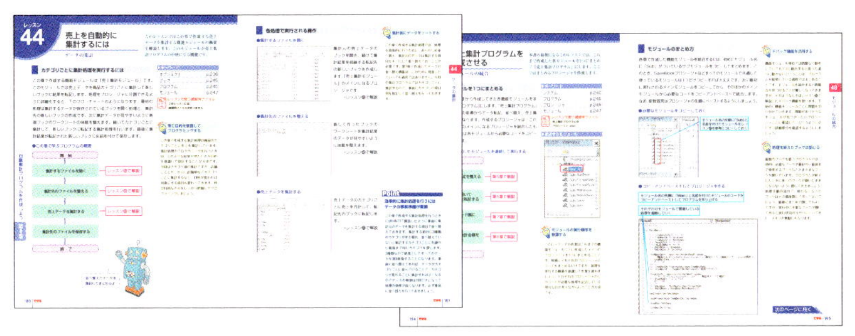

できるシリーズの読み方

レッスン

見開き完結を基本に、やりたいことを簡潔に解説

やりたいことが見つけやすいレッスンタイトル

各レッスンには、「○○をするには」や「○○って何?」など、"やりたいこと"や"知りたいこと"がすぐに見つけられるタイトルが付いています。

機能名で引けるサブタイトル

「あの機能を使うにはどうするんだっけ?」そんなときに便利。機能名やサービス名などで調べやすくなっています。

キーワード

そのレッスンで覚えておきたい用語の一覧です。巻末の用語集の該当ページも掲載しているので、意味もすぐに調べられます。

左ページのつめでは、章タイトルでページを探せます。

レッスン 49

ボタンを配置してマクロを登録するには

ボタン(フォームコントロール)

VBAのプログラムを実行するとき、毎回[マクロ]ダイアログボックスを開くのは面倒です。ワークシート上にボタンを配置して簡単に実行する方法を解説します。

ボタン操作でマクロを呼び出す

これまでのレッスンでは作成したマクロを[マクロ]ダイアログボックスを開いて実行していました。追加したマクロもダイアログボックスから選択すれば実行できますが使い勝手がよくありません。またExcelの操作に不慣れな人にとっては大変使いにくいものです。完成したマクロは誰でも簡単に使えるようになっていれば便利です。そこで登場するのが[フォームコントロール]の[ボタン]です。ボタンにマクロを登録すれば、簡単に扱えるようになります。

▶キーワード

[開発]タブ	p.238
ダイアログボックス	p.242
フォーム	p.245
ユーザーフォーム	p.247

レッスンで使う練習用ファイル
ボタン(フォームコントロール).xlsm

ショートカットキー

Alt + F8 ……… [マクロ]ダイアログボックスの表示

1 配置するボタンを選択する

[ボタン(フォームコントロール).xlsm]を開いておく

1 [開発]タブをクリック

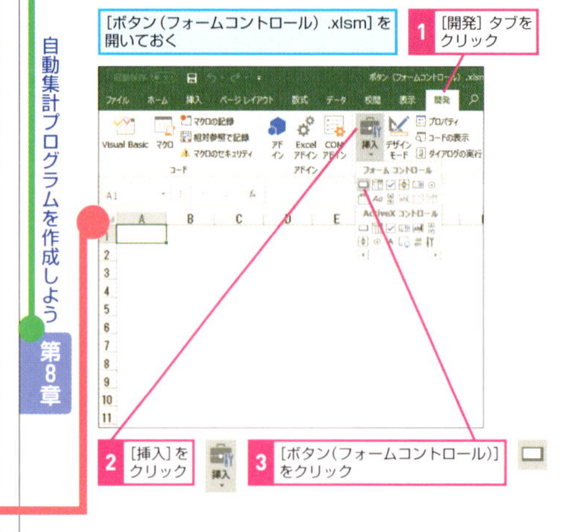

2 [挿入]をクリック

3 [ボタン(フォームコントロール)]をクリック

HINT! フォームコントロールとActiveXコントロール

手順1で[挿入]をクリックしたときに表示されるリストに[フォームコントロール]と[ActiveXコントロール]の2種類があります。[フォームコントロール]はExcel 5.0以降と互換性のある独自のコントロールです。[ActiveXコントロール]は[フォームコントロール]よりも詳細な設定ができるように作られたコントロールです。通常は[フォームコントロール]を使用します。

間違った場合は?

手順1で間違えて[ボタン(フォームコントロール)]以外を選択してしまったときは、もう一度手順1でボタンを選択し直します。

第8章 自動集計プログラムを作成しよう

198 できる

手 順

必要な手順を、すべての画面とすべての操作を掲載して解説

手順見出し

「○○を表示する」など、1つの手順ごとに内容の見出しを付けています。番号順に読み進めてください。

解説

操作の前提や意味、操作結果に関して解説しています。

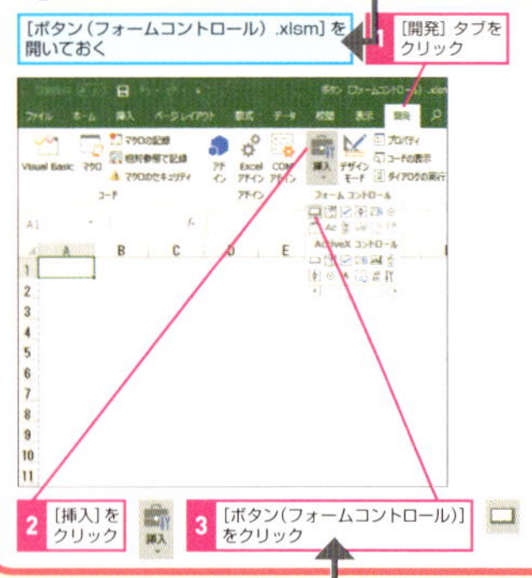

操作説明

「○○をクリック」など、それぞれの手順での実際の操作です。番号順に操作してください。

ショートカットキー

知っておくと何かと便利。キーボードを組み合わせて押すだけで、簡単に操作できます。

レッスンで使う練習用ファイル

手順をすぐに試せる練習用ファイルを用意しています。章の途中からレッスンを読み進めるときに便利です。

テクニック より高度な機能を追加できるユーザーフォーム

VBAには「ユーザーフォーム」という独自のダイアログボックスを作成する機能があります。レッスン⑩の手順1で［標準モジュール］を追加するときに［ユーザーフォーム］をクリックすると、新しいユーザーフォームが追加されます。例えばユーザーフォームにマクロを登録したボタンを配置すればメニュー画面が作れ、メッセージと「OK」と表示されたボタンを配置すれば独自のメッセージボックスがそれぞれ作れます。さらにテキストボックスやさまざまなコントロールを配置すればデータの入力画面やデータの検索画面など、より高機能な画面も作れます。

Column 開いている別のブックからもマクロを登録できる

マクロが登録されている複数のブックを開いていると、手順3で開いている［マクロの登録］ダイアログボックスの［マクロ名］リストには開いているブックに登録されたすべてのマクロが表示されます。このとき、ボタンを配置したブック以外の別のブックにあるマクロを選択して登録することもできます。ボタンをクリックしたときにマクロが登録してあるブックが開いていないときは、ブックが自動で開いてマクロが実行されます。ただし、マクロを特定のブックで一元管理して、常にマクロを登録してあるブックが開いている状態で使用しなければならないため、使い方には注意が必要です。

49 ボタン（フォームコントロール）

テクニック／コラム

「テクニック」では、ワンランク上の使いこなしワザを解説しています。「コラム」ではプログラミングで役立つ知識が身に付きます。

右ページのつめでは、知りたい機能でページを探せます。

2 ボタンの大きさを設定する

マウスポインターの形が変わった

1 ここにマウスポインターを合わせる

2 ここまでドラッグ

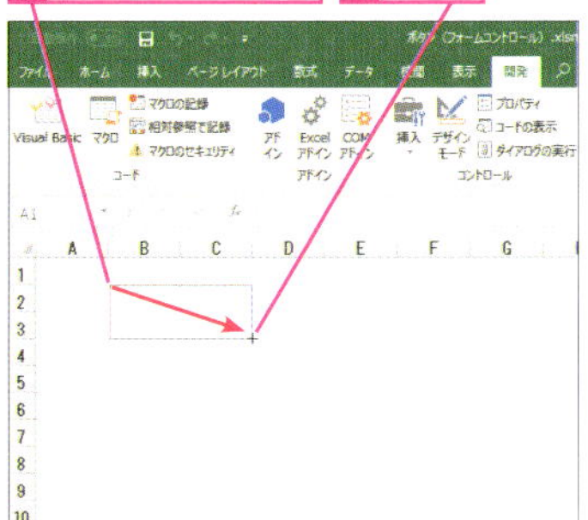

HINT! ボタンのサイズをセルに合わせる

手順2でボタンのサイズを変更するとき Alt キーを押しながらドラッグするとセルの枠に合わせることができます。またボタンの位置を移動するときも同じように Alt キーを押しながらドラッグするとセルの枠に合わせて移動できます。

Point ボタンがあれば素早く実行できる

ボタンにマクロを登録すれば、実行するたびにダイアログボックスを開かなくてすむので便利です。登録してあるマクロの数が増えてきたときなど、必要なマクロを探す手間が省けるでしょう。ボタンに分かりやすい標題を付けておけば、自分以外の人でも簡単に実行できます。ただし、あまりたくさんのボタンを配置してしまうと、逆に分かりにくくなってしまったり、ワークシートの作業スペースがなくなってしまったりするので、最上行の1～2列分ぐらいにしておきましょう。

HINT!

レッスンに関連したさまざまな機能や、一歩進んだ使いこなしのテクニックなどを解説しています。

Point

各レッスンの末尾で、レッスン内容や操作の要点を丁寧に解説。レッスンで解説している内容をより深く理解することで、確実に使いこなせるようになります。

間違った場合は？

手順の画面と違うときには、まずここを見てください。操作を間違った場合の対処法を解説してあるので安心です。

※ここに掲載している紙面はイメージです。実際のレッスンページとは異なります。

本書で作成する自動化プログラム

本書の第5章から第8章では、実際に仕事でも役立てられる自動集計プログラムを作成していきます。本書ではデータベースソフトなどから書き出されたCSV形式のテキストファイルをExcelで自動集計するというシーンを想定したプログラムになっています。ここでは各章で作成するプログラムと、各章のプログラムでできることを解説しています。それぞれでできることを見て、該当コードを手早く知りたい、というときにも役立ちます。

第5章

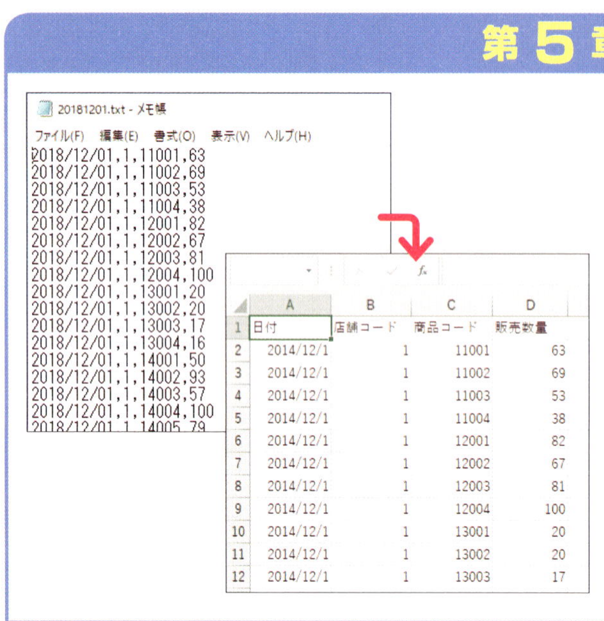

20181201.txt - メモ帳

ファイル(F) 編集(E) 書式(O) 表示(V) ヘルプ(H)

```
2018/12/01,1,11001,63
2018/12/01,1,11002,69
2018/12/01,1,11003,53
2018/12/01,1,11004,38
2018/12/01,1,12001,82
2018/12/01,1,12002,67
2018/12/01,1,12003,81
2018/12/01,1,12004,100
2018/12/01,1,13001,20
2018/12/01,1,13002,20
2018/12/01,1,13003,17
2018/12/01,1,13004,16
2018/12/01,1,14001,50
2018/12/01,1,14002,93
2018/12/01,1,14003,57
2018/12/01,1,14004,100
2018/12/01,1,14005,79
```

	A	B	C	D
1	日付	店舗コード	商品コード	販売数量
2	2014/12/1	1	11001	63
3	2014/12/1	1	11002	69
4	2014/12/1	1	11003	53
5	2014/12/1	1	11004	38
6	2014/12/1	1	12001	82
7	2014/12/1	1	12002	67
8	2014/12/1	1	12003	81
9	2014/12/1	1	12004	100
10	2014/12/1	1	13001	20
11	2014/12/1	1	13002	20
12	2014/12/1	1	13003	17

集計元のデータを**読み込んで整形**する

できること

- テキストファイルを読み込んでExcelのブックとして保存する
- データに項目名を自動で挿入する

第6章

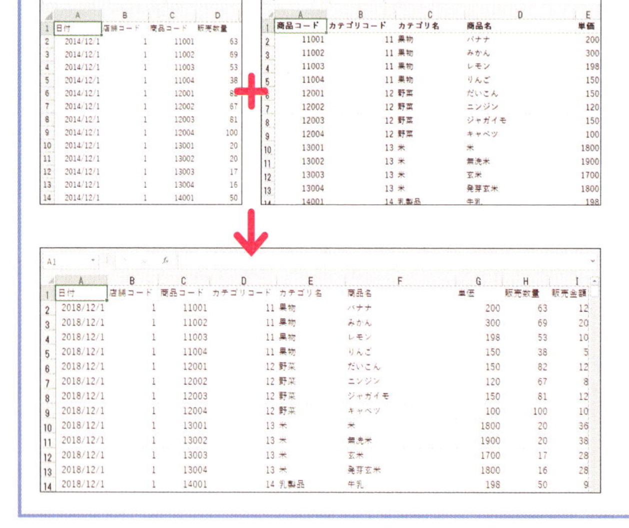

	A	B	C	D
1	日付	店舗コード	商品コード	販売数量
2	2014/12/1	1	11001	63
3	2014/12/1	1	11002	69
4	2014/12/1	1	11003	53
5	2014/12/1	1	11004	38
6	2014/12/1	1	12001	82
7	2014/12/1	1	12002	67
8	2014/12/1	1	12003	81
9	2014/12/1	1	12004	100
10	2014/12/1	1	13001	20
11	2014/12/1	1	13002	20
12	2014/12/1	1	13003	17
13	2014/12/1	1	13004	16
14	2014/12/1	1	14001	50

＋

	A	B	C	D	E
1	商品コード	カテゴリコード	カテゴリ名	商品名	単価
2	11001	11	果物	バナナ	200
3	11002	11	果物	みかん	300
4	11003	11	果物	レモン	198
5	11004	11	果物	りんご	150
6	12001	12	野菜	だいこん	150
7	12002	12	野菜	ニンジン	120
8	12003	12	野菜	ジャガイモ	150
9	12004	12	野菜	キャベツ	100
10	13001	13	米	米	1800
11	13002	13	米	無洗米	1900
12	13003	13	米	玄米	1700
13	13004	13	米	発芽玄米	1800
14	14001	14	乳製品	牛乳	198

	A	B	C	D	E	F	G	H	I
1	日付	店舗コード	商品コード	カテゴリコード	カテゴリ名	商品名	単価	販売数量	販売金額
2	2018/12/1	1	11001	11	果物	バナナ	200	63	12
3	2018/12/1	1	11002	11	果物	みかん	300	69	20
4	2018/12/1	1	11003	11	果物	レモン	198	53	10
5	2018/12/1	1	11004	11	果物	りんご	150	38	5
6	2018/12/1	1	12001	12	野菜	だいこん	150	82	12
7	2018/12/1	1	12002	12	野菜	ニンジン	120	67	8
8	2018/12/1	1	12003	12	野菜	ジャガイモ	150	81	12
9	2018/12/1	1	12004	12	野菜	キャベツ	100	100	10
10	2018/12/1	1	13001	13	米	米	1800	20	36
11	2018/12/1	1	13002	13	米	無洗米	1900	20	38
12	2018/12/1	1	13003	13	米	玄米	1700	17	28
13	2018/12/1	1	13004	13	米	発芽玄米	1800	16	28
14	2018/12/1	1	14001	14	乳製品	牛乳	198	50	9

読み込まれたデータに**転記して補完**する

できること

- 転記先のファイルにデータを貼り付けられるよう列を追加する
- 転記元のファイルを検索して該当する情報をコピーして自動で貼り付ける

第7章

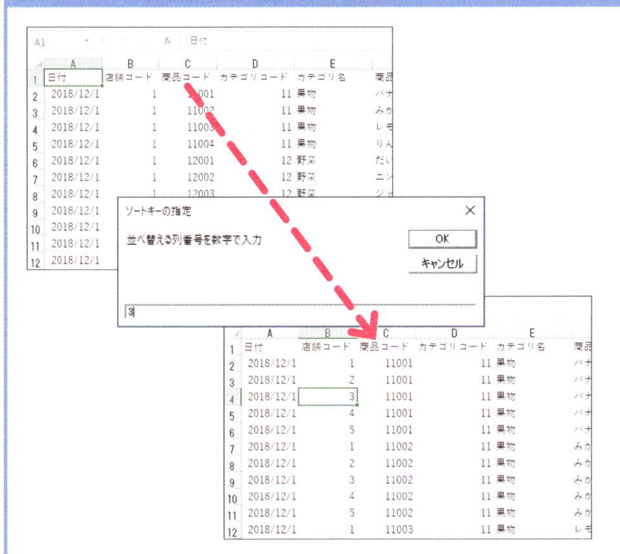

保管されたデータを集計しやすく並べ替え

できること

- 並べ替えのキーを入力するダイアログボックスを表示する
- 入力されたキーで並べ替えを自動で実行する

第8章

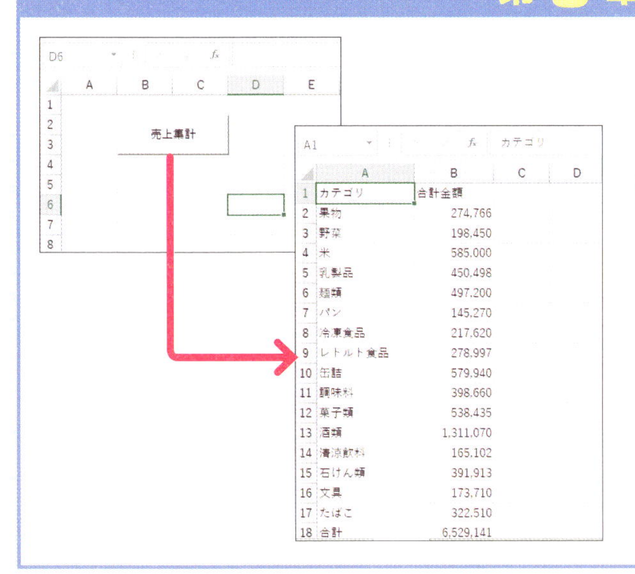

各プログラムで加工されたデータを集計する

できること

- 集計結果のファイルを新しく作成して保存する
- データを開いて自動で集計を実行する
- 各章で作成したプログラムを1つに統合する
- ボタンで実行できるようにする

ご購入・ご利用の前に必ずお読みください

本書は、2018年9月現在の情報をもとに「Microsoft Excel 2016」の操作方法について解説しています。本書の発行後に「Microsoft Excel 2016」の機能や操作方法、画面などが変更された場合、本書の掲載内容通りに操作できなくなる可能性があります。本書発行後の情報については、弊社のWebページ（https://book.impress.co.jp/）などで可能な限りお知らせいたしますが、すべての情報の即時掲載ならびに、確実な解決をお約束することはできかねます。また本書の運用により生じる、直接的、または間接的な損害について、著者ならびに弊社では一切の責任を負いかねます。あらかじめご理解、ご了承ください。

本書で紹介している内容のご質問につきましては、できるシリーズの無償電話サポート「できるサポート」にて受け付けております。ただし、本書の発行後に発生した利用手順やサービスの変更に関しては、お答えしかねる場合があります。また、本書の奥付に記載されている初版発行日から3年が経過した場合、もしくは解説する製品やサービスの提供会社がサポートを終了した場合にも、ご質問にお答えしかねる場合があります。できるサポートのサービス内容については252ページの「できるサポートのご案内」をご覧ください。なお、都合により「できるサポート」のサービス内容の変更や「できるサポート」のサービスを終了させていただく場合があります。あらかじめご了承ください。

練習用ファイルについて

本書で使用する練習用ファイルは、弊社Webサイトからダウンロードできます。
練習用ファイルと書籍を併用することで、より理解が深まります。

▼練習用ファイルのダウンロードページ
https://book.impress.co.jp/books/1118101038

●用語の使い方

本文中では、「Microsoft® Windows® 10」のことを「Windows 10」または「Windows」、「Microsoft® Windows® 8.1」のことを「Windows 8.1」または「Windows」、「Microsoft® Windows ® 7」のことを「Windows 7」または「Windows」と記述しています。また、本文中で使用している用語は、基本的に実際の画面に表示される名称に則っています。

●本書の前提

本書では、「Windows 10」と「Office 2016」がインストールされているパソコンで、インターネットに常時接続されている環境を前提に画面を再現しています。画面解像度やエディションの違い（Office Premium、Office 365 Solo）により、一部のメニュー名が異なる可能性があります。

目　次

第3章 VBAプログラミングの基本を知ろう 59

第4章　VBAでExcelを操作しよう　89

第5章　ファイルの変換を自動化しよう　109

第8章　自動集計プログラムを作成しよう　179

練習用ファイルの使い方

本書では、レッスンの操作をすぐに試せる無料の練習用ファイルを用意しています。Excel 2016の初期設定では、ダウンロードした練習用ファイルを開くと、保護ビューで表示される仕様になっています。本書の練習用ファイルは安全ですが、練習用ファイルを開くときは以下の手順で操作してください。

▼ 練習用ファイルのダウンロードページ
https://book.impress.co.jp/books/1118101038

練習用ファイルを利用するレッスンには、練習用ファイルの名前が記載してあります。

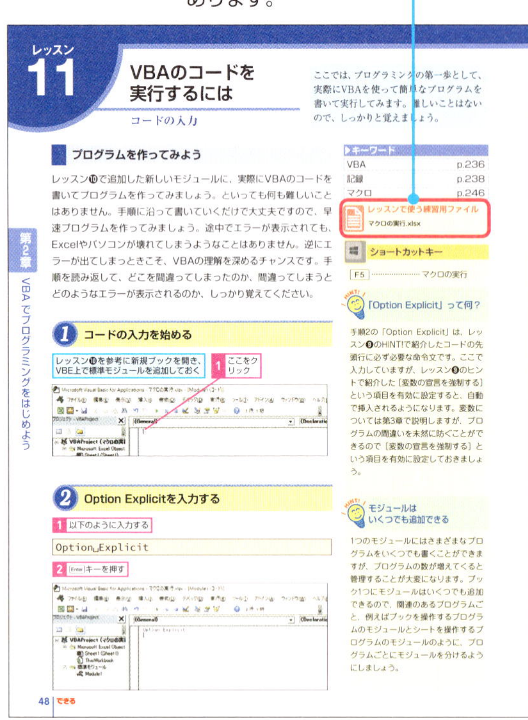
レッスン 11

VBAのコードを実行するには

コードの入力

ここでは、プログラミングの第一歩として、実際にVBAを使って簡単なプログラムを書いて実行してみます。難しいことはないので、しっかりと覚えましょう。

プログラムを作ってみよう

レッスン⑩で追加した新しいモジュールに、実際にVBAのコードを書いてプログラムを作ってみましょう。といっても何も難しいことはありません。手順に沿って書いていくだけで大丈夫ですので、早速プログラムを作ってみましょう。途中でエラーが表示されても、Excelやパソコンが壊れてしまうようなことはありません。逆にエラーが出てしまっときこそ、VBAの理解を深めるチャンスです。手順を読み返して、どこを間違ってしまったのか、間違ってしまうとどのようなエラーが表示されるのか、しっかり覚えてください。

▶キーワード

VBA	p.236
記録	p.238
マクロ	p.246

レッスンで使う練習用ファイル
マクロの実行.xlsx

ショートカットキー
F5 ……… マクロの実行

HINT! 「Option Explicit」って何？

手順2の「Option Explicit」は、レッスン❾のHINT!で紹介したコードの先頭行に必ず必要な命令文です。ここで入力していますが、レッスン❾のヒントで紹介した［変数の宣言を強制する］という項目を有効に設定すると、自動で挿入されるようになります。変数については第3章で説明しますが、プログラムの間違いを未然に防ぐことができるので［変数の宣言を強制する］という項目を有効に設定しておきましょう。

HINT! モジュールはいくつでも追加できる

1つのモジュールにはさまざまなプログラムをいくつでも書くことができますが、プログラムの数が増えてくると管理することが大変になります。ブック1つにモジュールはいくつでも追加できるので、関連のあるプログラムごと、例えばブックを操作するプログラムのモジュールとシートを操作するプログラムのモジュールのように、プログラムごとにモジュールを分けるようにしましょう。

1 コードの入力を始める

レッスン⑩を参考に新規ブックを開き、VBE上で標準モジュールを追加しておく
1 ここをクリック

2 Option Explicitを入力する

1 以下のように入力する

```
Option Explicit
```

2 Enterキーを押す

第2章 VBAでプログラミングをはじめよう

48 できる

HINT! なぜ警告が表示されるの？

Excel 2016では、インターネットを経由してダウンロードしたファイルを開くと、保護ビューで表示されます。ウイルスやスパイウェアなど、セキュリティ上問題があるファイルをすぐに開いてしまわないようにするためです。ファイルの入手時に配布元をよく確認して、安全と判断できた場合は、[編集を有効にする] ボタンをクリックしてください。[編集を有効にする] ボタンをクリックすると、次回以降同じファイルを開いたときに保護ビューが表示されません。

第1章 VBAとプログラミングの関係を知ろう

VBAでプログラミングを始めるには何をすればいいのでしょうか。この章では、Excelのマクロと VBAの関係や、プログラムを作るためには何をすればいいのかということを解説します。

●この章の内容

レッスン
1

プログラミングって何？

プログラミング

このレッスンでは、「プログラム」とは何なのか、「プログラミング」とは何をすればよいのか、その第一歩としてプログラムとプログラミングについて解説します。

プログラムとプログラミング

入学式や卒業式、あるいはコンサートなどで「プログラム」を目にしたことがあると思います。プログラムには式典の開始から終了までの内容が順に書かれていて、裏方にとっては進行の手順書となります。本書で解説するコンピューターのプログラムも、裏方であるコンピューターに対して目的の処理を進めていく手順書となるものです。この手順書となるプログラムを作る作業を「プログラミング」と呼びます。式典のプログラムを人間が理解できる言語で書くように、コンピューターのプログラムはコンピューターが理解できる言語で書きます。この言語を「プログラミング言語」と呼び、BASICやC、Java、Python、アセンブラなどさまざまな言語があります。プログラミングでは、コンピューターに処理をさせる手順を考え、プログラミング言語の文法に従って手順通りに命令を記述してプログラムを作ります。コンピューターはプログラムに書かれた手順通りに命令を実行します。

▶キーワード

Microsoft Office	p.236
VBA	p.236
Visual Basic	p.236
プログラム	p.245
マクロ	p.246

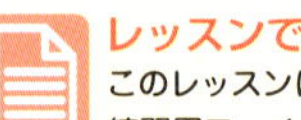

レッスンで使う練習用ファイル
このレッスンには、
練習用ファイルがありません

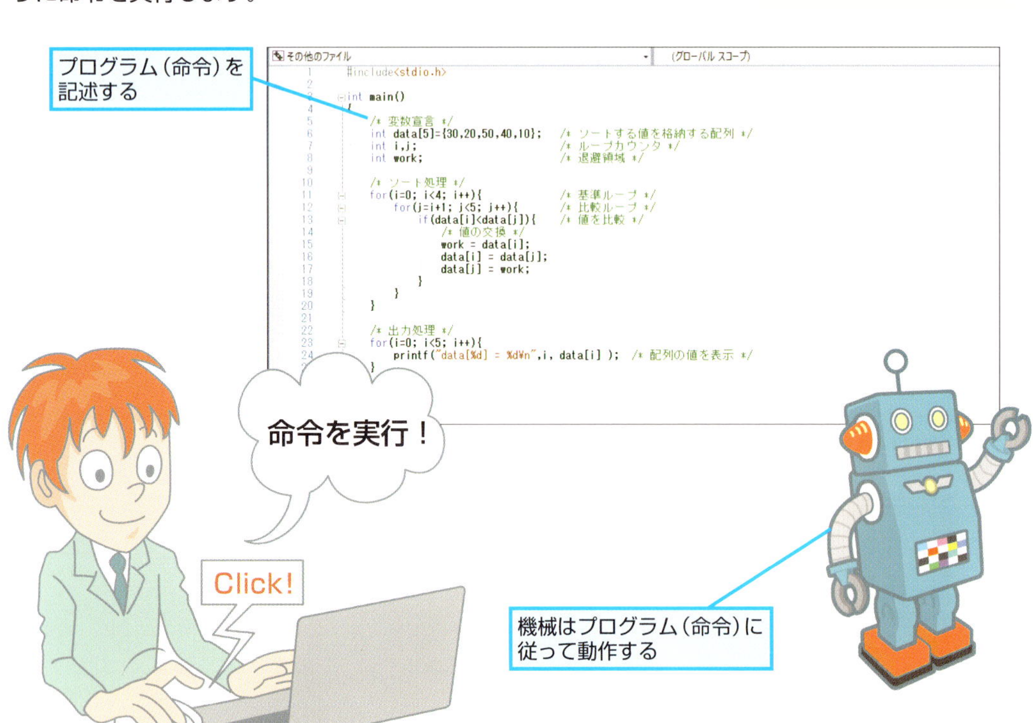

Excelとプログラミング

Excelにはマクロを作成するためにVBAというプログラミング言語が搭載されています。VBAとは「Visual Basic for Applications」の略で、ExcelをはじめWordやPowerPoint、OutlookなどさまざまなOffice製品を自動化するためのMicrosoftのプログラミング言語です。右のHINT!にあるようにBASIC言語をベースに拡張されたプログラミング言語なのでVBAはプログラミングの初心者にとって理解しやすい言語です。VBAを理解すれば、記録したマクロを修正したり、マクロの記録を使わなくてもゼロから作成することができます。

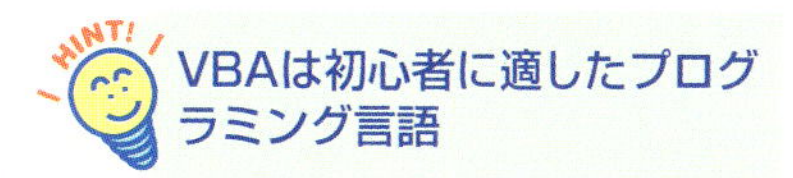

VBAは初心者に適したプログラミング言語

VBAのBは「BASIC」というプログラミング言語の略で、コンピューター教育向けに作られたものです。すでに50年以上もの間使われてきたBASIC言語ですが、さまざまな機能が拡張されていき、今ではシステム開発のために使われる言語の1つとなっています。しかし、どんなに機能が豊富になってもBASIC言語としての使いやすさや理解のしやすさは損なわれていません。そのため、初めて覚えるプログラミング言語として適した言語といえます。

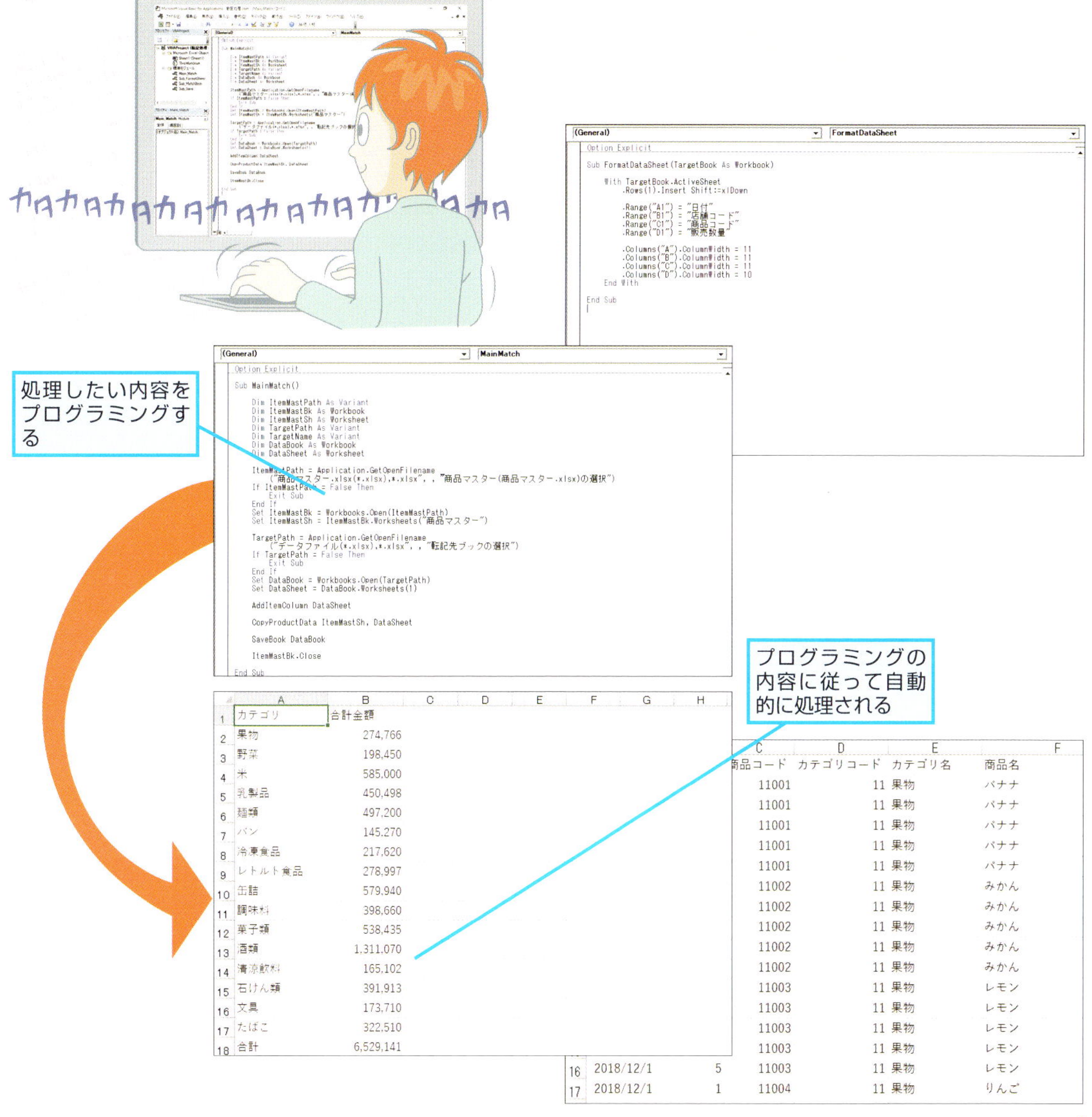

レッスン
2 プログラムの処理を考えるには

実行処理の手順化

プログラムを作るとき、最初に行うことは処理手順を考えることです。このレッスンではどのようにして処理手順を考えればよいのか、その方法を解説します。

初めに3つのポイントを考える

プログラミングで最初に行うのは処理の手順を考えることです。いきなりコンピューターに向かってプログラムを書き始めることはありません。初めに作業を洗い出しますが、そのときに3つのポイントを考えます。まず1つ目は処理の目的を確認します。2つ目に開始前の状態と処理を実行した結果を考えます。3つ目に最初の状態から実行結果を得るまでに必要な作業を洗い出します。作業を洗い出すとき、初めは大まかな内容で考えましょう。初めから詳しい内容まで考えると、全体の流れが分かりにくくなります。ここで上げた3つのポイントでシンプルに考えるようにしましょう。例えば「家から少し離れた駅前のスーパーに買い物に行く」という目的を例に考えてみましょう。最初の状態は「家にいる」とします。また「スーパーに買い物に行く」ことが目的なので「スーパーに到着する」ことが実行結果になればよいことが考えられます。すると1つ目の処理の目的は「少し離れたスーパーで買物」となります。次に2つ目の開始前と実行結果は、「家にいる」と「スーパーに到着」となります。3つ目の必要な作業は「自転車で移動」となります。

Point 1 目的の設定

処理の目的が何かを明確にします。最終的に求める結果や完成形をイメージすると考えやすくなります。具体的に決めておくと、後に続く「状態の確認」や「状態変化に必要な作業確認」を導きやすくなります

Point 2 状態の確認

処理を始める前の最初の状態と「目的の設定」で明確化された処理の結果や完成形になった状態の2つを確認します

Point 3 状態変化に必要な作業を確認

「状態の確認」で決めた「最初の状態」から「完成後の状態」がどのような動作によって実現されるのかを考えます

身近な例で考えると・・・

Point 1 少し離れたスーパーで買い物

Point 2 Ⓐ 最初は自宅にいる
Ⓑ 最後はスーパーにいる

Point 3 自転車で移動する

▶キーワード

繰り返し処理	p.239
順次処理	p.240
条件	p.240
判断処理	p.244
プログラム	p.245

レッスンで使う練習用ファイル
このレッスンには、
練習用ファイルがありません

実際の行動に当てはめて大まかな手順として考える

ここでは前ページで決めたポイントを念頭に、実際の行動を手順として考えてみましょう。まず初めに、自宅から出ないとどこにも行けないので1.「家を出る」ことが必要です。次に、ただ立っていても何もならないので2.「スーパーに向かって移動する」が必要になります。この2つの大まかな作業で、3.「スーパーに到着」できることが分かると思います。結果、最終目的となる4.「スーパーで買物ができた」まで到達します。手順の流れをよく確認すると、それぞれの手順が前ページで決めた3つのポイントに当てはまっているのが分かります。3つのポイントを決めておけば、必要な手順を明確に求めることができます。

1 自宅を出る

まず、自宅から出てスーパーに向かう行動から始まる

→Point 2·Ⓐに該当

2 移動する

自宅から少し離れているので、自転車を使って移動する

→Point 3に該当

3 スーパーに到着する

移動が完了して、スーパーに到着した

→Point 2·Ⓑに該当

4 スーパーで買い物ができた

スーパーに移動し、買い物ができた

→Point 1に該当

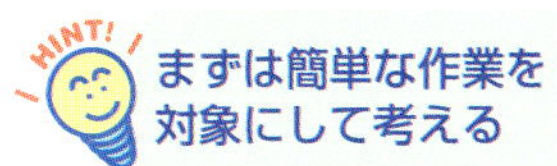

まずは簡単な作業を対象にして考える

ここでは身近な例で処理手順を考える方法を解説しています。Excelの操作を考えるときも最初は簡単な作業を考えるところから初めて見ましょう。例えば、セル範囲を塗りつぶす作業を考えてみてもいいでしょう。1つ目の「目的の設定」は「セル範囲を塗りつぶす」とし、2つ目の「状態の確認」を「塗りつぶされていない表」「セル範囲が塗りつぶされている」とします。最後に「状態変化に必要な作業確認」として「セル範囲を選択して塗りつぶす」といったように考えてみてもいいでしょう。

次のページに続く

大まかな手順を細分化して考える

前ページではひと通りの手順を考えてみました。ここでは考えた手順をもう少し詳しく考えてみましょう。そうすると2.の移動では「少し離れたスーパー」なので普段は自転車を使っていますが、雨が降っていたら濡れてしまうので「バスで行く」場合があることに気付きます。そうなると、移動前に「雨が降っているかどうか確認する」という手順があったほうがよい、ということが見えてきます。最初は大まかな作業から考えて、徐々に必要な作業を加えて、より詳しい手順に細分化していくことがポイントとなります。

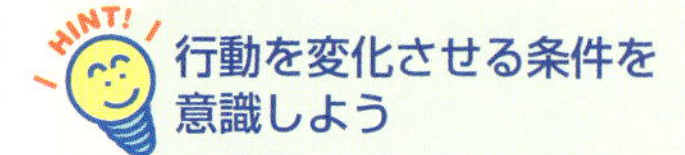

行動を変化させる条件を意識しよう

普段の何気ない行動も無意識に判断して変えていることがあります。このレッスンの天候で移動手段を変えるように、実はさまざまな場面で行っています。また判断は繰り返し行うこともあります。例えばバスに乗るときに目的のバスが来るまで待ちます。これは「バスを待つ」という行動の「目的のバスが来るまで」という条件での繰り返しです。

●普段の手順

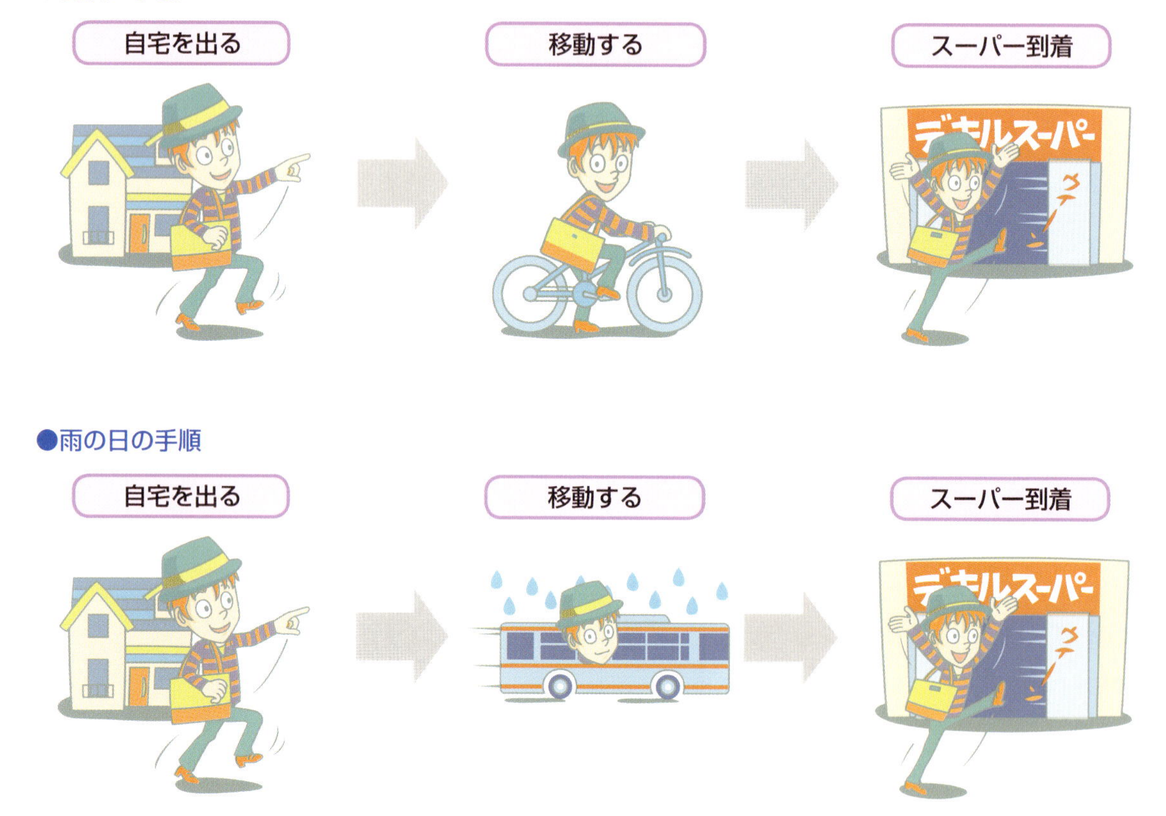

日常の行動をプログラムの処理として考える

ここまでに洗い出した1つ1つの作業をどのような順に行っていけばよいのか、手順に沿って簡単に図として書き出してみたものが、以下の図になります。スーパーに買い物に行くには最初に「家を出る」という作業が必要です。家を出ないとスーパーに向かって移動することができないことはすぐに分かりますが、実際にプログラムを作るときにはこのような作業の順番を間違えてしまうことがあるので注意が必要です。次に今の天気を確認するという作業を行います。確認した結果が雨であれば「バスに乗る」、晴れていれば「自転車に乗る」という異なる作業を選択します。そしてバスや自転車でスーパーに向かって移動します。その結果スーパーに到着して無事目的の買い物が実行できるという手順の流れが出来上がります。

大きなプログラムは機能ごとに分けて考える

このレッスンではプログラムを作るときに「全体の処理の流れを考えて書き表す」という考え方を紹介しています。複数の機能を持った大きなプログラムの場合では、全体の流れを考えるだけでも大変です。そのようなときは、プログラムに必要な機能を考えて、それぞれの機能ごとに分けて考えてみるといいでしょう。

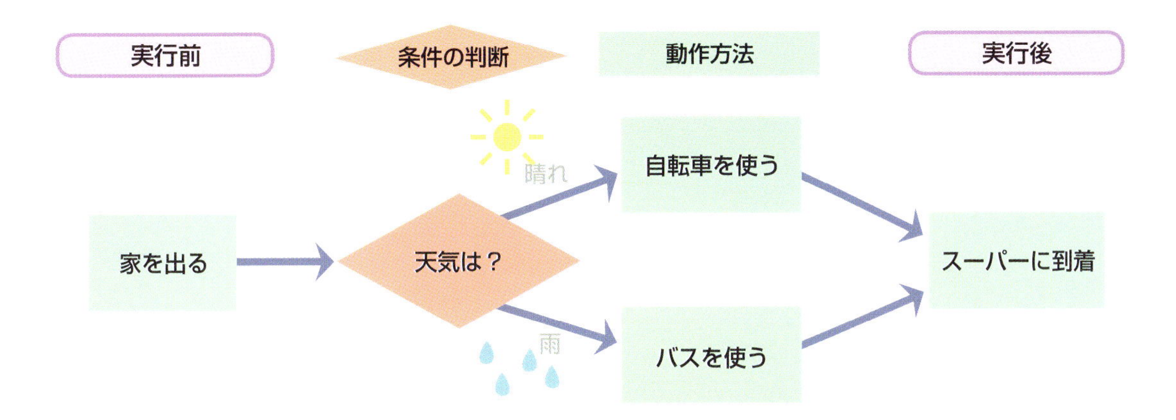

上達のためにプログラミングの基礎を身につけよう

プログラムを作るにはその作業手順をしっかりと考えることが大切です。手順に間違いがあれば作成したプログラムは正しく動作しません。作業手順を考えるためにはこのレッスンで紹介しているように、最初は目的を達成するための大まかな流れを考えます。プログラミングに慣れるまでは分かりにくいかもしれませんが、繰り返し行うことで少しずつ身に付いてきます。簡単なプログラムで十分なので繰り返しいろいろなプログラムを作ってみましょう。何事も繰り返し実際に手を動かしていくことが上達への近道です。そうすることで基礎がしっかりと身に付いていきます。

レッスン 3

フローチャートで処理の流れを設計する

フローチャート

プログラムの処理手順を表現する手段にフローチャートがあります。フローチャートはプログラムの設計図です。手順をフローチャートにする流れを解説します。

Excelの操作で考えてみよう

Excelでの作業を例にその作業の「処理手順」を考えてみましょう。ここではExcelの表を見栄えよくするために1行おきに行を塗りつぶすという作業をレッスン❷で解説した3つのポイントに当てはめると、以下のようになります。

Point 1 行を塗りつぶす

Point 2 Ⓐ 塗りつぶしが設定されていない

	A	B	C	D	E	F	G
1	日付	店舗名	区分	商品名	単価	数量	金額
2	2018/12/1	本店	果物	バナナ	200	63	12,600
3	2018/12/1	本店	果物	みかん	300	69	20,700
4	2018/12/1	本店	果物	レモン	198	53	10,494
5	2018/12/1	本店	果物	りんご	150	38	5,700
6	2018/12/1	本店	野菜	だいこん	150	82	12,300
7	2018/12/1	本店	野菜	ニンジン	120	67	8,040
8	2018/12/1	本店	野菜	ジャガイモ	150	81	12,150
9	2018/12/1	本店	野菜	キャベツ	100	100	10,000
10	2018/12/1	城東店	果物	バナナ	200	74	14,800
11	2018/12/1	城東店	果物	みかん	300	94	28,200
12	2018/12/1	城東店	果物	レモン	198	37	7,326
13	2018/12/1	城東店	果物	りんご	150	67	10,050
14	2018/12/1	城東店	野菜	だいこん	150	81	12,150
15	2018/12/1	城東店	野菜	ニンジン	120	62	7,440

Ⓑ 特定のセルが塗りつぶされている

	A	B	C	D	E	F	G
1	日付	店舗名	区分	商品名	単価	数量	金額
2	2018/12/1	本店	果物	バナナ	200	63	12,600
3	2018/12/1	本店	果物	みかん	300	69	20,700
4	2018/12/1	本店	果物	レモン	198	53	10,494
5	2018/12/1	本店	果物	りんご	150	38	5,700
6	2018/12/1	本店	野菜	だいこん	150	82	12,300
7	2018/12/1	本店	野菜	ニンジン	120	67	8,040
8	2018/12/1	本店	野菜	ジャガイモ	150	81	12,150
9	2018/12/1	本店	野菜	キャベツ	100	100	10,000
10	2018/12/1	城東店	果物	バナナ	200	74	14,800
11	2018/12/1	城東店	果物	みかん	300	94	28,200
12	2018/12/1	城東店	果物	レモン	198	37	7,326
13	2018/12/1	城東店	果物	りんご	150	67	10,050
14	2018/12/1	城東店	野菜	だいこん	150	81	12,150
15	2018/12/1	城東店	野菜	ニンジン	120	62	7,440

Point 3 Ⓐ 塗りつぶす行を選択する
Ⓑ 塗りつぶしを行う

▶キーワード

レッスンで使う練習用ファイル
このレッスンには、
練習用ファイルがありません

まずはレッスン❷と同じようにおおまかでいいから考えてみよう

実際の操作を確認してみる

前ページで考えた3つのポイントを元に、今度はExcelの具体的な操作を確認していきます。そのためには、ポイント2の実行前の状態から実行後の状態にするために必要な手順をポイント3の操作から1つずつ確認しながらまとめると以下のような手順になります。

塗りつぶすセルを確認する

	A	B	C	D	E	F	G
1	日付	店舗名	区分	商品名	単価	数量	金額
2	2018/12/1	本店	果物	バナナ	200	63	12,600
3	2018/12/1	本店	果物	みかん	300	69	20,700
4	2018/12/1	本店	果物	レモン	198	53	10,494
5	2018/12/1	本店	果物	りんご	150	38	5,700
6	2018/12/1	本店	野菜	だいこん	150	82	12,300
7	2018/12/1	本店	野菜	ニンジン	120	67	8,040
8	2018/12/1	本店	野菜	ジャガイモ	150	81	12,150
9	2018/12/1	本店	野菜	キャベツ	100	100	10,000
10	2018/12/1	城東店	果物	バナナ	200	74	14,800
11	2018/12/1	城東店	果物	みかん	300	94	28,200

1 塗りつぶすセルを確認

→Point 2・Ⓐに該当

2 セルを選択する

	A	B	C	D	E	F	G
1	日付	店舗名	区分	商品名	単価	数量	金額
2	2018/12/1	本店	果物	バナナ	200	63	12,600
3	2018/12/1	本店	果物	みかん	300	69	20,700
4	2018/12/1	本店	果物	レモン	198	53	10,494
5	2018/12/1	本店	果物	りんご	150	38	5,700
6	2018/12/1	本店	野菜	だいこん	150	82	12,300
7	2018/12/1	本店	野菜	ニンジン	120	67	8,040
8	2018/12/1	本店	野菜	ジャガイモ	150	81	12,150
9	2018/12/1	本店	野菜	キャベツ	100	100	10,000
10	2018/12/1	城東店	果物	バナナ	200	74	14,800
11	2018/12/1	城東店	果物	みかん	300	94	28,200

1 塗りつぶすセルをドラッグして選択

→Point 3・Ⓐに該当

3 セルを塗りつぶす

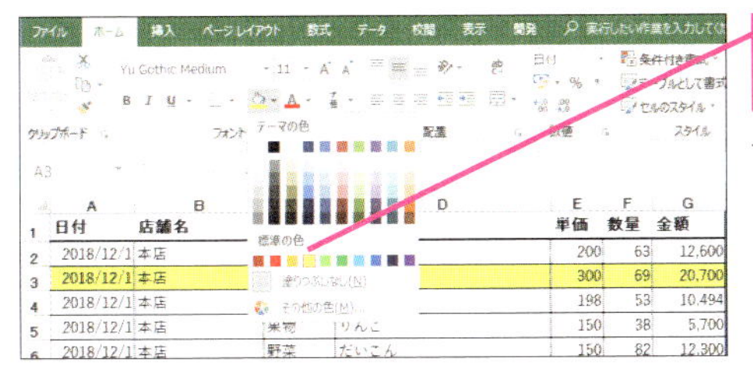

1 選択されたセルを［黄］で塗りつぶし

→Point 3・Ⓑに該当

4 セルが塗りつぶされた

	A	B	C	D	E	F	G
1	日付	店舗名	区分	商品名	単価	数量	金額
2	2018/12/1	本店	果物	バナナ	200	63	12,600
3	2018/12/1	本店	果物	みかん	300	69	20,700
4	2018/12/1	本店	果物	レモン	198	53	10,494
5	2018/12/1	本店	果物	りんご	150	38	5,700
6	2018/12/1	本店	野菜	だいこん	150	82	12,300
7	2018/12/1	本店	野菜	ニンジン	120	67	8,040
8	2018/12/1	本店	野菜	ジャガイモ	150	81	12,150
9	2018/12/1	本店	野菜	キャベツ	100	100	10,000
10	2018/12/1	城東店	果物	バナナ	200	74	14,800
11	2018/12/1	城東店	果物	みかん	300	94	28,200
12	2018/12/1	城東店	果物	レモン	198	37	7,326
13	2018/12/1	城東店	果物	りんご	150	67	10,050
14	2018/12/1	城東店	野菜	だいこん	150	81	12,150
15	2018/12/1	城東店	野菜	ニンジン	120	62	7,440
16	2018/12/1	城東店	野菜	ジャガイモ	150	95	14,250

セルが［黄］で塗りつぶされた

→Point 1および2に該当

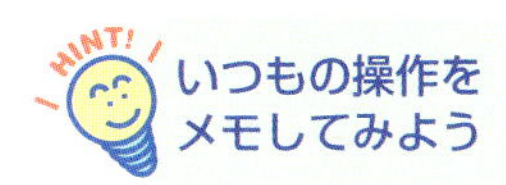

いつもの操作をメモしてみよう

処理の流れがどのようなものかを確認するのに、いつものExcelの操作の手順を1つ1つ順にメモしてみるのもよいでしょう。はじめは大まかな手順を書き出してみます。続いて少しずつ細かな処理へと詳細化していきます。書き上がったら、その手順を見ながら実際に操作して、思った通りの結果になるか確認してみましょう。

次のページに続く

操作の流れを並べる

前ページではセル範囲を塗りつぶす手順をまとめました。誰かに伝えるのであればこれで手順が理解できると思いますが、コンピューターに対しては大まかすぎます。それぞれの手順をさらに詳細にする必要があります。例えば手順2のセル範囲の選択を、実際に作業するときを思い浮かべながら考えるとセル範囲を選択するときには最初に範囲の先頭セルをマウスでクリックします。続いてマウスのボタンを押したまま範囲の最後まで移動します。そこでマウスのボタンを離すことでセル範囲が選択されます。これをもとに手順1～4をもう少し細かい手順に分解すると次のような手順になります。

●操作を手順化すると……

1．セルの確認：含まれる操作・・・なし

2．セルの選択：含まれる操作
2-1. 塗りつぶす行の先頭セルをクリック
2-2. 塗りつぶす行の最終セルまでドラッグ

3．塗りつぶし：含まれる操作
3-1. ［ホーム］タブをクリック
3-2. ［塗りつぶしの色］をクリック
3-3. ［黄］をクリック

4．塗りつぶされた：含まれる操作・・・なし

細かい操作の1つ1つがプログラムの命令になる

左の図では実際に操作するときの手順まで詳細化しています。このように細かく分けた操作の1つ1つがプログラムの命令に置き換わります。次のページでは手順をフローチャートで表しています。さらに詳細な手順までフローチャートにすることで詳細なプログラムの設計図になります。設計図が完成すれば、後は設計図に従って1つずつVBAの命令に置き換えればプログラムが完成します。このように手順を詳細化して設計図を作ってプログラムにする作業がプログラミングです。

操作を繰り返したり条件によって変えることもできる

レッスン❷ではスーパーに買い物に行くとき、雨が降っているか判断して移動手段に自転車かバスを選択することを解説しました。ここではExcelの操作を順に並べた手順を解説していますが、実際には同じ処理を繰り返したり、セルの値によって操作を変えるといったこともあります。これを「繰り返し処理」と「判断処理」といいますが、詳しくはレッスン❻で解説します。まずは、簡単な操作手順を考えてみて、フローチャートに置き換える方法を理解しましょう。

前ページの手順を見ながら、Excelの操作を書き出してみよう

手順化した操作をフローチャートにしてみる

何かを作るとき、考えた通り間違いなく作るには設計図が必要です。また設計図があれば作り始める前に正しく作ることができるのか検証することができます。さらに無理がないか、無駄がないかなども確認することができます。プログラムを作るときも、あらかじめ考えた処理の内容が正しいのか、手順に無理や無駄がないかを確認するために設計図が必要です。このプログラムを作るための設計図が「フローチャート」です。フローチャートは処理の手順を上から下に向かって順に作業の内容を書くことが基本になります。たとえば前ページの処理の手順をフローチャートで書き表すと下図のようになります。このように上から下に向かって順に処理を行うことを「順次処理」と言い、プログラムの流れの基本になります。一般的に下から上に向かった流れは使いませんので覚えておきましょう。またプログラムの始まりと終わりはそれぞれ1つだけで表すことが基本なので、あわせて覚えておきましょう。

●手順をフローチャートに対応させると……

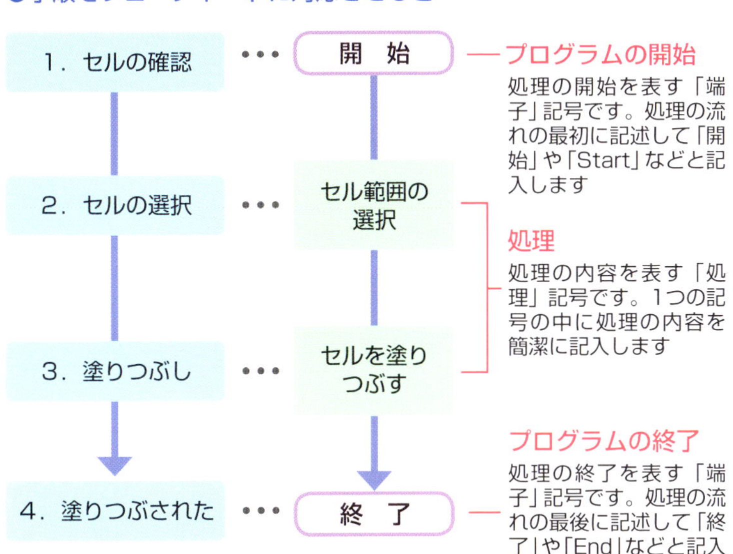

そのほかの記号の意味

フローチャートでは使う目的によってどの記号を使用するかJIS（日本工業規格）が制定しています。フローチャートを書くときには処理の内容に合った記号を正しく使うようにしましょう。以下に本書で紹介する主な記号の呼び方とその意味、使い方を紹介します。

●判断

条件によって処理の流れを変えたいときに使う記号です。記号の中に判断する条件を書きます。通常、判断した結果が2つに分岐するようにします。分岐先は「はい」「いいえ」や「Yes」「No」、または「Y」「N」など分かりやすく書きます。また、「はい」が下側、「いいえ」が右側のように位置が入れ替わっていても大丈夫です。

●ループ端

買い物ループ
プレゼントが見つかるまで繰り返す

買い物ループ

同じ処理を繰り返すときに使う記号で、繰り返したい処理を「ループ端」で挟まれた間に書きます。対になるループ端にはそれぞれ分かりやすいようにループの名前を書き、初めのループ端の中に繰り返す条件を書きます。

フローチャートを書くときのコツ

フローチャートは、最初から詳しい内容を書くのではなく、初めは全体の概要を大まかに書きます。大まかな流れができたら、1つ1つの処理を少しづつ詳細な処理へと細分化していくとよいでしょう。基本的にフローチャートで書き表す処理の流れは、上から下に向かう流れとして書きます。また、このレッスンで解説したようにプログラムの始まりと終わりは、それぞれ1つです。プログラムの入り口は1つ、出口も1つが基本です。なお、フローチャートができたら目的のプログラムを正しく作ることができるのかを検証することも大切です。このときに無理がないか、無駄がないかなどを事前に確認します。

Excelを自動化するには

マクロとVBA

マクロはExcelの作業を自動化するための機能です。「マクロの記録」で簡単に作れますが、マクロとVBAにはどんな関係があるのでしょうか。その関係を解説します。

「マクロの記録」で自動化できる作業

マクロの記録で自動化できるのは、いつも同じ手順の流れで行っている作業です。例えば売上レポートや学校のテスト集計などは、同じデータをさまざまな切り口で集計しグラフを作って印刷、のように多くの手順を順番に行う作業です。多くの手順を順番に行うだけでも大変なのに間違えたらやり直し、なんてときこそマクロの出番です。一度記録すればまったく同じ手順を何回でも正確に実行します。また、手順は簡単で間違えることはないが、1つ1つの処理に時間がかかり、次の作業ができないようなときにもマクロは便利です。例えば、大きなシートをいくつも続けて印刷するには簡単な作業ですがプリンターにデータを送る時間がかかるので次の印刷の指示ができません。印刷に必要な手順をマクロに登録すればマクロの実行で順番に印刷できるのでコンピューターの前で待っている必要も無くなります。このようにマクロの記録では毎回同じ手順を繰り返す作業を自動化することができます。

▶キーワード

VBA	p.236
記録	p.238
コード	p.239
プログラム	p.245
マクロ	p.246

レッスンで使う練習用ファイル
このレッスンには、
練習用ファイルがありません

●マクロを使えば面倒な処理も一瞬で片付く

マクロとVBAの関係

マクロの記録を行うと、その操作の手順がVBAの命令に置き換えられてVBAのプログラムコードが生成されます。つまりマクロの記録は、Excelを操作することで自動的にVBAでプログラミングをしたことになります。プログラムを作るというと何か難しいものと考えてしまいますが、Excelにはマクロの記録という機能があるので自分でVBAの命令を書いてプログラムを作らなくてもある程度のプログラミングができるようになっています。

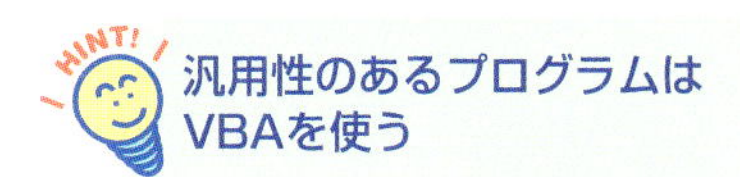

「マクロの記録」では選択したセル範囲やシート、開いたブックなどが記録時に操作した手順や内容のまま記録されます。毎回同じセル範囲やシート、ブックを対象にする処理であれば問題ありませんが、プログラムの実行時に処理の対象を変更したい場合、思い通りにはなりません。汎用性のあるプログラムを作るにはVBAを使います。

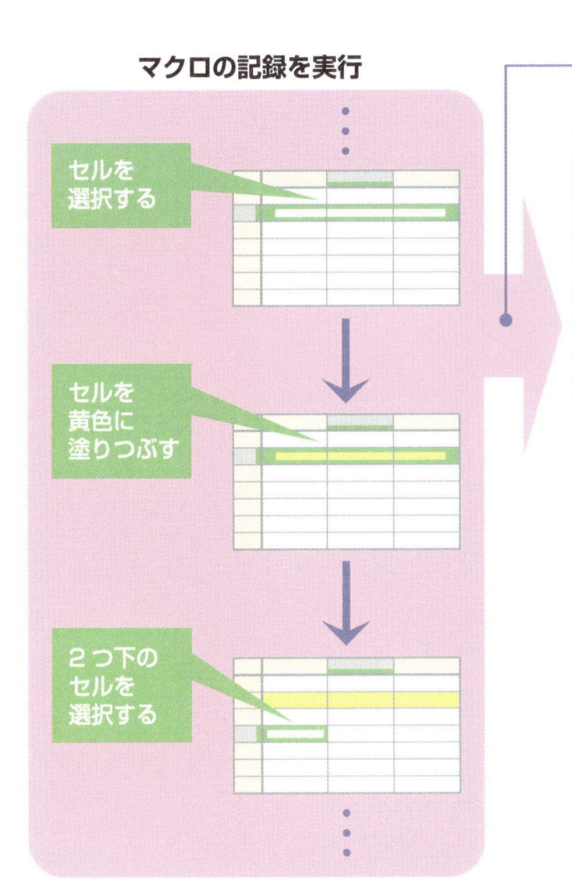

操作内容がVBAのコードとして記述されている

```
Option Explicit

Sub 塗りつぶし()
'
' 塗りつぶし Macro
'

'
    ActiveCell.Range("A1:G1").Select
    With Selection.Interior
        .Pattern = xlSolid
        .PatternColorIndex = xlAutomatic
        .Color = 65535
        .TintAndShade = 0
        .PatternTintAndShade = 0
    End With
    ActiveCell.Offset(2, 0).Range("A1").Select
End Sub
```

マクロの記録を行っている裏で、VBAのコードが記述されている

レッスン
5 VBAのコードを見てみよう

コード

レッスン❹で解説したようにマクロの記録でVBAのコードが自動で生成されます。ここでは、簡単なマクロを記録して生成されたVBAのコードを確認してみます。

「マクロの記録」でVBAのコードが自動的に作成される

これまでのレッスンで解説したように、「マクロの記録」を行うとExcelの操作がVBAのコードに変換されプログラムが作成されます。このレッスンでは、実際に「マクロの記録」でマクロを記録して、自動的に作成されたVBAのコードがどのように記録されているのか確認してみましょう。マクロのコードを確認するにはリボンの[表示] - [マクロ] の順にクリックして [マクロ] ダイアログボックスでコードを表示するマクロを選択して [編集] ボタンをクリックします。

マクロを記録する

1 セルを選択する

練習用ファイル[マクロの記録.xslx]を開いておく

1 セルA3をクリック

	A	B	C	D	E	F	G
1	日付	店舗名	区分	商品名	単価	数量	金額
2	2018/12/1	本店	果物	バナナ	200	63	12,600
3	2018/12/1	本店	果物	みかん	300	69	20,700
4	2018/12/1	本店	果物	レモン	198	53	10,494
5	2018/12/1	本店	果物	りんご	150	38	5,700
6	2018/12/1	本店	野菜	だいこん	150	82	12,300
7	2018/12/1	本店	野菜	ニンジン	120	67	8,040

2 [マクロの記録] ダイアログボックスを表示する

セルA3が選択された

1 [表示]タブをクリック

2 [マクロ]をクリック

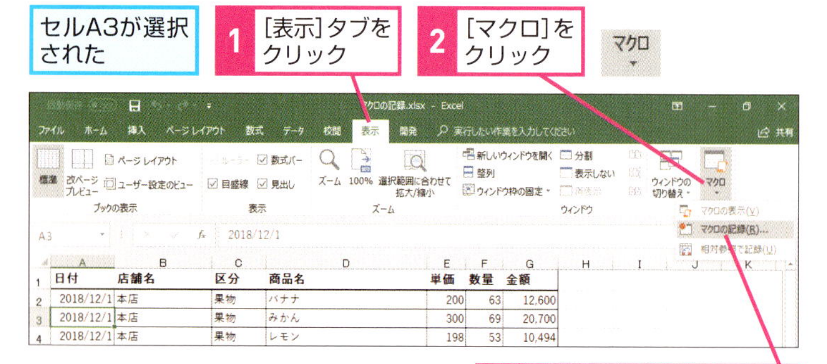

3 [マクロの記録]をクリック

▶キーワード

レッスンで使う練習用ファイル
マクロの記録.xlsx

ショートカットキー

Alt + F8 ……… [マクロ] ダイアログボックスの表示

HINT!

手順1でセルA3を選択するのはなぜ？

「マクロの記録」では、セルの選択操作の記録方法に「相対参照」と「絶対参照」の2つがあります。記録開始時のアクティブセルを基準に記録中の選択セルの位置を相対的な位置で記録する方法が「相対参照」です。一方、選択したセルのセル参照をそのまま記録する方法が「絶対参照」です。このレッスンでは、セルA3からセルG3までを塗りつぶす手順ではなく、アクティブセル（A3）を基準にして6つ右隣にあるセル（G3）までを選択してセルを塗りつぶす操作を記録するため、手順1では記録開始に先立ってセルA3を選択しているわけです。マクロを相対参照で記録するときは、これから行う作業に適したセルを選択してから記録を始めるようにしましょう。

3 マクロの記録を開始する

［マクロの記録］ダイアログボックスが表示された

マクロの内容が分かる名前を入力する

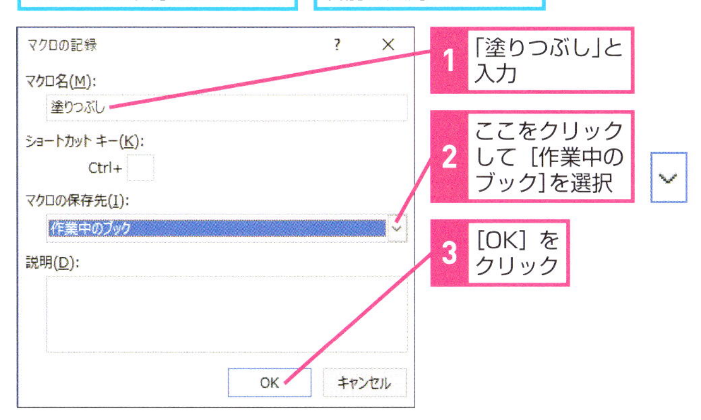

1 「塗りつぶし」と入力

2 ここをクリックして［作業中のブック］を選択

3 ［OK］をクリック

4 相対参照に切り替える

マクロの記録が開始された

1 ［表示］タブをクリック

2 ［マクロ］をクリック

マクロ

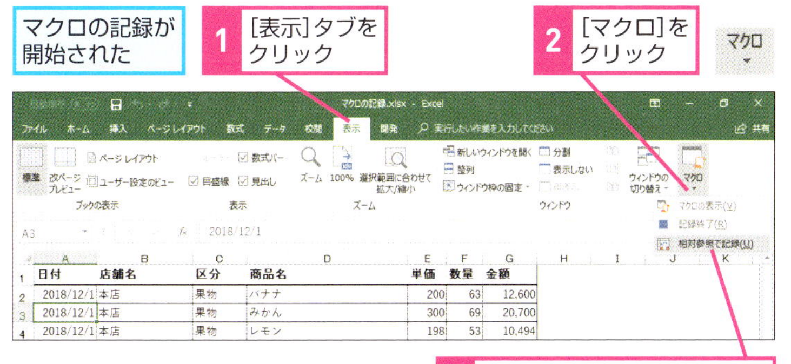

3 ［相対参照で記録］をクリック

5 塗りつぶすセルを選択する

相対参照に切り替わった

1 セルA3をクリック

2 セルG3までドラッグ

A3　2018/12/1

	A	B	C	D	E	F	G
1	日付	店舗名	区分	商品名	単価	数量	金額
2	2018/12/1	本店	果物	バナナ	200	63	12,600
3	2018/12/1	本店	果物	みかん	300	69	20,700
4	2018/12/1	本店	果物	レモン	198	53	10,494
5	2018/12/1	本店	果物	りんご	150	38	5,700
6	2018/12/1	本店	野菜	だいこん	150	82	12,300
7	2018/12/1	本店	野菜	ニンジン	120	67	8,040
8	2018/12/1	本店	野菜	ジャガイモ	150	81	12,150
9	2018/12/1	本店	野菜	キャベツ	100	100	10,000
10	2018/12/1	城東店	果物	バナナ	200	74	14,800
11	2018/12/1	城東店	果物	みかん	300	94	28,200

マクロ名は必ず付けておこう

手順3で［マクロの記録］ダイアログボックスが開いたときに［マクロ名］には「Macro1」のように自動的に名前が表示されます。このまま記録を始めても問題はありませんが、不明確な名前だと後からそのマクロがどのような処理を行うのか分からなくなってしまうという事態になりがちです。必ず分かりやすい名前を付けるようにしましょう。

セル範囲の選択はやり直しができる

手順5で選択する行を間違えても、行の挿入や背景色の変更などといったセルの操作を行う前であれば、セル範囲の選択をやり直すことができます。マクロの記録でセルの選択が記録されるのは、セルを選択する操作に続けてほかの操作を行ったときです。例えば、マクロの記録中にセルA1、セルA2、セルA3を順番に選択して、セルを挿入した場合、マクロに記録される内容は最後の「セルA3の選択」だけです。相対参照でも絶対参照でも同じようにやり直せます。

次のページに続く

6 塗りつぶしの色を選択する

セルA3 ～ G3が選択された

1 ［ホーム］タブをクリック

2 ［塗りつぶしの色］のここをクリック

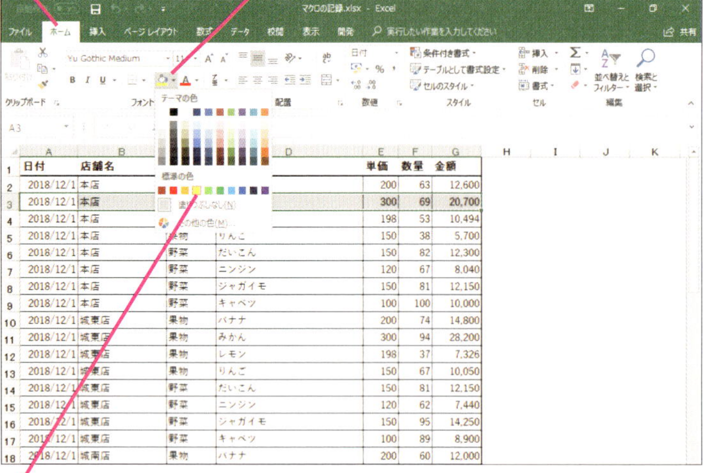

3 ［黄］をクリック

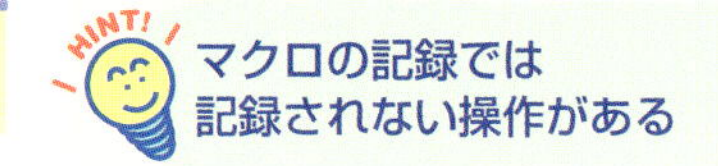

マクロの記録では、ブックやワークシート、セルの内容を変更した際に操作が記録されます。例えば単にセルを選択しただけではその操作は記録されません。選択後にセル書式やセルの値を変更したときに初めてその操作が記録されます。また、メニューやダイアログボックスを開くといった操作も記録されません。記録はメニューやダイアログボックスでシートやブックの変更操作を確定したときに、その内容が記録されます。

テクニック クイックアクセスツールバーに［相対参照で記録］ボタンを追加する

クイックアクセスツールバーに［相対参照で記録］ボタンを追加しておくと、参照方法の切り替えが簡単にできて便利です。また、設定されている参照方法もひと目で確認できます。ボタンを追加するには、［相対参照で記録］を右クリックしてから［クイックアクセスツールバーに追加］を選択します。

［表示］タブを表示しておく

1 ［マクロ］をクリック

2 ［相対参照で記録］を右クリック

3 ［クイックアクセスツールバーに追加］をクリック

クイックアクセスツールバーに［相対参照で記録］ボタンが追加された

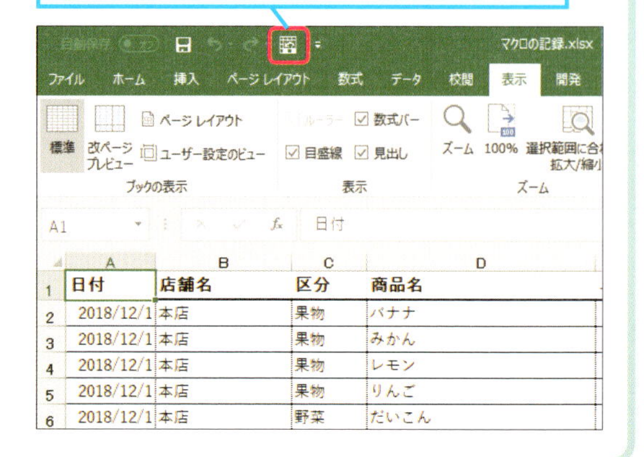

第1章 VBAとプログラミングの関係を知ろう

7 次に塗りつぶすセルを選択する

セルA3～G3の背景色が変更された

1 セルA5をクリック

	A	B	C	D	E	F	G
1	日付	店舗名	区分	商品名	単価	数量	金額
2	2018/12/1	本店	果物	バナナ	200	63	12,600
3	2018/12/1	本店	果物	みかん	300	69	20,700
4	2018/12/1	本店	果物	レモン	198	53	10,494
5	2018/12/1	本店	果物	りんご	150	38	5,700
6	2018/12/1	本店	野菜	だいこん	150	82	12,300
7	2018/12/1	本店	野菜	ニンジン	120	67	8,040
8	2018/12/1	本店	野菜	ジャガイモ	150	81	12,150
9	2018/12/1	本店	野菜	キャベツ	100	100	10,000
10	2018/12/1	城東店	果物	バナナ	200	74	14,800
11	2018/12/1	城東店	果物	みかん	300	94	28,200
12	2018/12/1	城東店	果物	レモン	198	37	7,326

8 マクロの記録を終了する

セルA5が選択された

手順4を参考に［相対参照で記録］をクリックし、絶対参照に切り替えておく

1 ［表示］タブをクリック

2 ［マクロ］をクリック

マクロ

3 ［記録終了］をクリック

記録したマクロを実行する

1 ［マクロ］ダイアログボックスを表示する

1 ［表示］タブをクリック

2 ［マクロ］をクリック

マクロ

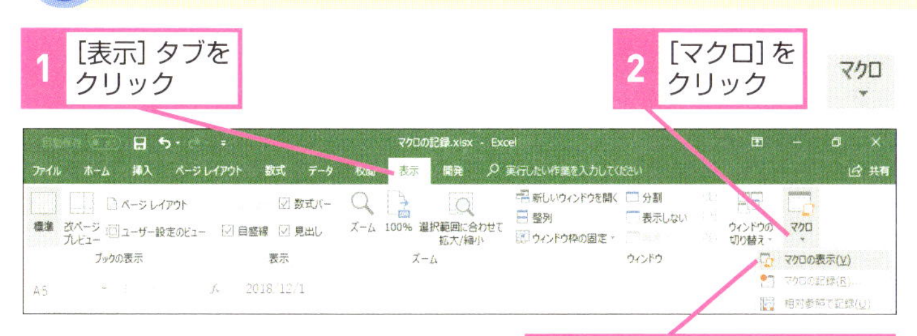

3 ［マクロの表示］をクリック

HINT! なぜセルA5を選択するの？

手順7でセルA5を選択しているのはマクロの終了後に続けてマクロを実行するためです。このレッスンで記録しているマクロは相対参照で記録されているので、手順7は「アクティブセルの2つ下のセルに移動する」と記録されます。手順1でセルA3を選択したのは記録時の基準となるセルを選択するためでした。同じように記録を終了する前に次に基準となるセルを選択しておけば、続けてマクロを実行できるようになります。このようしておけば、次々とマクロを実行するだけで1行おきに行の塗りつぶしができます。

HINT! マクロの記録を終了する前に絶対参照に戻しておく

マクロの記録でのセル参照は、Excelを起動した直後は「絶対参照」になっています。参照方法を「相対参照」に切り替えると、マクロの記録を終了しても自動的に「絶対参照」には戻りません。再度クリックして「絶対参照」に戻すか、Excelを終了して再起動するまでは、状態は変わりません。次にマクロを記録するときに、参照方法を間違って記録しないように、マクロの記録を終了するときには、最後に絶対参照に戻しておきましょう。現在の状態が相対参照でも絶対参照でも［表示］タブの［相対参照で記録］ボタンは「相対参照で記録」のままです。ボタンの周りの色を確認して選択されているかどうかを判断しましょう。

次のページに続く

2 記録したマクロを実行する

［マクロ］ダイアログボックスが表示された

セルA5が選択されていることを確認しておく

1 「塗りつぶし」をクリック

2 ［実行］をクリック

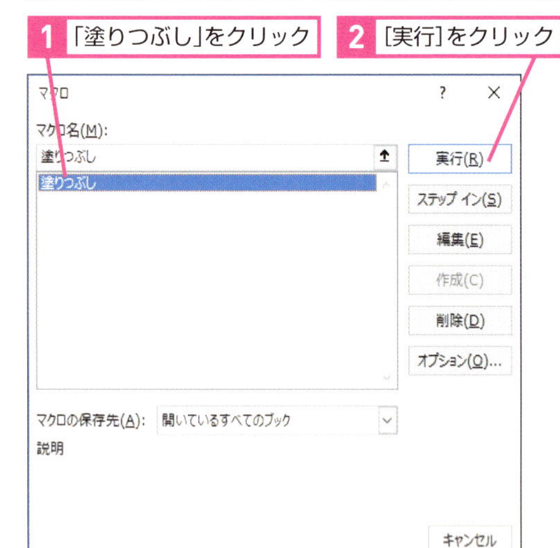

マクロが実行された

3 セルA5～G5の背景色が変わったことを確認

	A	B	C	D	E	F	G
1	日付	店舗名	区分	商品名	単価	数量	金額
2	2018/12/1	本店	果物	バナナ	200	63	12,600
3	2018/12/1	本店	果物	みかん	300	69	20,700
4	2018/12/1	本店	果物	レモン	198	53	10,494
5	2018/12/1	本店	果物	りんご	150	38	5,700
6	2018/12/1	本店	野菜	だいこん	150	82	12,300
7	2018/12/1	本店	野菜	ニンジン	120	67	8,040
8	2018/12/1	本店	野菜	ジャガイモ	150	81	12,150
9	2018/12/1	本店	野菜	キャベツ	100	100	10,000
10	2018/12/1	城東店	果物	バナナ	200	74	14,800
11	2018/12/1	城東店	果物	みかん	300	94	28,200
12	2018/12/1	城東店	果物	レモン	198	37	7,326
13	2018/12/1	城東店	果物	りんご	150	67	10,050
14	2018/12/1	城東店	野菜	だいこん	150	81	12,150
15	2018/12/1	城東店	野菜	ニンジン	120	62	7,440
16	2018/12/1	城東店	野菜	ジャガイモ	150	95	14,250
17	2018/12/1	城東店	野菜	キャベツ	100	89	8,900
18	2018/12/1	城南店	果物	バナナ	200	60	12,000

マクロを削除するには

記録した操作が間違っていたときや必要でなくなったマクロは削除しておきましょう。［マクロ］ダイアログボックスで、削除したいマクロを選択し、［削除］ボタンをクリックします。次に表示されるダイアログボックスで［はい］ボタンをクリックすれば、マクロが削除されます。なお、削除したマクロは元に戻せないので、本当に削除してよいか十分に確認してから削除してください。

［マクロ］ダイアログボックスを表示しておく

1 削除するマクロを選択

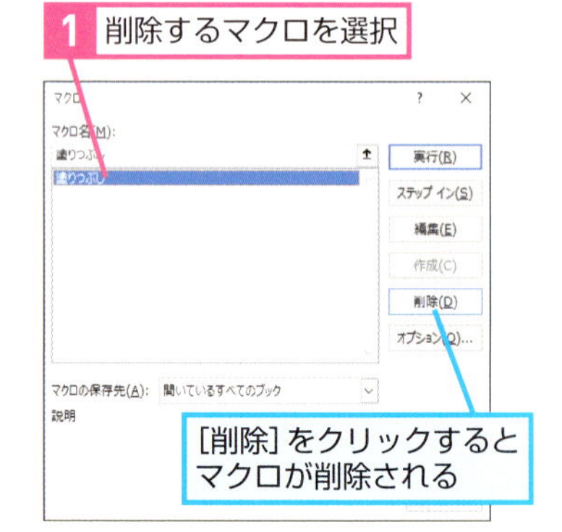

［削除］をクリックするとマクロが削除される

［マクロの記録］では余分なコードも記述される

［マクロの記録］で記録されるコードには、実際に操作していない内容も記録されることがあります。このレッスンで記録したのは、選択したセル範囲の背景色の変更ですが、記録されたVBAのコードを見ると背景色のパターンなどExcelの規定値で設定されていて変更する必要がない内容も一緒に記録されます。例えばこのレッスンで行った内容だけを直接VBAのコードで書くと以下のようになります。

```
.Pattern = xlSolid
.PatternColorIndex =
    xlAutomatic
.TintAndShade = 0
.PatternTintAndShade =
    0
```

VBAのコードを確認する

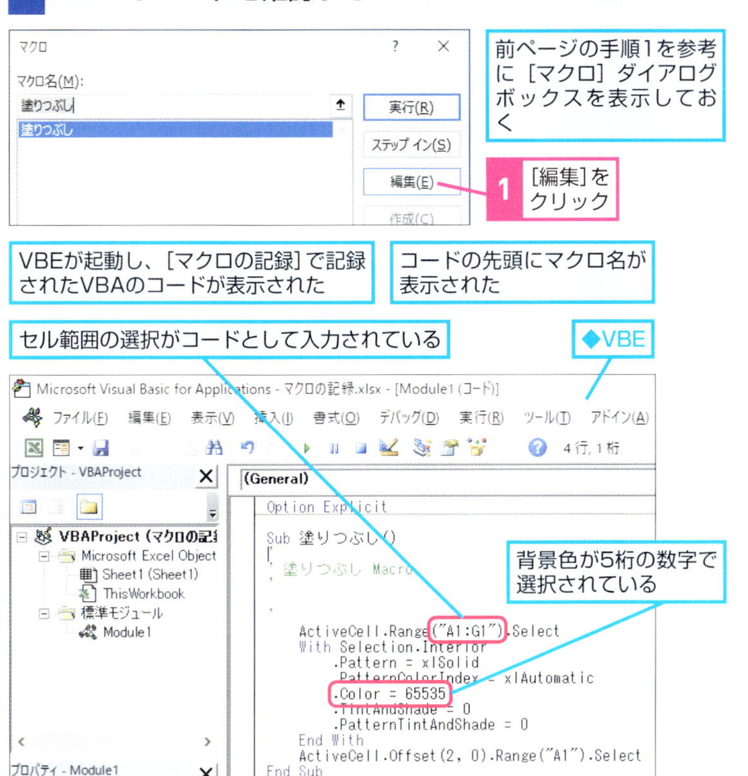

注意 VBEについては第2章で詳しく解説しています。

コードは「VBE」で表示する

VBEは「Visual Basic Editor」の略です。マクロの編集や新規作成をするためのツールであり、VBAとともにExcelに用意されている機能です。VBEはVBAでプログラムを作成するためのツールですが、Excelを起動しないでVBEだけを開くことはできません。VBEのさまざまな機能や詳しい使い方は第2章で解説します。

テクニック ショートカットキーで素早くマクロを実行する

［マクロ］ダイアログボックスでは、すでに記録済みのマクロにショートカットキーを設定できます。マクロにショートカットキーを設定すれば、いちいち［マクロ］ダイアログボックスを表示しなくても、キー操作ですぐにマクロを実行できて便利です。マクロにショートカットキーを設定するには、以下の手順を実行します。なお、Ctrl＋Cキーや Ctrl＋Pキーなど、Excelの既定の操作に割り当てられているショートカットキーを、マクロのショートカットキーに登録すると、既定の操作が無効になってしまうので Ctrl＋Eキーなど割り当てられていないキーや無効になっても構わないキーを使うようにしましょう。

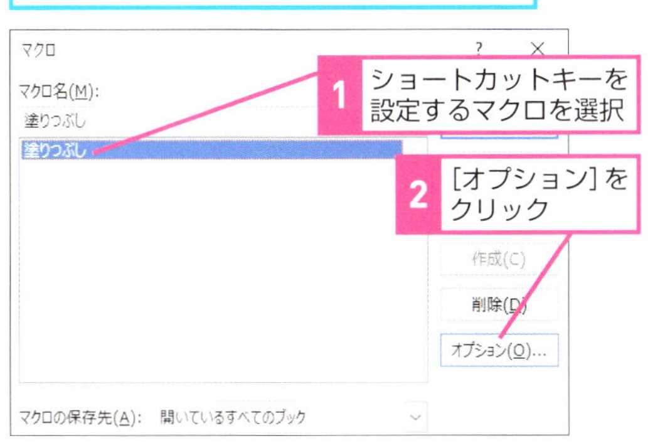

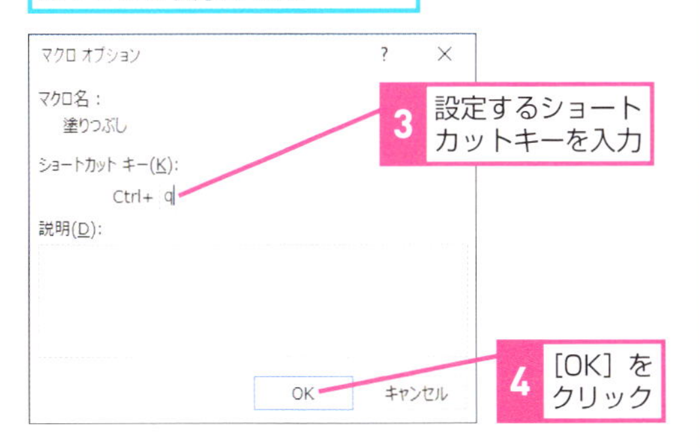

レッスン

6 VBAプログラミングの役割を知ろう

条件分岐／繰り返し

このレッスンでは、「マクロの記録」では記録することができない「条件分岐」と「繰り返し」について解説します。汎用的なプログラムを作るには欠かせない処理です。

「マクロの記録」では実行できない手順がある

レッスン❺で記録したマクロを使えば簡単に行の塗りつぶしができますが、1回マクロを実行しただけでは1行しか塗りつぶせません。表全体を1行おきに塗りつぶすには表の最後まで都度、マクロを繰り返して実行しなければなりません。しかし、記録した手順を「繰り返す」ことは「マクロの記録」で記録することはできません。また、表の最後で終わりますが、表の最後になったかという「判断」をすることも「マクロの記録」で記録することはできません。

▶キーワード

VBA	p.236
記録	p.238
繰り返し処理	p.239
順次処理	p.240
判断処理	p.244

レッスンで使う練習用ファイル
このレッスンには、
練習用ファイルがありません

Before

● 「マクロの記録」の自動化

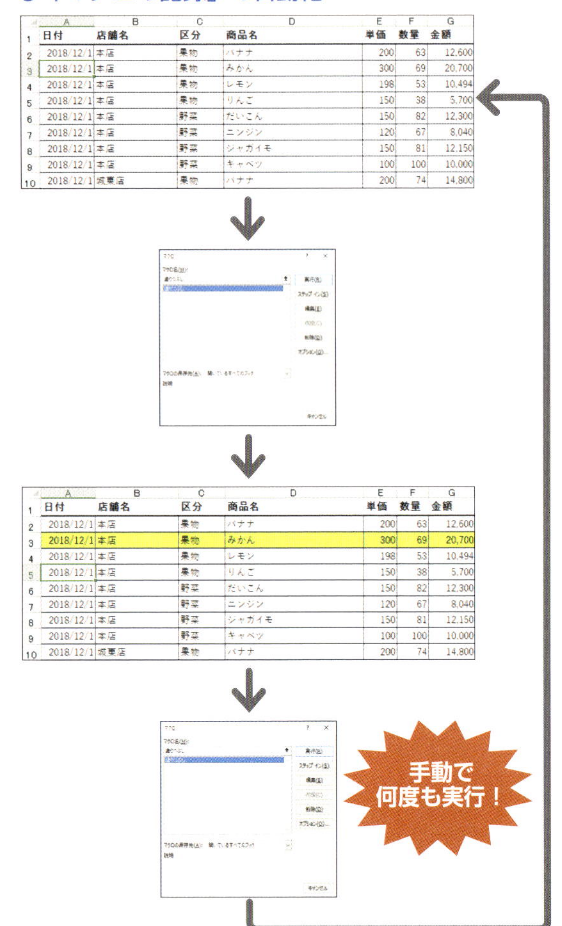

After

●VBAを使った自動化

	A	B	C	D	E	F	G
1	日付	店舗名	区分	商品名	単価	数量	金額
2	2018/12/1	本店	果物	バナナ	200	63	12,600
3	2018/12/1	本店	果物	みかん	300	69	20,700
4	2018/12/1	本店	果物	レモン	198	53	10,494
5	2018/12/1	本店	果物	りんご	150	38	5,700
6	2018/12/1	本店	野菜	だいこん	150	82	12,300
7	2018/12/1	本店	野菜	ニンジン	120	67	8,040
8	2018/12/1	本店	野菜	ジャガイモ	150	81	12,150
9	2018/12/1	本店	野菜	キャベツ	100	100	10,000
10	2018/12/1	城東店	果物	バナナ	200	74	14,800

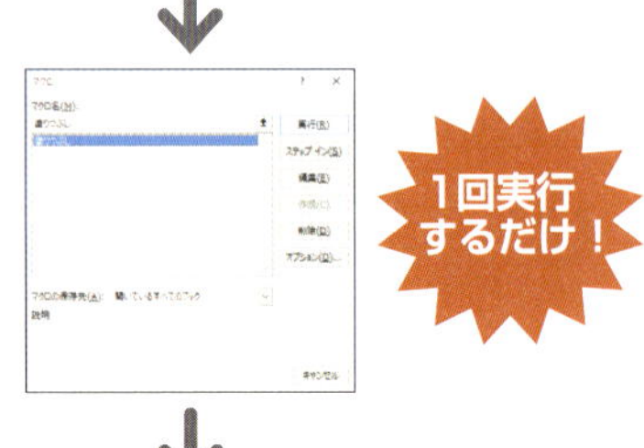

	A	B	C	D	E	F	G
1	日付	店舗名	区分	商品名	単価	数量	金額
2	2018/12/1	本店	果物	バナナ	200	63	12,600
3	2018/12/1	本店	果物	みかん	300	69	20,700
4	2018/12/1	本店	果物	レモン	198	53	10,494
5	2018/12/1	本店	果物	りんご	150	38	5,700
6	2018/12/1	本店	野菜	だいこん	150	82	12,300
7	2018/12/1	本店	野菜	ニンジン	120	67	8,040
8	2018/12/1	本店	野菜	ジャガイモ	150	81	12,150
9	2018/12/1	本店	野菜	キャベツ	100	100	10,000
10	2018/12/1	城東店	果物	バナナ	200	74	14,800

VBAで「繰り返し処理」と「判断処理」ができる

「マクロの記録」で記録できるのは、川の水が上から下に流れるように、手順に従って上から順番に実行する処理だけです。順番に処理を行うこともプログラムの基本で、「順次処理」と呼びますが、プログラムは順次処理だけでは成り立ちません。最初に解説したようにレッスン❺のマクロは人間が介在してマクロを繰り返し実行し、表の最後を判断して終わります。このような繰り返す、判断して終わるといった操作を人間の介在なしに可能にするのがVBAで、そういった人間の判断を命令として準備できるのがVBAの役目です。このようにVBAを使えば「順次処理」に加えて「繰り返し処理」と「判断処理」を行えるのでより汎用で複雑なプログラムを作ることができます。

●条件を満たす間、同じ操作を繰り返す

繰り返しセルを塗りつぶす

	A	B	C	D	E	F	G
1	日付	店舗名	区分	商品名	単価	数量	金額
2	2018/12/1	本店	果物	バナナ	200	63	12,600
3	2018/12/1	本店	果物	みかん	300	69	20,700
4	2018/12/1	本店	果物	レモン	198	53	10,494
5	2018/12/1	本店	果物	りんご	150	38	5,700
6	2018/12/1	本店	野菜	だいこん	150	82	12,300
7	2018/12/1	本店	野菜	ニンジン	120	67	8,040
8	2018/12/1	本店	野菜	ジャガイモ	150	81	12,150
9	2018/12/1	本店	野菜	キャベツ	100	100	10,000
	…/12/1	城東店	果物		200	74…	
38	2018/12…			だいこん		…0	7,500
39	2018/12/1	西町店	野菜	ニンジン	120	85	10,200
40	2018/12/1	西町店	野菜	ジャガイモ	150	57	8,550
41	2018/12/1	西町店	野菜	キャベツ	100	78	7,800
42							
43							

Sheet1

準備完了

A列が空になったら、操作をやめる

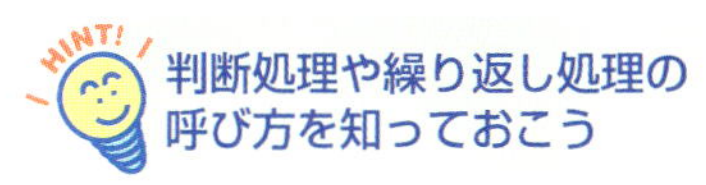

判断処理や繰り返し処理の呼び方を知っておこう

「判断処理」や「繰り返し処理」にはいろいろな呼び方があります。「判断処理」は何かの条件を判断して異なる処理に分岐するので「条件分岐」や「条件判断」などと呼ばれます。「繰り返し処理」は「反復処理」や「ループ処理」、「ループ」などと呼ばれます。

判断処理や繰り返し処理は入れ子にして組み合わせられる

判断処理や繰り返し処理は、その中に別の判断や繰り返しを入れ子にして組み合わせて使うこともできます。例えばExcelの表全体を処理するときは、行方向に繰り返しながらその中で列方向に繰り返して処理を行うことで、表の中のセル1つ1つに対しての処理をすることができます。

3つの処理を理解することがプログラミングの第一歩

このレッスンで紹介した「順次処理」「判断処理」「繰り返し処理」の3つはプログラムを構成する基本の処理です。複雑な処理もその手順を細分化していくと、この3つの基本の処理の組み合わせで表現することができます。この3つをプログラムの基本構造とも呼んでいます。

この章のまとめ

● VBAで複雑な処理も自動化できる

VBAのプログラミングを始めるにあたり最初となるこの章では、プログラムとはどのようなものなのか、どうやってプログラムを作っていくのかという基本から解説し、「マクロの記録」とVBAのプログラムとの関係や「マクロの記録」では実現できない処理があることも解説しました。

「マクロの記録」を使えば素早く簡単にプログラムを作れますが、手順を1つずつ順に実行する「順次処理」しか作ることができません。プログラムに必要な「判断処理」や「繰り返し処理」はVBAを使ってプログラミングする必要があります。

プログラミングの最初の作業はプログラムの処理手順を考えて、フローチャートに書き表わすことです。フローチャートはプログラム作りの第一歩になります。初めは戸惑うこともあると思いますが繰り返し行うことで次第に理解できるようになります。

Excelの操作をVBAのコードとして記述する

処理の内容を整理して考えればプログラミングは難しくない

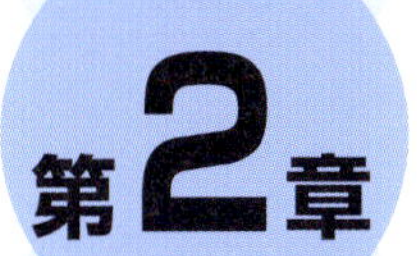

VBAでプログラミングをはじめよう

この章ではVBAでプログラミングを始めるにあたって知っておくべきことを紹介します。VBAのプログラムを作るときに必ず使用する「VBE」というツールの概要や使い方、またプログラムを実際に入力するための作業スペースについて解説します。また、実際に簡単なVBAのコードを使ったプログラムを作り、その動作を確認してみます。

●この章の内容

レッスン 7

マクロを含んだブックを開くには

コンテンツの有効化

自分で作ったマクロなど信頼できるマクロであっても、ブックを開くとマクロが自動で無効になります。このレッスンではマクロを有効化する方法を解説します。

マクロを有効にする作業は毎回行う

第1章で紹介したように「マクロの記録」をすると、ブックにVBAのコードが生成されてマクロが保存されます。Excelではマクロが含まれているブックを開くと［セキュリティの警告］が表示され、自動的にマクロが無効にされます。マクロは作業を自動化できるので大変便利な機能ですが、悪意があるウイルスに感染させるようなこともできてしまいます。このような一部の危険なマクロからコンピューターを保護するために、Excelではたとえ自分が作ったマクロのように信頼できるものでも、マクロが含まれているブックを開くと自動的にマクロが無効にされるようになっています。また、マクロを有効化しても、ブックを閉じると再度無効化されるので開くたびに有効化する必要があります。

▶キーワード

レッスンで使う練習用ファイル
Excelマクロ有効ブック.xlsm

HINT!

拡張子でマクロが含まれているかを見分けられる

Excelでは、マクロを含んだブックを［Excelマクロ有効ブック］というファイル形式で扱います。Excelマクロ有効ブックは、以下のようにマクロを含むブックは通常のExcelブック形式とアイコンが異なります。また、保存されたファイルの拡張子も異なりますので、ブックの拡張子を見ることでマクロが含まれているブックかどうかを見分けることができます。そのため、ファイルの拡張子を表示する設定にしておけば、アイコンの表示を小さくしていてもファイル形式の違いが分かりやすくなります。

◆Excelブック（.xlsx）

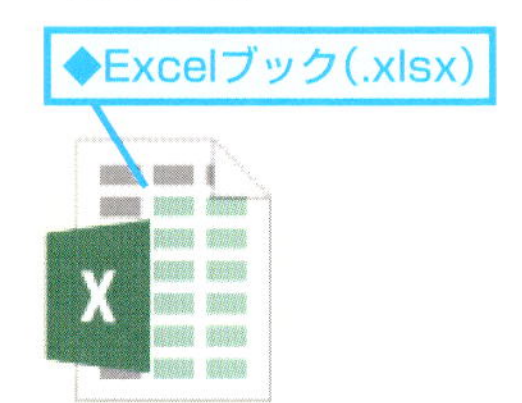

◆Excelマクロ有効ブック（.xlsm）

1 マクロを含んだブックを開く

エクスプローラーで練習用ファイルを保存したフォルダーを表示しておく

55ページのテクニックを参考に拡張子を表示しておく

1 ［Excelマクロ有効ブック.xlsm］をダブルクリック

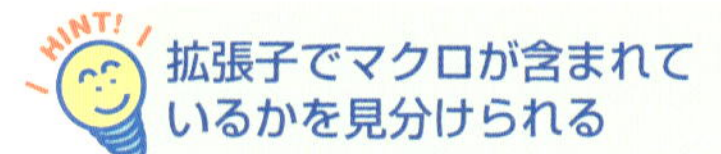

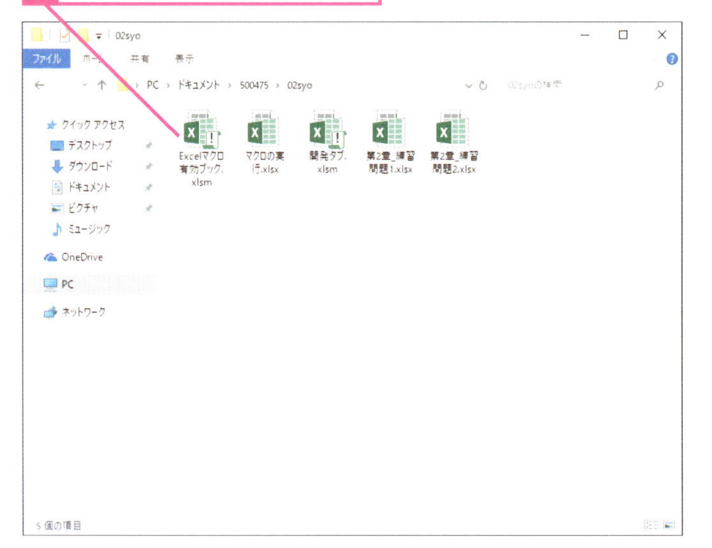

2 マクロを有効にする

[セキュリティの警告] が表示された

保護ビューが表示されたときは、HINT!を参考に手順を進める

1 [コンテンツの有効化] をクリック

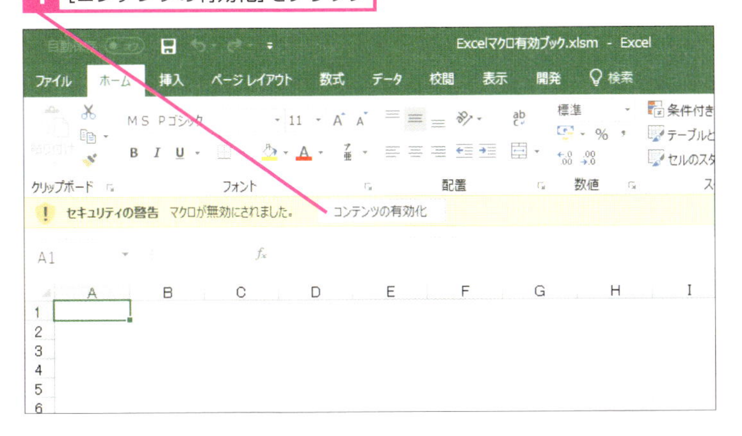

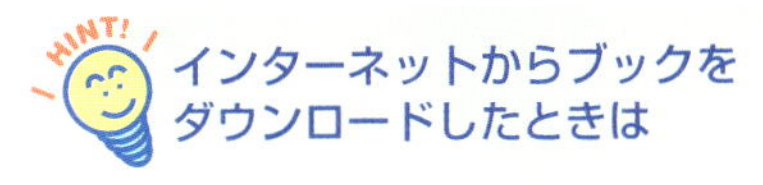

インターネットからブックをダウンロードしたときは

本書の練習用ファイルなど、インターネットからダウンロードしたブックをExcelで開くと、手順2の操作時に［保護ビュー］が表示されます。これはExcelがインターネットからダウンロードしたファイルは「安全なブックでない可能性がある」と判断して表示し、編集できない状態で開く機能です。ダウンロードしたブックが安全なものであると分かっているときは、［編集を有効にする］ボタンをクリックすれば編集できるようになります。なお、本書の練習用ファイルはすべてセキュリティの問題はありません。安心して操作を進めてください。

1 [編集を有効にする] をクリック

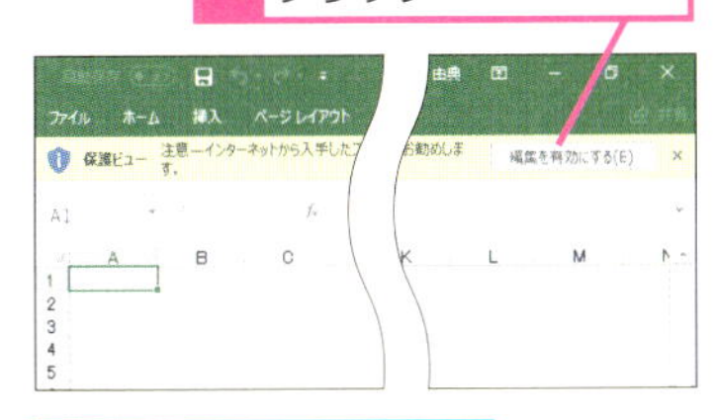

保護ビューが解除され、編集できるようになる

3 マクロが有効になった

マクロが有効化された

1 [セキュリティの警告] が非表示になり、マクロが有効になったことを確認

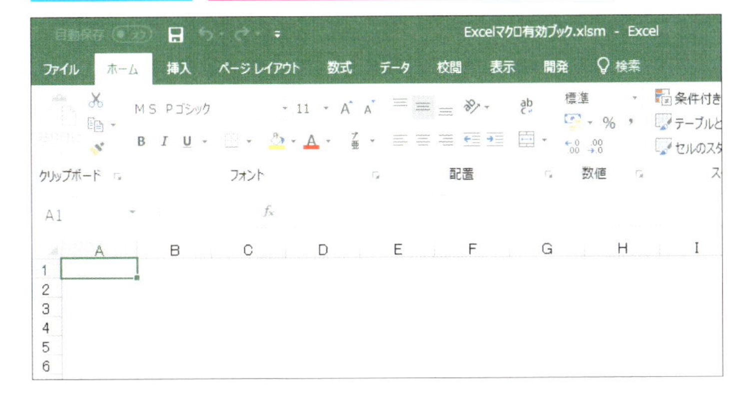

Column マクロはExcel以外も操作できてしまう

すべてのマクロが危険なものとは限りませんが、間違って悪意のある危険なマクロを実行してしまわないように［セキュリティの警告］が表示されます。VBAはWordやOutlookなどほかのOffice製品にも搭載されているので、ExcelのVBAでWordやOutlookを操作が可能です。例えば、ExcelのマクロでOutlookを操作してアドレス帳の友達にメールを送ることができます。またWindowsの一部アプリケーションも操作が可能で、例えばInternet Explorerを起動して指定したWebサイトにアクセスすることもできます。これらは非常に便利な機能ですが、例えば悪意のあるサイトにアクセスしてウイルスに感染させ、感染したウイルスをOutlookで拡散させることも不可能ではありません。そのためExcelでは、マクロを含んだブックを開いたとき、そのブックの保存先が信頼できる場所以外の場合にはすべてマクロが無効に設定されます。

レッスン 8

VBAプログラミングを始める準備をするには

［開発］タブ

VBAでプログラミングを行うには［開発］タブがあると便利ですが、標準ではリボンに表示されません。リボンに［開発］タブを表示する方法を紹介します。

VBEはVBAを編集するツール

「VBE」（ブイビーイー）はVBAのプログラムを作成したり編集したりするための開発ツールで、VBAと共にExcelに初めから搭載されています。VBEを使うには、Excelのリボン上に［開発］タブを表示する必要があります。標準の状態では、［開発］タブは表示されていませんが、設定を変えれば表示することができます。このレッスンではVBEを使うために［開発］タブをリボンに表示する方法とVBEを起動する方法を解説します。なお、Excelを起動しない状態ではVBEを開くことはできません。VBEを使うときはExcelを起動する必要があります。

1 ［Excelのオプション］ダイアログボックスを表示する

練習用ファイル［開発タブ.xlsm］を開いておく

1 ［ファイル］タブをクリック

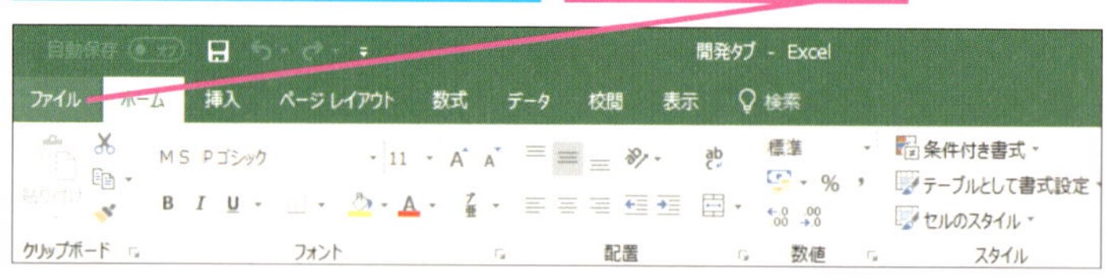

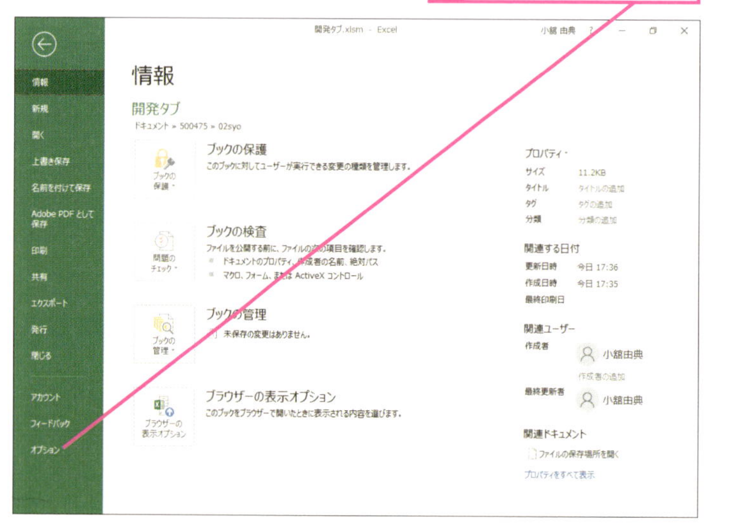

▶キーワード

VBA	p.236
VBE	p.236
［開発］タブ	p.238
コードウィンドウ	p.239

レッスンで使う練習用ファイル

開発タブ.xlsm

ショートカットキー

Alt + F11
……………ExcelとVBEの表示切り替え

HINT!

［開発］タブを使わなくてもVBEを起動できる

このレッスンでは［開発］タブをリボンに追加してVBEを起動する方法を解説していますが、VBEを起動する方法はほかにもあります。レッスン❺で説明しているように、まず、リボンの［表示］タブにある［マクロ］をクリックして［マクロ］ダイアログボックスを表示しましょう。［マクロ名］リストから作成したマクロ名を選択して［編集］ボタンをクリックすればVBEが起動します。なお、ブックにマクロが1つも登録されていないと［マクロ名］リストには何も表示されず、［編集］ボタンをクリックできないのでVBEを起動することはできません。

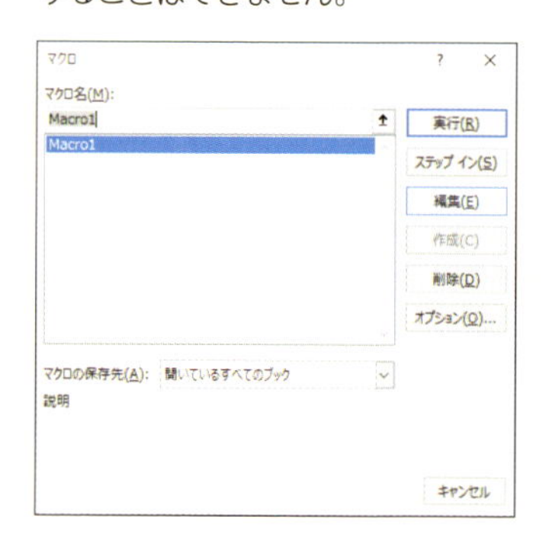

第2章 VBAでプログラミングをはじめよう

[開発] タブをリボンに表示する

[Excelのオプション] ダイアログボックスが表示された

1 [リボンのユーザー設定] をクリック

2 [開発] をクリックしてチェックマークを付ける

3 [OK] をクリック

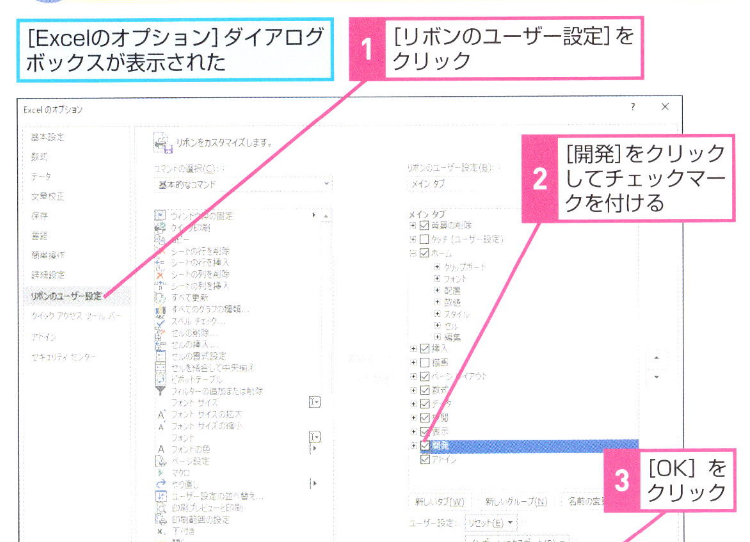

3 VBEを起動する

[開発] タブがリボンに表示された

1 [開発] タブをクリック

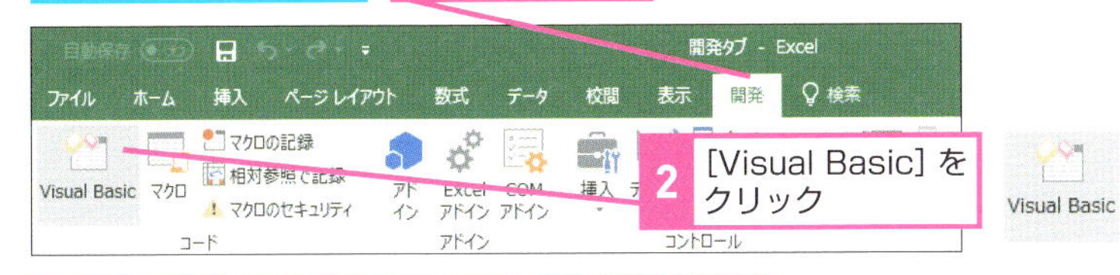

2 [Visual Basic] をクリック

VBEが起動した

HINT!を参考にコードウィンドウを最大化しておく

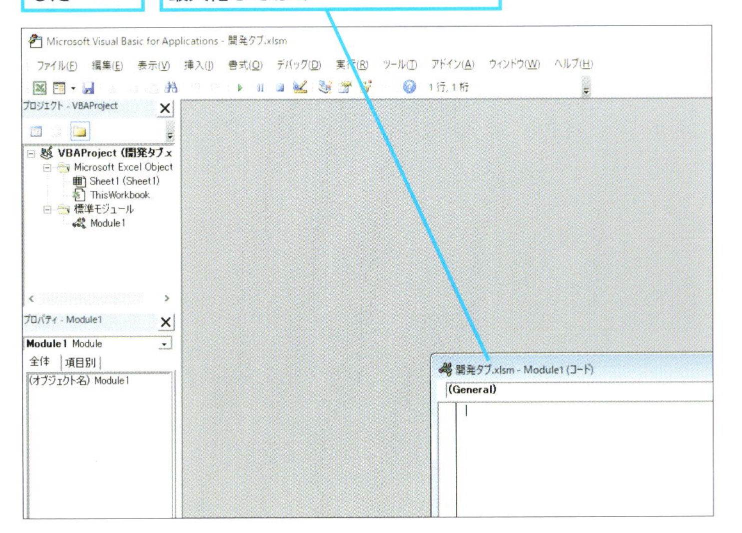

HINT! コードウィンドウは最大化して使う

VBEを初めて起動すると、初期状態ではウィンドウが最大化されていません。本書ではプログラムが見やすいようにウィンドウを最大化して解説しているので、同じように最大化したいときは、下の手順を参考に最大化してください。

VBEのウィンドウとコードウィンドウを最大化して、コードを編集しやすいようにする

1 [最大化] をクリック

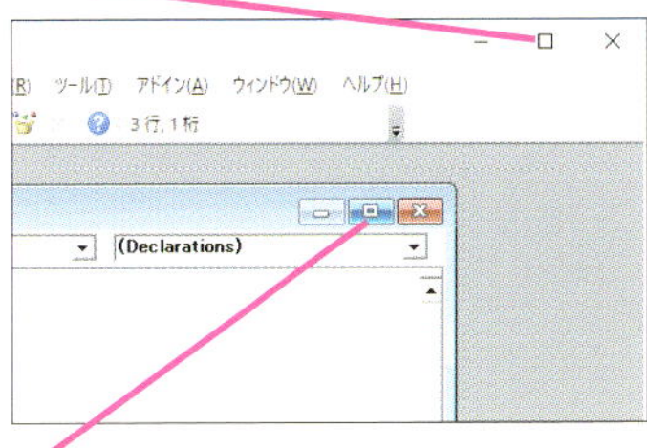

2 [最大化] をクリック

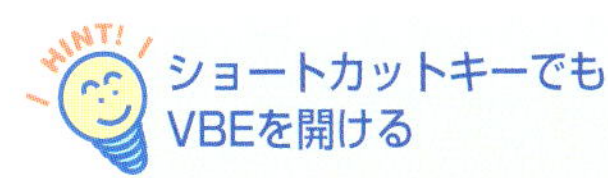

HINT! ショートカットキーでもVBEを開ける

このレッスンでは [開発] タブにある [VisualBasic] ボタンをクリックしてVBEのウィンドウを表示しましたが、キーボードのショートカットキーでも同じようにVBEを表示できます。キーボードの Alt キーを押しながら F11 キーを押すとVBEのウィンドウが表示されます。

レッスン

9

VBEの画面構成を確認する

Visual Basic Editor

レッスン❽で表示したVBEのウィンドウについて詳しく見てみましょう。VBAでのプログラミングを習得するために、画面構成と各部の役割を覚えましょう。

VBEの画面構成

VBEは「Visual Basic Editor」の略で、VBAのコードを編集する以外にも、VBAでプログラミングを行う際に便利な機能がいろいろと搭載されています。このレッスンでは、VBEの画面の主な名称と役割を解説します。VBEを起動した直後は、画面左側にプロジェクトエクスプローラーとプロパティウィンドウが表示され、画面中央にはコードを編集できるコードウィンドウが表示されます。各部の名称と役割を覚えておきましょう。

▶キーワード

VBA	p.236
VBE	p.236
コードウィンドウ	p.239
タイトルバー	p.242
ツールバー	p.243
プロジェクトエクスプローラー	p.246
プロパティ	p.246
プロパティウィンドウ	p.246
メニューバー	p.246
モジュール	p.247

レッスンで使う練習用ファイル
このレッスンには、
練習用ファイルがありません

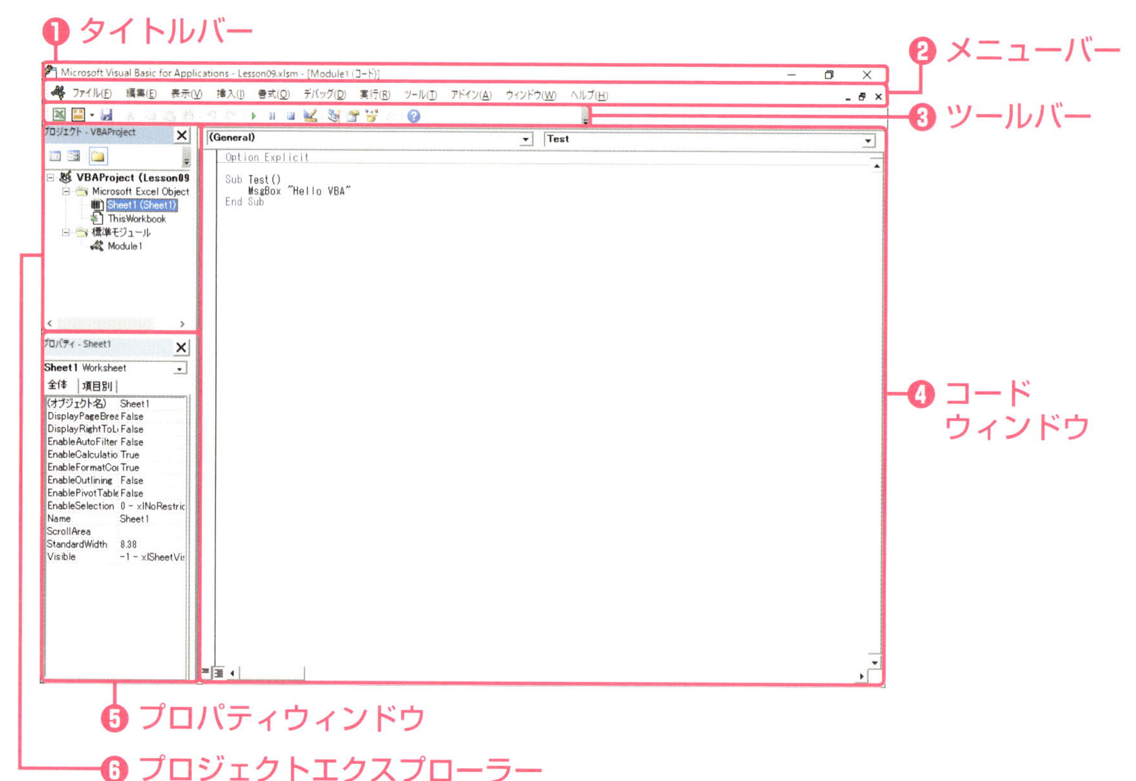

注意 本書に掲載しているディスプレイのサイズは1024×768ピクセルです。ワイド画面のディスプレイを使っている場合などは、表示状態が異なります。

❶タイトルバー

マクロが記録されているブック名やモジュール名など、VBEで表示しているコードの名前が表示される。

作業中のブック名やモジュール名が表示される

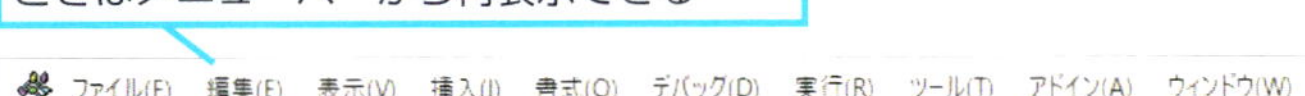

❷メニューバー

作業の種類によって、操作がメニューにまとめられている。必要なメニューをクリックすると操作の一覧が表示される。

ウィンドウやツールバーを閉じてしまったときはメニューバーから再表示できる

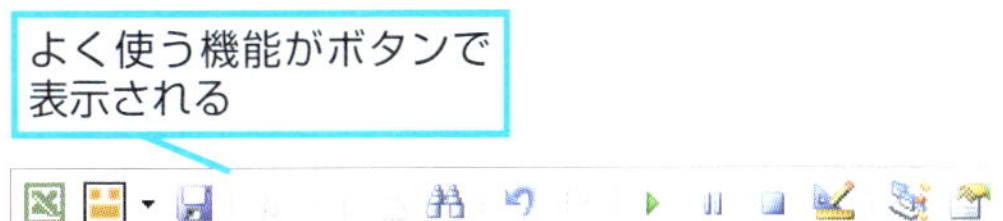

❸ツールバー

Excelの画面への切り替えやコードの保存など、よく使う機能がボタンで表示されている。カーソルの位置も確認できる。

よく使う機能がボタンで表示される

カーソルの位置を確認できる

❹コードウィンドウ

プロジェクトエクスプローラーで選択したモジュールのコードが表示される。コードの修正や追記はこのウィンドウで行う。

❺プロパティウィンドウ

プロジェクトエクスプローラーで選択した項目の名前やディスプレイの表示状態など、オブジェクトのプロパティが表示される。

❻プロジェクトエクスプローラー

現在開いているExcelのブックや、含まれるワークシートなどのオブジェクトが一覧で表示される。項目をダブルクリックすれば、該当のコードをコードウィンドウに表示できる。

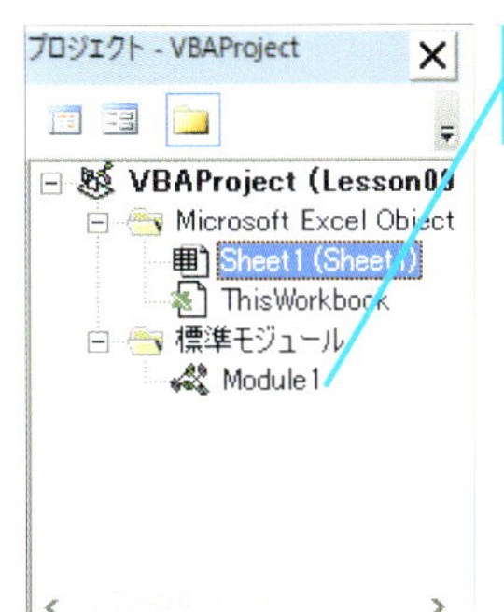

コードウィンドウに表示したい項目をダブルクリックする

[変数の宣言を強制する] にチェックマークを付けよう

VBAでプログラミングをするときは、[オプション] ダイアログボックスにある [変数の宣言を強制する] という項目にチェックマークを付けて有効化しておきましょう。コードの先頭行に「Option Explicit」という命令文が自動的に追加されるようになります。これは、第3章で解説する「変数」に関する重要な設定です。変数とはデータを格納しておく入れ物のことです。必ず設定しておきましょう。

1 [ツール] をクリック

2 [オプション] をクリック

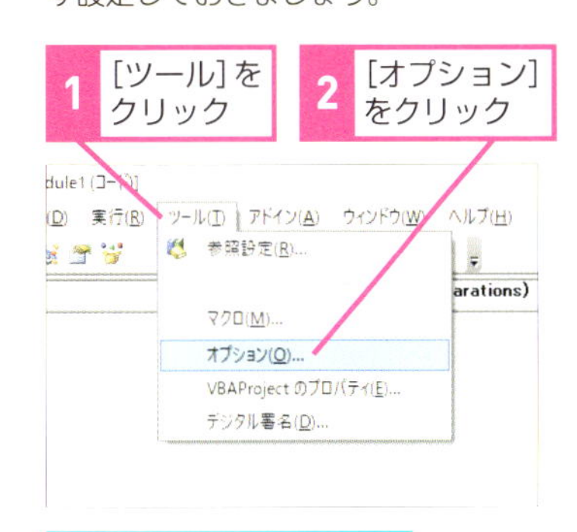

[オプション] ダイアログボックスが表示された

3 [編集] タブをクリック

4 [変数の宣言を強制する] をクリックしてチェックマークを付ける

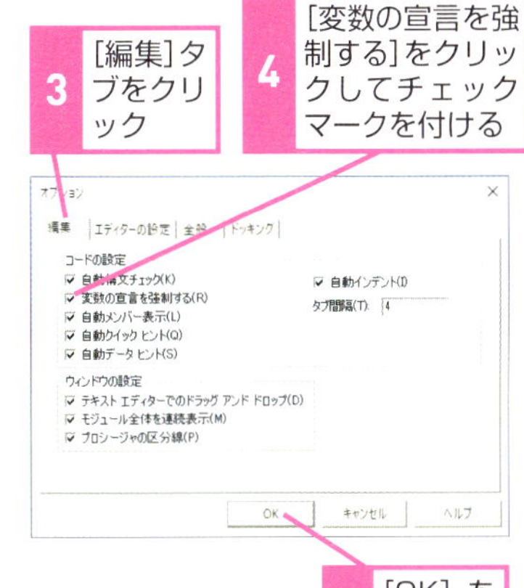

5 [OK] をクリック

レッスン 10

VBAのコードを記述するには

モジュール

VBAのプログラムを記述する場所を「モジュール」と呼びます。マクロが含まれないブックにはモジュールがありません。初めにモジュールを挿入してみましょう。

プログラムはモジュールに書く

VBAのプログラムは「モジュール」と呼ばれる場所に記述します。モジュールはブックに含まれていてブックごとに管理されています。また、モジュールは初めからブックに用意されているものではなく、マクロが1つもないブックにはモジュールはありません。このレッスンでは、ブックに初めてのマクロを追加するために新しく「標準モジュール」を追加する方法を解説します。

▶キーワード

VBA	p.236
オブジェクト	p.238
プロジェクト	p.245
プロジェクトエクスプローラー	p.246
モジュール	p.247

レッスンで使う練習用ファイル
このレッスンには、練習用ファイルがありません

図10-1 プロジェクトエクスプローラーの表示内容

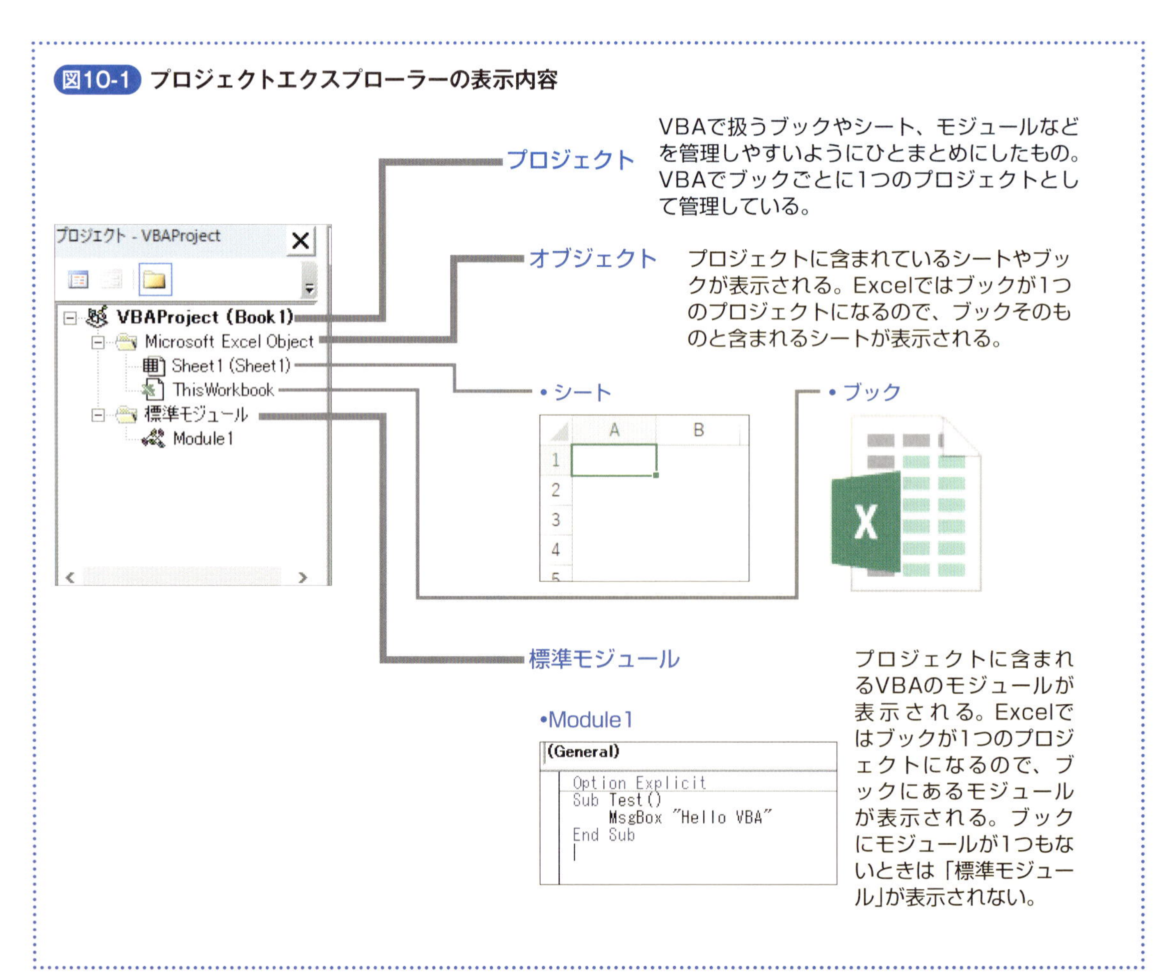

モジュールを挿入する

レッスン❽を参考に空白のブックを使ってVBEを起動しておく

1 [VBAProject (Book1)]を右クリック

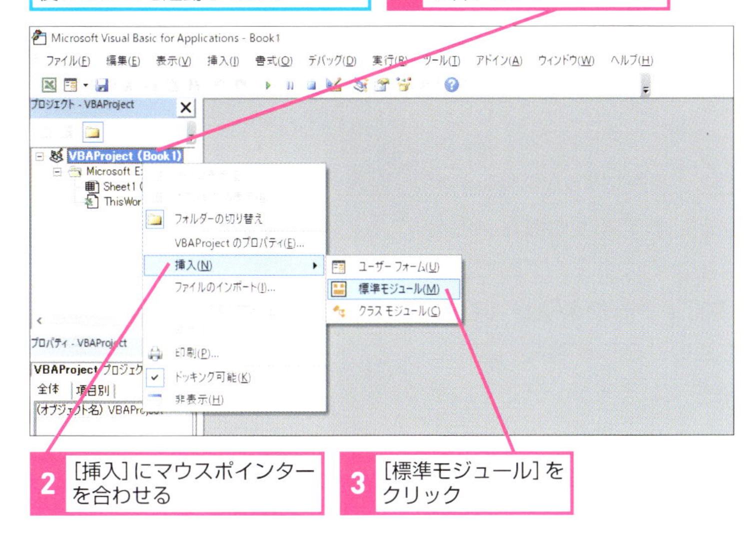

2 [挿入] にマウスポインターを合わせる

3 [標準モジュール] をクリック

2 モジュールが挿入された

[標準モジュール] と表示され、モジュールが挿入された

◆コードウィンドウ
VBAのコードを記述するウィンドウ

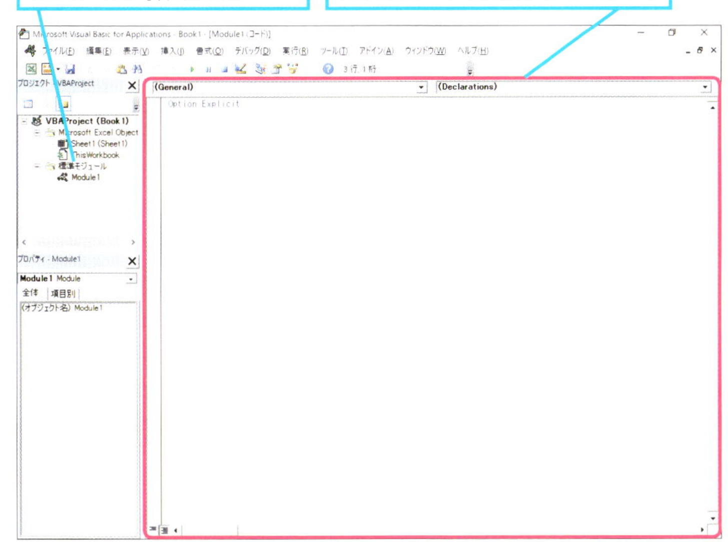

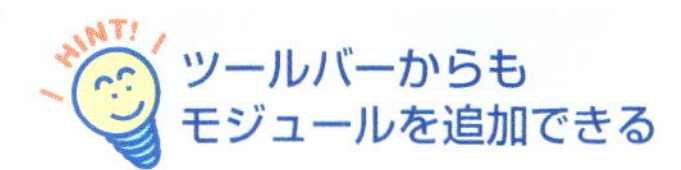

ツールバーからもモジュールを追加できる

このレッスンではプロジェクトエクスプローラーでモジュールを追加するブックを選択し、右クリックして新しいモジュールを追加しましたが、メニューから追加することもできます。モジュールを追加したいブックをプロジェクトエクスプローラーで選択して、メニューの [挿入] - [標準モジュール] をクリックすれば新しいモジュールが追加できます。

1 [ユーザーフォームの挿入]のここをクリック

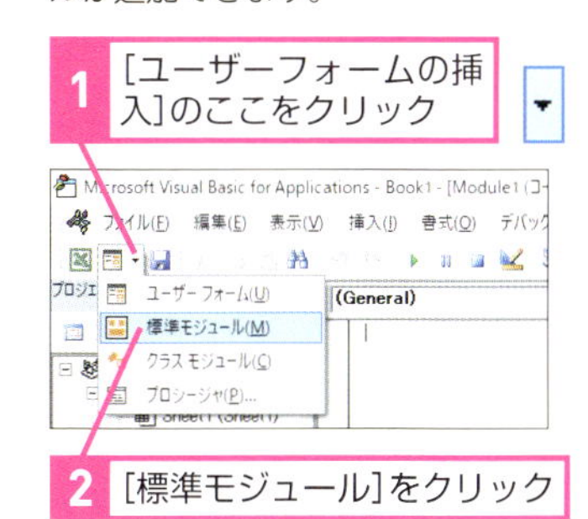

2 [標準モジュール]をクリック

モジュールを削除するには

間違えて挿入してしまったモジュールや使わなくなったモジュールは必要に応じていつでも削除できます。プロジェクトエクスプローラーで削除したいモジュールを選択してから、メニューバーの [ファイル] - [(モジュール名) の解放] をクリックします。表示されたダイアログボックスで [いいえ] をクリックすれば、そのまま削除できます。なお、[はい] をクリックすると、モジュールの内容をテキストファイルに書き出せるので、コードを再利用するときに便利です。

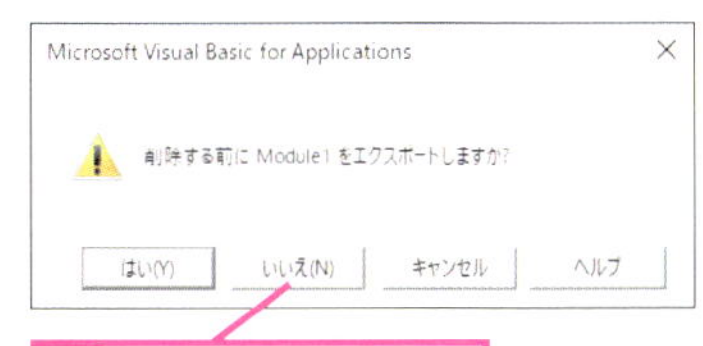

1 [いいえ]をクリック

モジュールが削除される

レッスン 11

VBAのコードを実行するには

コードの入力

ここでは、プログラミングの第一歩として、実際にVBAを使って簡単なプログラムを書いて実行してみます。難しいことはないので、しっかりと覚えましょう。

プログラムを作ってみよう

レッスン⑩で追加した新しいモジュールに、実際にVBAのコードを書いてプログラムを作ってみましょう。といっても何も難しいことはありません。手順に沿って書いていくだけで大丈夫ですので、早速プログラムを作ってみましょう。途中でエラーが表示されても、Excelやパソコンが壊れてしまうようなことはありません。逆にエラーが出てしまっときこそ、VBAの理解を深めるチャンスです。手順を読み返して、どこを間違ってしまったのか、間違ってしまうとどのようなエラーが表示されるのか、しっかり覚えてください。

1 コードの入力を始める

レッスン⑩を参考に新規ブックを開き、VBE上で標準モジュールを追加しておく

1 ここをクリック

2 Option Explicitを入力する

1 以下のように入力する

```
Option␣Explicit
```

2 Enterキーを押す

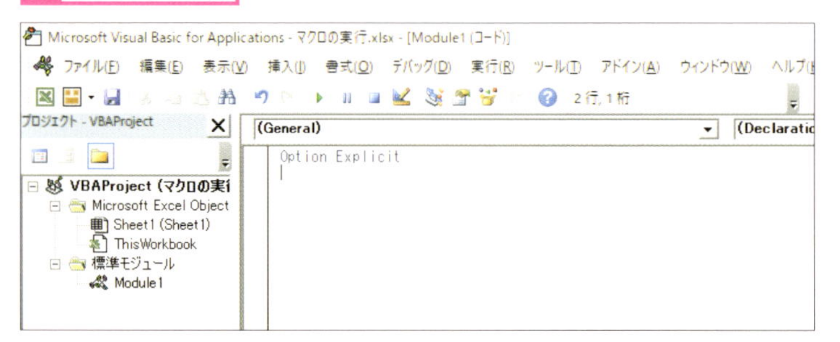

▶キーワード

VBA	p.236
記録	p.238
マクロ	p.246

レッスンで使う練習用ファイル
マクロの実行.xlsx

ショートカットキー

F5 ……………… マクロの実行

HINT! 「Option Explicit」って何？

手順2の「Option Explicit」は、レッスン❾のHINT!で紹介したコードの先頭行に必ず必要な命令文です。ここで入力していますが、レッスン❾のヒントで紹介した［変数の宣言を強制する］という項目を有効に設定すると、自動で挿入されるようになります。変数については第3章で説明しますが、プログラムの間違いを未然に防ぐことができるので［変数の宣言を強制する］という項目を有効に設定しておきましょう。

HINT! モジュールはいくつでも追加できる

1つのモジュールにはさまざまなプログラムをいくつでも書くことができますが、プログラムの数が増えてくると管理することが大変になります。ブック1つにモジュールはいくつでも追加できるので、関連のあるプログラムごと、例えばブックを操作するプログラムのモジュールとシートを操作するプログラムのモジュールのように、プログラムごとにモジュールを分けるようにしましょう。

3 続けてコードを入力する

1 以下のように入力する

```
Sub␣Test()
```

2 Enter キーを押す

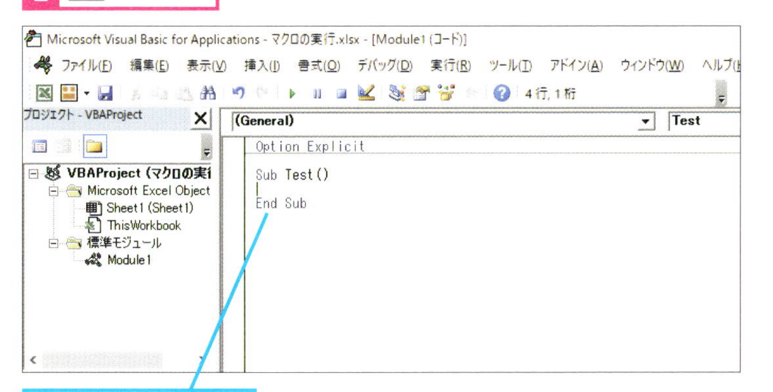

「End Sub」が自動的に入力された

4 メッセージを表示する関数を入力する

コードを見やすくするために行頭を字下げする

1 Tab キーを押す

2 カーソルが移動した位置から以下のように入力

```
MsgBox␣"Hello VBA"
```

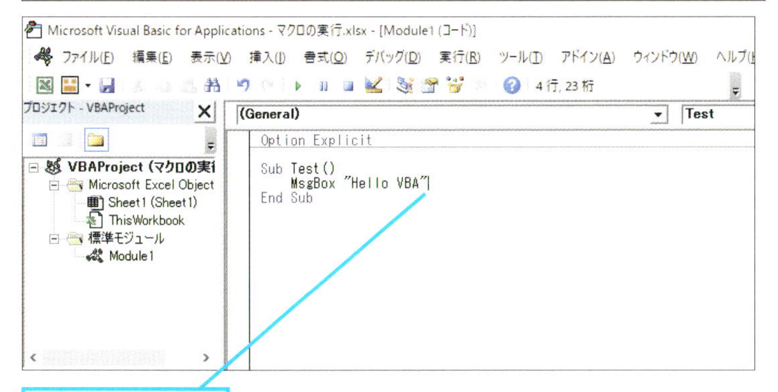

コードが入力された

HINT! Tab キーを押すのはなぜ？

第3章で解説しますが、プログラムを見やすくするためにコードを書くときに字下げをすることがよくあります。字下げをするためにspaceキーを何度か押して空白文字を入力してもいいですが、常に一定の字下げを行うにはTabキーを押した方が便利です。なお、プログラミング用のツールによってこの字下げの幅はさまざまですが、VBEのデフォルト設定ではTabキーを押すことで半角4文字分の空白が挿入されます。タブの間隔はVBEメニューにある［ツール］-［オプション］をクリックして表示される［オプション］ダイアログボックスで任意の間隔に設定できます。

HINT! 「MsgBox」って何？

VBAにはプログラムでよく使う処理をあらかじめ「関数」として用意してあります。MsgBox関数もその1つで、指定された文字列をダイアログボックスに表示するための関数です。なお、Excelのワークシートで使う関数をVBAでは「ワークシート関数」と呼んでいて、VBAで使う関数とは区別しています。

HINT! 小文字が大文字に変換される

VBEでは、小文字で入力した文字が大文字に自動で変換されることがあります。これは、入力した文字列がVBAのキーワードや、すでにあるプロシージャ名、変数名と一致するとVBEが自動的に一致したキーワードに合わせて変換しているからです。これを利用すると、キーワードの入力ミスを防ぐことができて便利です。しかし、VBE以外のツールでは自動的にこういった変換が行われないものもあります。ほかのプログラミング言語用のツールを使うことがあるなら注意しましょう。

次のページに続く

5 コードを実行する

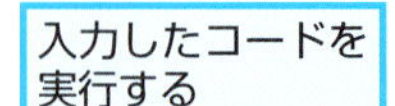

1 [Sub/ユーザーフォームの実行]をクリック

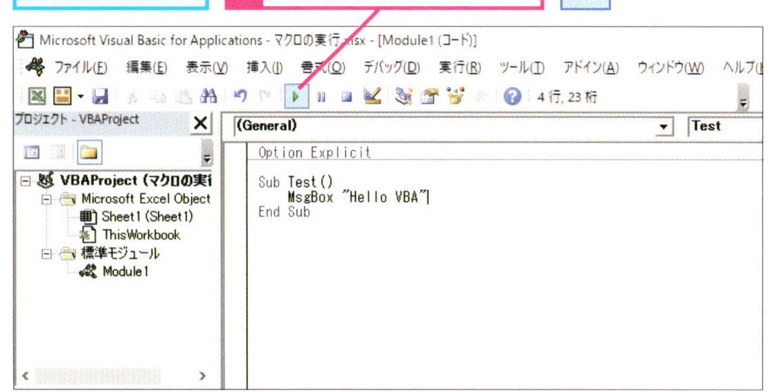

6 実行結果を確認する

Excelに切り替わり、「Hello VBA」というメッセージボックスが表示された

1 [OK]をクリック

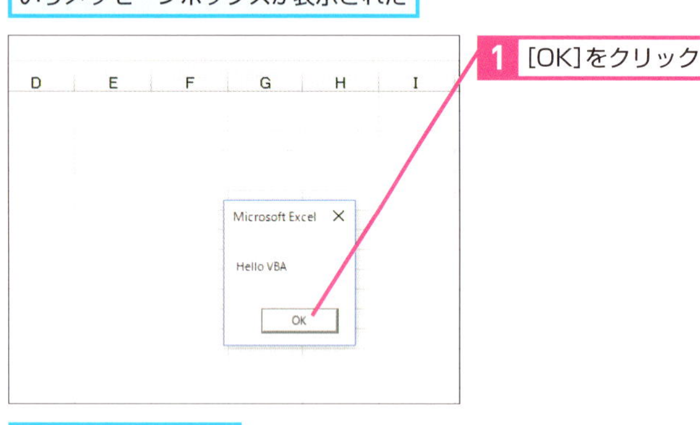

VBEに切り替わった

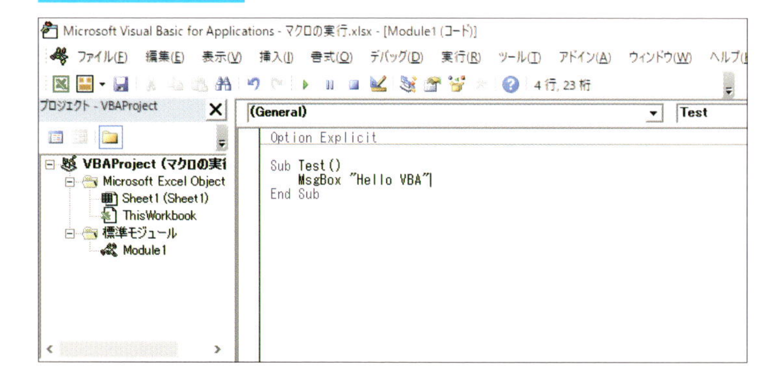

注意 このレッスンで入力したコードは、次のレッスンで保存するのでブックを閉じずに続けてください

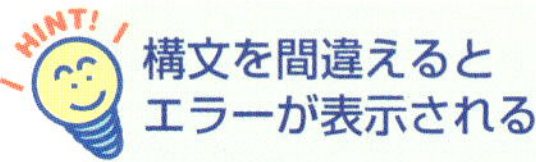

HINT! 構文を間違えるとエラーが表示される

VBEでプログラムのコードを入力しているとき、VBAの関数やステートメントなどの構文の入力を間違えるとエラーが表示されることがあります。VBEではコードを入力して[Enter]キーを押したり、[↑]や[↓]キーで入力中の行から移動するとそれまで入力していた行の構文チェックが行われます。そのときに構文のエラーがあると即座にエラーが表示されます。

「Hello VBA」の前後の「"」を入力し忘れると、エラーを示すダイアログボックスが表示される

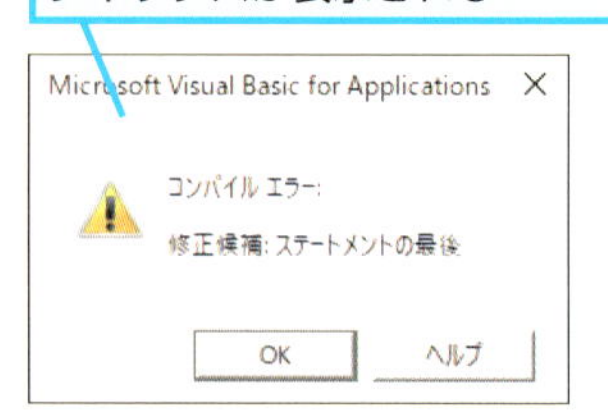

HINT! コードを字下げしたのはなぜ？

記録したマクロや練習用ファイルのマクロを見るとSubステートメントとEnd Subステートメントの間が字下げされています。これは、プログラムを見たときにプロシージャの始まりと終わりを分かりやすくして、1つのプロシージャの範囲を見やすくするためです。プログラムを見やすくするための方法はこの字下げ以外にもさまざまあり、レッスン⓭で詳しく解説します。

プロシージャはプログラムの最小単位

このレッスンで書いたプログラムはわずか3行ですが、プログラムとして実際に実行することが可能でした。このようにプログラムとして動作できる最小の単位をVBAでは「プロシージャ」と呼び、プログラムを構成する最小単位となります。第1章のマクロの記録で記録したマクロは、記録を終了するまでの一連の手順が1つのプロシージャとして記録されます。

プロシージャは「Sub」ステートメントで始まり、「End Sub」ステートメントで終わります。Subステートメントに続き空白をはさんでプロシージャ名を記述します。このプロシージャ名がマクロの名前になります。マクロ名は簡潔でそのプロシージャの処理内容が分かりやすい名前を付けるようにします。

VBAのプログラムは、SubステートメントとEnd Subステートメントの間に書いていきます。ここに書かれた命令が、上から順に実行されます。

●プロシージャの構文

```
Sub プロシージャ名 ()
    処理①
    処理②
      ⋮
End Sub
```

プロシージャの名前がマクロの名前になる

このレッスンで入力したSubプロシージャの名前がマクロの名前になります。解説の手順どおりに入力ができたらExcelの画面に戻ってマクロの一覧を見れば確認できます。Excelの[表示]タブか［開発］タブにある［マクロ］をクリックして［マクロ］ダイアログボックスで確認してみましょう。

[マクロ]ダイアログボックスに入力したプロシージャ名のマクロが登録された

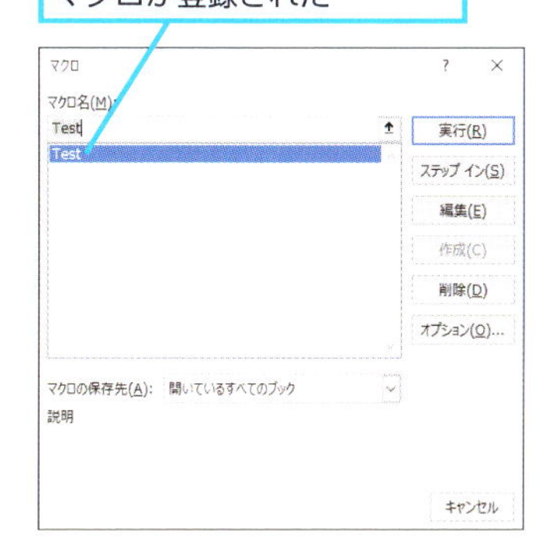

プロシージャ名には日本語も使える

プロシージャ名には日本語の名前を付けることができます。このレッスンでプロシージャの名前にはその処理内容をイメージしやすい名前を付けると書きました。人によってはプロシージャ名に日本語を使った方が分かりやすく感じるかもしれませんし、ほかのVBA解説書でもよく日本語が使われています。しかし、コードを書くときに日本語入力モードのオン/オフを頻繁に繰り返すことになるので、ある程度の量のコードを書いていくには効率が悪く面倒です。そのため、本書ではプロシージャ名や変数名に日本語を使っていません。

テクニック 大きなプログラムは小さなプロシージャに分ける

プログラムを作るときは、第1章で解説したように処理の流れを考えて作成した設計図を基にプロシージャを作成します。大きなプログラムを作るときは、1つの大きなプロシージャを作るのではなく、一連のまとまった処理ごとに小さなプロシージャに分けて作ります。処理ごとに小さなプロシージャに分けることで、1つのプロシージャの処理内容が分かりやすくなり、修正や機能変更が容易になります。さらに新しい別のプログラムを作るときに、以前作ったプロシージャを部品のように使うことも可能になります。

次のページに続く

▶コード解説

プログラムの内容

```
1 Option Explicit ─────────── ❶
2
3 Sub Test() ──────────────┐
4     MsgBox "Hello VBA" ── ❸  ├── ❷
5 End Sub ─────────────────┘
```

❶変数の宣言を強制するOption Explicitステートメント。このプログラムでは変数を使用していないため機能しないが、書いてあっても問題ない

❷3行目はプロシージャの開始で、5行目はSubプロシージャの終了を宣言している。プロシージャ名として記述した「Test」はマクロ名になる

❸MsgBox関数を使用してExcel上にメッセージを表示する。「"」（ダブルクォーテーション）で囲んだ部分の文字が表示され、半角文字だけでなく、全角文字も表示できる

このレッスンで作ったプログラムは、Excelのウィンドウにダイアログボックスを表示してメッセージを表示するプログラムです。1行目の「Option Explicit」はこのモジュール内のプロシージャでは変数の宣言を強制するためのもので、VBEのオプションで設定しておくと自動的に挿入されます。次の2行目を空行にしているのは3行目から始まるプロシージャを分かりやすくするためです。VBAのプログラムでは空行や字下げのスペースがいくつあってもプログラムの実行には影響ありません。3行目でここからSubプロシージャ「Test」が始まることを表わします。ここからEnd Subまでの間がこのTestプロシージャのプログラムになります。4行目がこのTestプロシージャのプログラム本体です。この行ではVBAのMsgBox関数を使ってメッセージ表示用のダイアログボックスを表示し、「Hello VBA」という文字列を表示しています。ここでは「Hello VBA」という文字列が「"」（ダブルクォーテーション）で挟まれていることは重要です。VBAでは文字列は「"」で挟んで表現する必要があるからです。また、プログラムを実行するとメッセージを表示したところで一時停止しています。4行目には特に一時停止する命令はありません。これは、MsgBox関数は画面にメッセージを表示すると［OK］ボタンが押されるまで処理が止まるようになっているからです。最後に5行目のEnd Subでプロシージャの最後を示すと同時にプログラムの終了を示します。

Column プログラムとコードの違いは？

プログラムの内容を説明するときに「プログラム」と「コード」という言葉が出てきます。これらが何を示しているのかというと、簡単に言ってしまえばおおむね同じものを示しています。しかし、それでは説明にならないので、少し厳密に分けると「プログラム」とはコンピューターに処理をさせるための手順で、「コード」はプログラム言語の命令を表す単語の並びを示します。しかし、プログラムと表現したときに、プログラムのコード（記述されている内容）のことを示していることもあります。本書では処理の手順全体を「プログラム」、記述されている内容を「コード」として記述しています。
これ以外に「プログラムコード」や「ソースコード」といった表現もあります。

プログラミングはとにかく書いて覚えること。コードを読んでいるだけでは身につかないぞ！

マクロの記録で作られたプログラムを確認しよう

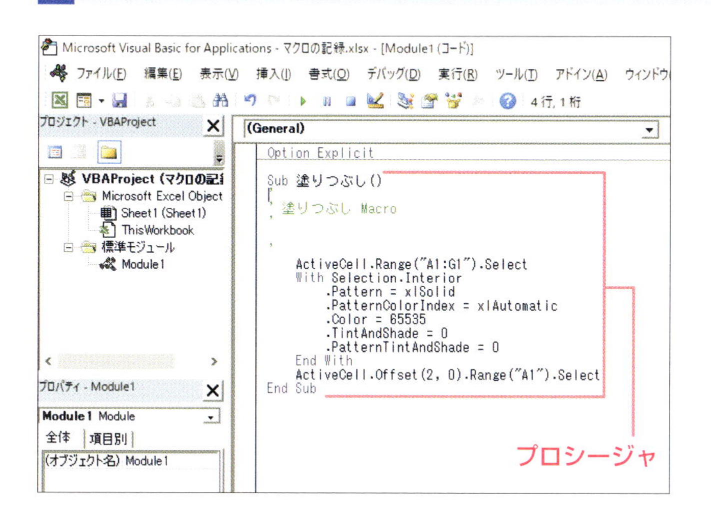

レッスン❺で記録した1行おきに行を塗りつぶすマクロで見てみると、「Sub 塗りつぶし()」から「End Sub」までが記録したマクロのSubプロシージャ「塗りつぶし」になります。先頭に「'」(シングルクォーテーション) がついている行はコメントといってプログラムの説明文です。「ActiveCell.Range("A1:G1").Select」から「ActiveCell.Offset(2, 0).Range("A1").Select」までが実際に処理を行う部分で、現在のアクティブセルから相対位置でセル範囲「A1:G1」を選択し、選択範囲を黄色で塗りつぶし、2行下の同じセルを選択するという流れになります。

HINT! Excel側からもマクロを実行できる

このレッスンでは、VBE上で［Sub/ユーザーフォームの実行］を押してマクロを実行しました。マクロを実行するには第1章のレッスン❺で行っているように、Excelのリボンにある［表示］タブか［開発］タブにある［マクロ］をクリックして［マクロ］ダイアログボックスからマクロを選び、実行することもできます。

Point 実際にプログラムを動かして確認する

このレッスンで紹介したプログラムはとても簡単な内容ですが、初めてVBAのプログラムに接する人には最適といえます。プログラムを動かすことで、自分が書いたプログラムが動作していることが理解できます。

レッスン 12

マクロを保存するには

Excelマクロ有効ブック

セキュリティの観点からマクロを含んだブックは通常のブックと区別する必要があります。ここではマクロがあるブックの保存方法を紹介します。

マクロを含んだブックは保存形式に注意する

マクロを含んだブックを保存するときは、通常の［Excelブック］形式ではなく、ブックとともにマクロも保存できる［Excelマクロ有効ブック］形式で保存します。［Excelマクロ有効ブック］でブックを保存すると、アイコンが変わり、拡張子が「.xlsm」になります。古いバージョンのExcelでは通常のブック形式でマクロを保存していましたが、それではマクロが含まれているのか判別できませんでした。現在のExcelではアイコンやファイルの拡張子を見るだけでマクロの存在を判断できるように専用のファイル形式が用意されています。［Excelマクロ有効ブック］形式以外のファイル形式ではマクロは保存されませんので注意してください。もしマクロがあるブックを［Excelブック］などの形式で保存した場合は、ブックを閉じるまでは記録したマクロは残っているので、［Excelマクロ有効ブック］の形式でブックを保存し直せば大丈夫です。

▶キーワード

VBA	p.236
VBE	p.236
拡張子	p.238
ダイアログボックス	p.242
ブック	p.245
マクロ	p.246

レッスンで使う練習用ファイル
Excelマクロ有効ブック.xlsx

HINT! 「.xlsx」のままではマクロを保存できない

ブックの拡張子が「.xlsx」のままではマクロは保存できません。マクロを保存するには「Excelマクロ有効ブック」という専用の形式にする必要があり、その場合は拡張子が「.xlsm」に変わります。なお、保存されているマクロ有効ブックの拡張子「.xlsm」を「.xlsx」に変更するとブックが開けなくなるので注意してください。

1 プログラムを保存する

レッスン⑪で作成したプログラムを「Excelマクロ有効ブック_After」として保存する

1 ［上書き保存］をクリック

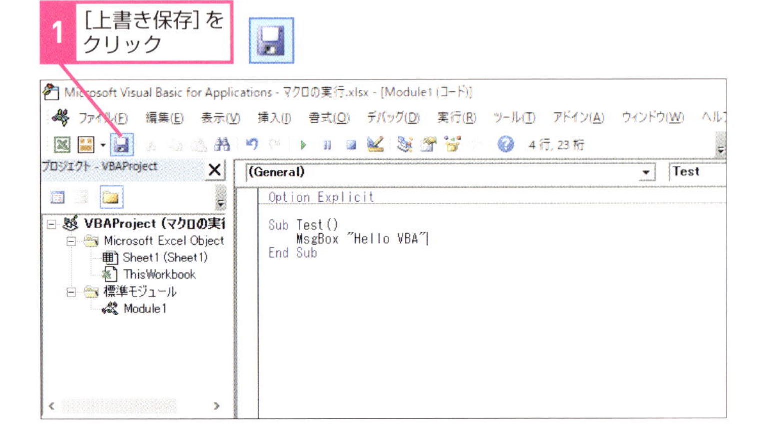

注意 レッスン⑪でコードを記述した［マクロの実行.xlsx］を閉じてしまった場合は、［Excelマクロ有効ブック.xlsx］を開き、レッスン⑪を参考にもう一度コードを記述してください

テクニック エクスプローラーでExcelファイルの拡張子を表示するには

Windowsではファイル名の最後に「.」で区切って「.xlsx」や「.docx」のようにファイルの種類を区別するための「ファイル拡張子」というものがあります。標準の設定では、この拡張子が表示されないようになっています。ファイルの種類を区別しやすいように右の手順を参考に拡張子が表示されるようにしておきましょう。なお、この設定により、Word文書（.docx）やPDFファイル（.pdf）などすべてのファイルの拡張子が表示されるようになります。

1 ［表示］タブをクリック

2 ［ファイル名拡張子］をクリックしてチェックマークを付ける

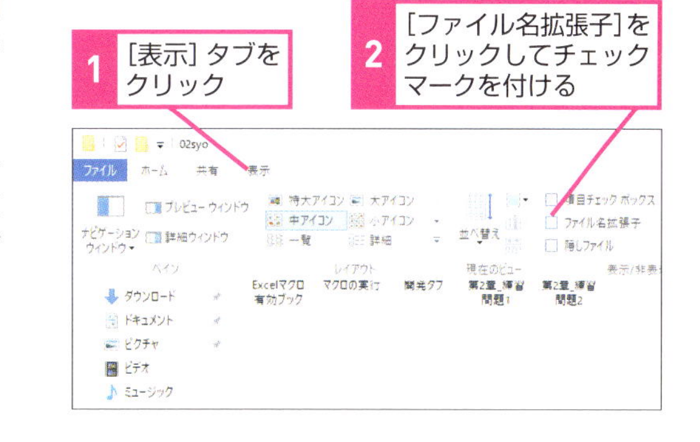

2 ［名前を付けて保存］ダイアログボックスを表示する

Excelブックでマクロを保存しようとしたので、警告メッセージが表示された

ここではExcelマクロ有効ブックとして保存する

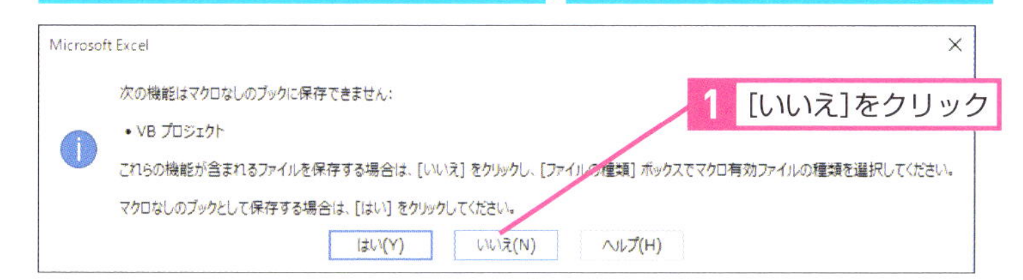

1 ［いいえ］をクリック

3 ブック名を入力する

［名前を付けて保存］ダイアログが表示された

1 ファイル名を入力

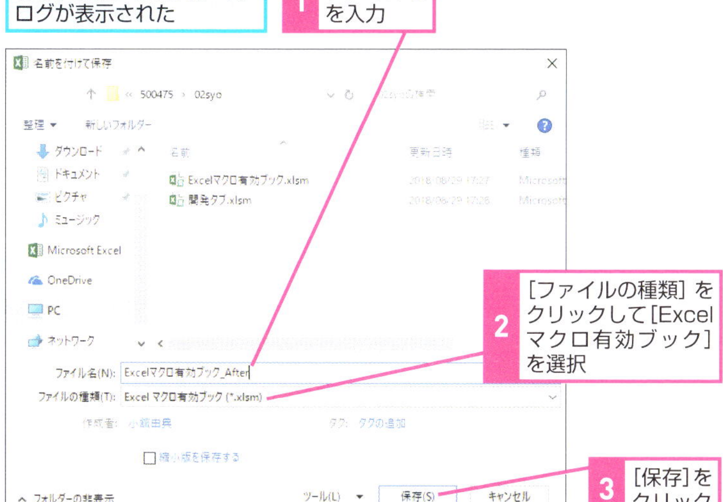

2 ［ファイルの種類］をクリックして［Excelマクロ有効ブック］を選択

3 ［保存］をクリック

ブックが保存される

ブックを閉じておく

HINT! Excelから保存してもいい

このレッスンではマクロを保存するときにVBEウィンドウから保存する方法を紹介しました。マクロはブックに含まれているので、Excelのウィンドウでマクロを含むブックを保存しても同様にマクロを保存することができます。

Excel上でもマクロ有効ブックとしてマクロの内容を保存できる

1 ［上書き保存］をクリック

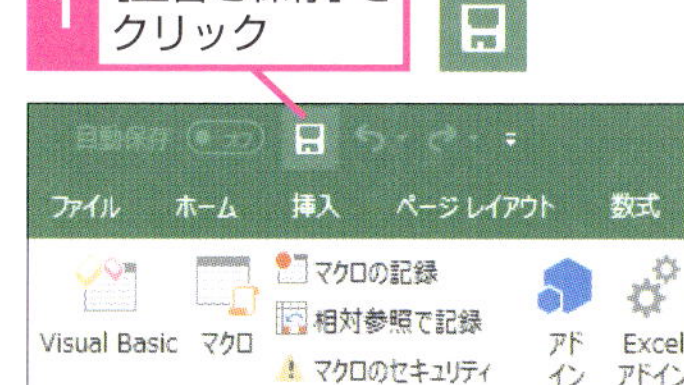

間違った場合は？

手順2で間違って［はい］をクリックして「.xlsx」のファイルで保存してしまった場合は、ブックを閉じる前に「Excelマクロ有効ブック」として保存すれば大丈夫です。この時、［上書き保存］ボタンをクリックしても手順2のような確認のダイアログボックスは表示されません。［名前を付けて保存］ボタンで手順3のように「Excelマクロ有効ブック」で保存します。

この章のまとめ

●プログラムは書いて覚える

この章では、実際にVBAでプログラムを書くための準備や、VBAのプログラムを書くためのツール「VBE」の紹介をしました。また、プログラムを書く場所の「モジュール」や、マクロのプログラムとなる「プロシージャ」についても紹介し、最後に簡単なプログラムを作ってみました。初めてVBAでプログラムを作ろうと思うと、さまざまなことを覚えなくてはと思われますが、まずはこの章で紹介したVBEやモジュール、プロシージャの関係が理解できれば大丈夫です。本書を真似してどんどんプログラムを書いてみましょう。たくさんのプログラムを書いていくことがプログラミングを覚える近道となります。

VBEの画面

VBE上でVBAのコードを書き、プログラムを作成する

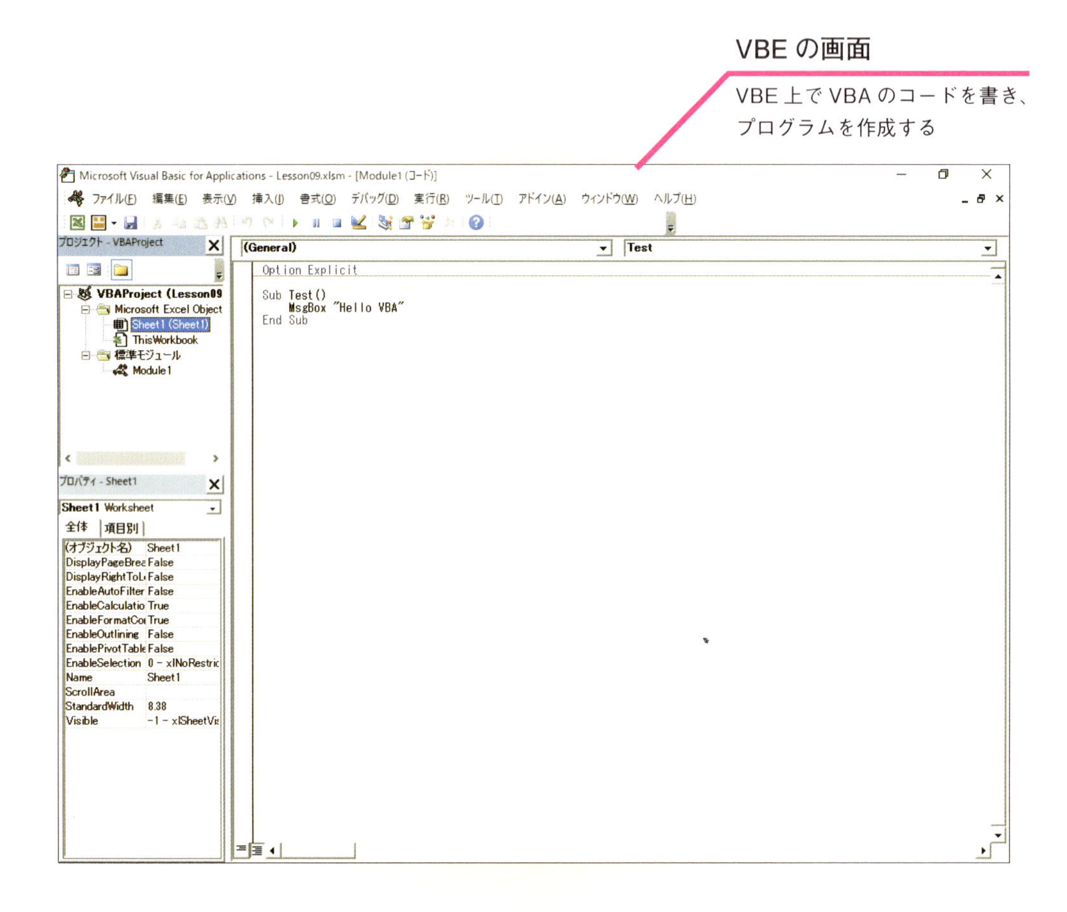

練習問題

1

練習用ファイルの［第2章_練習問題.xlsx］を開いて、新しいモジュールを追加してください。

●ヒント　モジュールの挿入はVBEで行います。

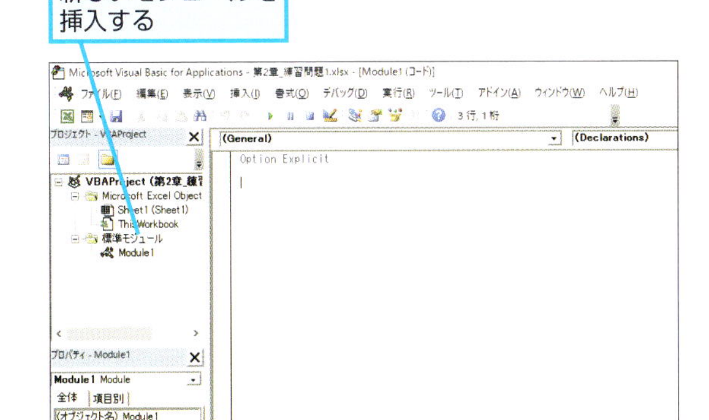

2

練習問題1で追加したモジュールを利用して、メッセージボックス上に「練習問題2」と表示するプロシージャ「Practice2」を作成してください。マクロを実行して結果を確認しましょう。

●ヒント　プロシージャは「Sub プロシージャ名()」で始まり「End Sub」で終わります。

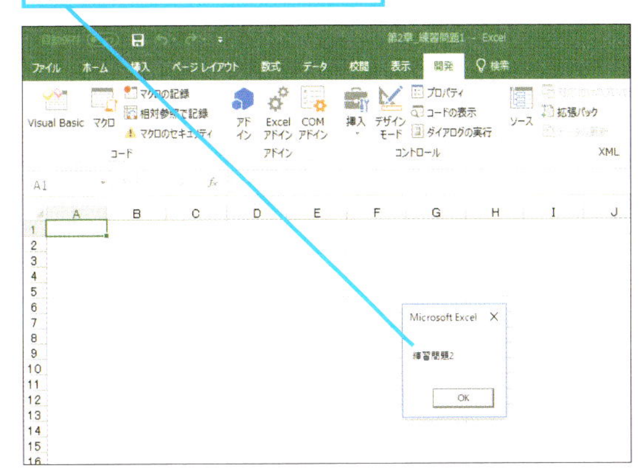

解　答

1

練習用ファイル［第2章_練習問題.xlsx］をExcelで開いておく

1 レッスン❽を参考にVBEを起動

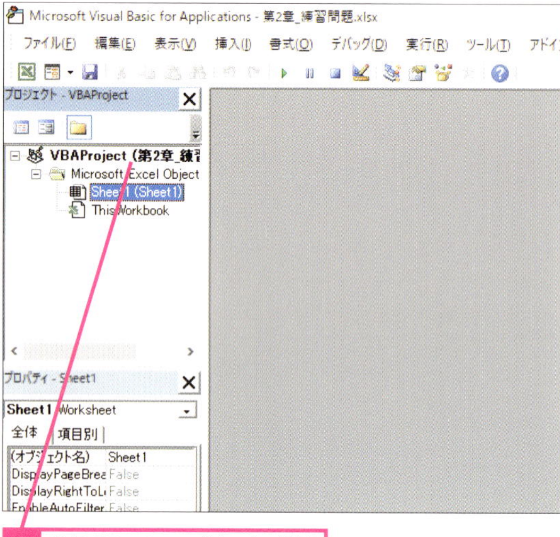

2 ［VBAProject（第2章_練習問題1)］を右クリック

練習用ファイルをExcelで開いて、レッスン❽を参考にVBEを起動します。プロジェクトエクスプローラーの［VBAProject（第2章_練習問題1.xlsx)］を右クリックして、［挿入］-［標準モジュール］をクリックします。

3 ［挿入］にマウスポインターを合わせる

4 ［標準モジュール］をクリック

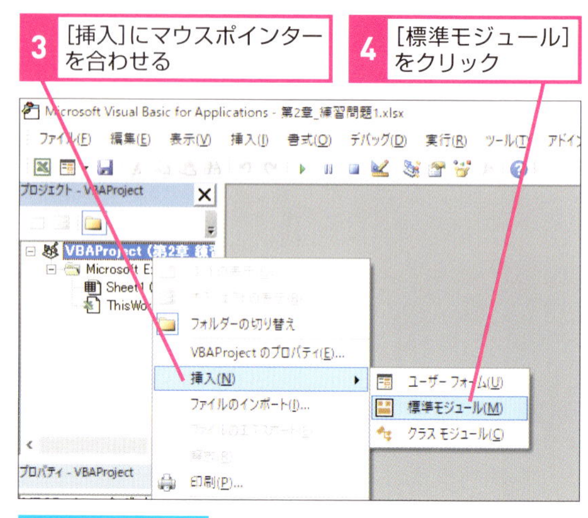

標準モジュールが追加される

コードを入力する

1 ［Sub/ユーザーフォームの実行］をクリック

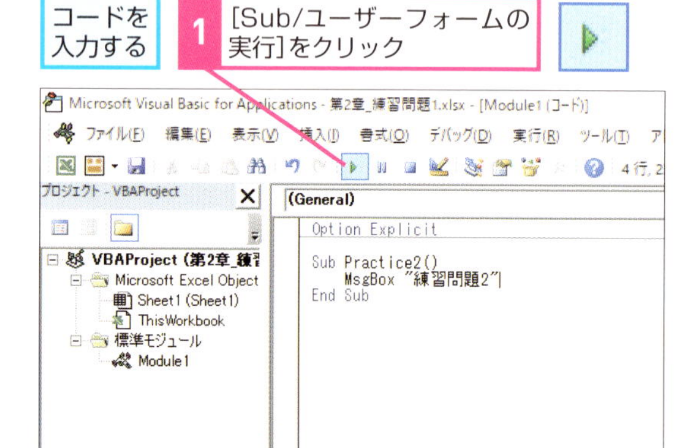

メッセージが表示される

コードウィンドウ上に以下のコードを入力してください。

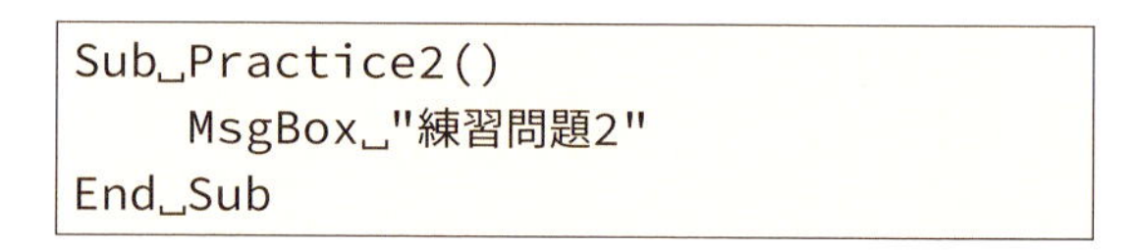

```
Sub␣Practice2()
    MsgBox␣"練習問題2"
End␣Sub
```

次に［Sub/ユーザーフォームの実行］ボタンを押して、実行結果を確認します。

第3章 VBAプログラミングの基本を知ろう

この章ではプログラミングを行う上で覚えておくべき基本や作法を、実際にVBEでプログラムを書きながら解説します。プログラムの処理で基本になる分岐や繰り返しの記述方法も解説します。

●この章の内容

レッスン 13

VBAコードを読みやすく整えるには

コードの整形

プログラムは、誰が見ても分かるように読みやすいコードを書くことが基本です。このレッスンでは読みやすいプログラムコードを記述する方法を解説します。

▶キーワード

インデント	p.237
コード	p.239
コメント	p.239
ステートメント	p.241
ロジック	p.247

レッスンで使う練習用ファイル
このレッスンには、
練習用ファイルがありません

誰が見ても理解しやすいコードとは

プログラムを作るときに一番大切なことは、誰が見ても内容が理解できる読みやすいプログラムコードを書くことです。自分が作ったプログラムだからといっても、1週間や1カ月が過ぎてから見ると何のプログラムなのか、分からなくなるものです。つまり、他人だけでなく時間がたった「自分」にとっても重要なことといえます。分かりやすいプログラムとは、コメントが空行、インデントを使って処理の流れや処理のまとまりが一目で分かるように整形されたコードです。

●理想的なコード

◆コメント
補足が書かれているので、各部分で何の処理をしているかが分かりやすい

```
Option Explicit
'
' 請求一覧作成
'
' ブック内の請求データの一覧表を作成
'
Sub MakeBillList()
    Dim ShIdx As Integer     ' ブック内のシート位置を格納する変数
    Dim Row As Integer       ' 一覧表の処理対象行を格納する変数

    ' 前処理
    Row = 2      ' 2行目から転記するので、開始行は「2」

    ' 主処理
    ' ブック内の2番目のシートから最後のシートまで繰り返し処理
    For ShIdx = 2 To Worksheets.Count
        With Worksheets("請求一覧")
            ' 請求一覧シートのセルの書式設定
            .Cells(Row, 3).NumberFormatLocal = "yyyy""/""mm""/""dd"  ' 日付形式（yyyy/mm/dd）
            .Cells(Row, 4).NumberFormatLocal = "yyyy""/""mm""/""dd"  ' 日付形式（yyyy/mm/dd）
            .Cells(Row, 5).NumberFormatLocal = "#,##0"               ' 数値形式
            .Cells(Row, 6).NumberFormatLocal = "#,##0"               ' 数値形式

            ' 各請求書シートからの転記処理
            .Cells(Row, 1) = Worksheets(ShIdx).Range("G3")         ' 1列目 請求番号
            .Cells(Row, 2) = Worksheets(ShIdx).Range("A3")           ' 2列目 請求先
            .Cells(Row, 3) = Worksheets(ShIdx).Range("G4")           ' 3列目 請求日
            .Cells(Row, 4) = Worksheets(ShIdx).Range("B8")           ' 4列目 支払期日
            .Cells(Row, 5) = Worksheets(ShIdx).Range("E31")           ' 5列目 請求金額
            .Cells(Row, 6) = Worksheets(ShIdx).Range("E30")           ' 6列目 消費税額
        End With

        ' 転記先の行を次の行にする
        Row = Row + 1
    ' 次のシートに移動
    Next ShIdx

End Sub
```

◆空行の挿入
改行で空行を入れることで処理のかたまりを区別しやすい

◆インデント
字下げすることでプロージャなどが区別しやすい

プログラムのコードは他人が見ても分かるように書くのが基本

第3章 VBAプログラミングの基本を知ろう

インデントと改行の使いどころ

プログラムを見やすくするためには前のページのようにインデントと空行を使ってコードを整形します。プログラムの開始と終了や処理の繰り返し、条件による分岐など、ひとまとまりの処理をブロックと呼びます。このブロックを単位としてインデントします。ブロックが入れ子になっていればその都度インデントを増やします。例えば後のレッスンで紹介する、処理の流れを制御する「If」や繰り返しの「For」「While」のブロックにはインデントを設定します。その中にさらにブロックがあれば、インデントをもう1つ増やします。また、処理の区切りごとに空行を入れることで、ブロックの処理のまとまりが分かりやすくなります。例えば変数宣言と変数の初期化などの前処理、プログラムのメインになる主処理、ファイルの保存といった後処理などに空行を入れて分けておくと分かりやすくなります。

●インデントでプロシージャやステートメントを見やすくする

プロシージャのかたまりをインデントで字下げして分かりやすくする

```
Sub MakeBillList()
    Dim ShIdx As Integer        ' ブック内のシート位置を格納する変数
    Dim Row As Integer          ' 一覧表の処理対象行を格納する変数

End Sub
|
```

Forなどのステートメントを更に字下げして分かりやすくする

```
    For ShIdx = 2 To Worksheets.Count
        With Worksheets("請求一覧")
            ' 請求一覧シートのセルの書式設定
            .Cells(Row, 3).NumberFormatLocal = "yyyy""/""mm""/""dd" '
            .Cells(Row, 4).NumberFormatLocal = "yyyy""/""mm""/""dd" '
            .Cells(Row, 5).NumberFormatLocal = "#,##0"              '
            .Cells(Row, 6).NumberFormatLocal = "#,##0"              '
```

●改行による空行の挿入で処理のかたまりを見やすくする

次のステートメントの開始など、処理の区切りの箇所に空行を挿入することで分かりやすくする

```
    Dim Row As Integer          ' 一覧表の処理対象行を格納する変数

    ' 前処理
    Row = 2        ' 2行目から転記するので、開始行は「2」

    ' 主処理
    ' ブック内の2番目のシートから最後のシートまで繰り返し処理
    For ShIdx = 2 To Worksheets.Count
```

インデントが深くなりすぎたときはロジックを再検討する

処理のブロックが入れ子になってインデントが深くなりすぎたときはロジックが複雑になりすぎている場合があります。フローチャートで全体のロジックを見直して、単純なロジックに置き換えられないか再検討しましょう。

インデントは簡単に減らせる

インデントを設定するとき、Tabキーを押しすぎてしまったときは、Shift＋Tabキーを押してインデントを、1つずつ減らしましょう。

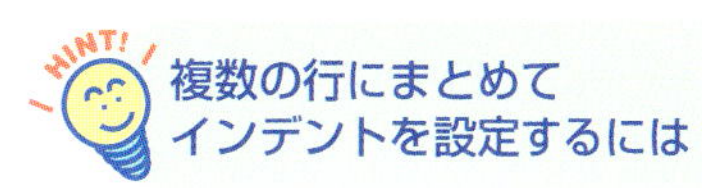

複数の行にまとめてインデントを設定するには

複数の行をまとめて、一度にインデントを設定できます。インデントを設定したい複数の行をまとめて選択して、Tabキーを押すと、選択している行全体にインデントが設定されます。同様にShift＋Tabキーを押せば、インデントをまとめて減らせます。

次のページに続く

コメントを挿入して読みやすくする

「コメント」はプログラムの説明文です。コード内のどこにでも記述でき、実行時には無視されるので動作には影響しません。詳細なコメントがあれば、後から見直すときや修正するときなどに役立ちます。例えば、プロシージャの先頭にはマクロ全体の概要、コードの途中にはその処理の説明などを記述します。次の章以降では、少しづつ複雑なコードを紹介していくので、コメントの重要性がよく分かると思います。なお、本書ではコメントを記述する手順を紹介していませんが、練習用ファイルには、処理の内容を細かく記述してありますので参考にしてください。

コメントはコードの上の行もしくは行末に入れると読みやすい

```
'
' For文を使った繰り返し処理
'
Sub Test()
    Dim Count As Integer   ' カウンター変数の宣言

    For Count = 1 To 5     '1から5になるまで繰り返す
        MsgBox Count       ' Countの値を表示
```

「 ' 」の後ろに入力した文字がコメントになる

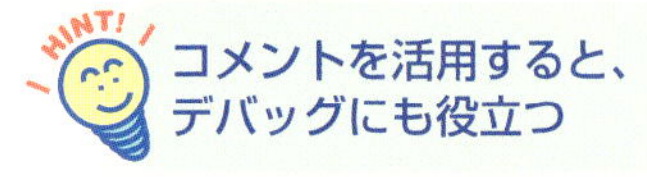

コメントを活用すると、デバッグにも役立つ

コメントは説明文だけでなく、プログラムの問題点を探すデバッグという作業でも利用します。例えばエラーが発生するプロシージャのどこが問題なのか調べるとき、問題となっていそうな行の先頭に「'」を付けてコメントにし、実行時にその行が実行されないようにします。この状態で実行したときにエラーが発生しなければ、その行に問題があることが確認できます。なお、このように行頭に「'」を付けて実行させないようにコメントにすることを「コメントアウトする」と呼んでいます。

VBEの入力支援機能

VBEにはコード入力時に便利な入力支援機能が備わっています。例えば代入や比較のときに使用する「=」や引数区切りの「,」を入力すると、コードが見やすいように空白が自動で挿入されます。「=」は前後、「,」は後ろに1つ空白が挿入されます。なお、1つ以上入力した空白は自動で1つに調整されます。また、VBAの命令を入力すると自動で予約されている形式に大文字と小文字が自動変換されます。この機能を使えば命令文のスペルを間違えると変換されないので誤りに気付けます。この機能を上手に使うにはコードの入力を小文字で行うのがおすすめです。

1行が長過ぎる場合は途中改行を行おう

基本的にVBAのコードは1行で記述するため、ブックやセルの参照が増えると1行が長くなってしまうことがあります。1行が長くなってしまうと横スクロールしないと行全体が見えないため、プログラム全体の見通しが悪くなってしまいます。VBAでは半角の空白と「_」（アンダースコア）を行の途中に挿入すると、改行が入って行を分割できます。コードウィンドウの画面に収まらないような長い行は行を分割して見やすくしましょう。ただし、行を分割できるのは「.」や「=」「,」の前後になります。例えば「Range("A1")」のコードを「Ra」と「nge("A1")」のように命令文の途中では分割できません。

「_」を入れることでコードを次の行に送ることができる

```
Set TestMastSh = _
Workbooks("製品台帳_2018.xlsx").Worksheets("台帳")
```

「_」を入力するには

行分割ののための記号「_」（アンダースコア）を入力するには、Shiftキーを押しながらキーボード右下の_キーを同時に押します。

Point
プログラムは後で誰かが読むものと考えて書く

プログラムは、コンピューターが理解できればよいだけではありません。ほかの誰が見ても容易にプログラムの内容が分かるように書式を整えて書くことが大切です。乱雑な書き方をしたプログラムでは、作った直後は分かっているつもりでも、しばらく時間を置くと作った本人ですら理解できないものになってしまいます。プログラムを作った本人も、時がたつとほかの誰かと一緒であると考え、理解しやすいコードを書くことを心がけましょう。

レッスン
14 数値や文字列を利用するには

変数

同じ値を何度も使ったり、計算結果を一時的に保存したりするプログラムを書くときに変数は便利なものです。ここでは変数の基本について解説します。

変数を宣言する

変数とはプログラムで扱うデータを格納する「入れ物」で、名前で管理します。キーボードから入力した値やセルのデータ、計算結果などを一時的に保存するための入れ物です。変数を使うにはプロシージャの先頭であらかじめ宣言しておきます。変数の宣言ではどのようなデータを格納するのかを明確にするためにデータ型を指定します。VBAを含むBASIC言語では変数を宣言しなくても使えますが、宣言しないで使うと変数が煩雑になり、格納するデータ型を間違ってエラーの原因にもなります。プログラムも分かりにくくなってしまうので、変数は必ず宣言してから使いましょう。このレッスンでは以下のフローチャートにある手順に沿ってダイアログボックスに文字を表示するプログラムを作ります。実際のコードを書きながら、右ページの構文と照らし合わせるとより理解が深まります。

●変数に代入した値を表示するプログラム

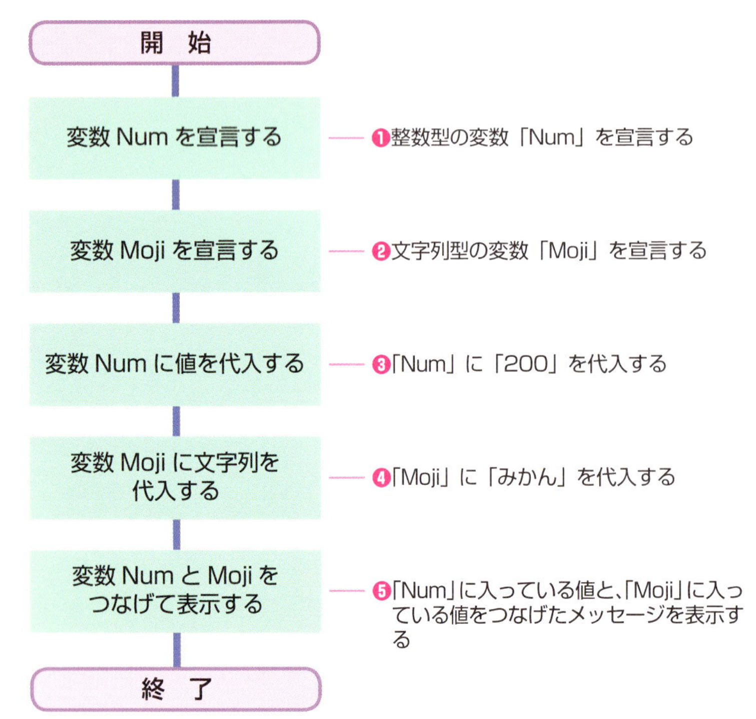

▶キーワード

ステートメント	p.241
代入演算子	p.242
データ型	p.243
プロシージャ	p.245
変数	p.246

レッスンで使う練習用ファイル
変数.xlsm

変数名には日本語も使える

VBAでは変数名に漢字など日本語を使うこともできます。変数名に日本語を使えばプログラムが分かりやすくなりそうと思うかもしれません。しかし、VBAのコードは半角なので変数名を入力するたびにIMEのモードを切り替えることで入力ミスが増えかねないので、通常は半角を使用します。本書の練習用ファイルでは変数名はすべて半角を使用しています。また変数名の先頭文字や単語の区切りの文字を大文字にして分かりやすいようにしています。

「=」は等号ではなく代入として使う

数学で「=」記号は左辺と右辺の値が等しいという等号ですが、プログラミングの世界では「代入演算子」としても使用します。代入演算子は左辺に右辺の値を代入する演算子です。左辺に値を格納する変数やセル参照など、右辺には代入する値や変数などを書きます。

●変数宣言の構文

```
Dim 変数名 As 型
```

変数宣言はDimステートメントを使って行います。続いて半角の空白を1つ以上入力してから変数名を書きます。その後にAsステートメントを使って変数に格納するデータ型を指定します。データ型には下のように整数型の「Integer」や文字列型の「String」などさまざまなデータ型があります。データ型を指定しないと「Variant」型というデータ型になります。Variant型はどのようなデータ型の値も格納できる万能な型ですがプログラムの処理内容が分かりにくくなります。変数のデータ型は扱うデータの内容を検討して適切なデータ型を使うようにしましょう。

プログラムの内容

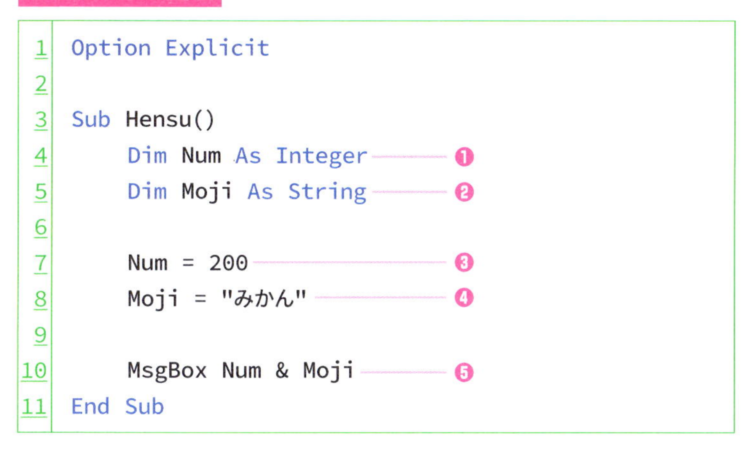

```
1  Option Explicit
2
3  Sub Hensu()
4      Dim Num As Integer ―――― ❶
5      Dim Moji As String ―――― ❷
6
7      Num = 200 ―――― ❸
8      Moji = "みかん" ―――― ❹
9
10     MsgBox Num & Moji ―――― ❺
11 End Sub
```

実行結果

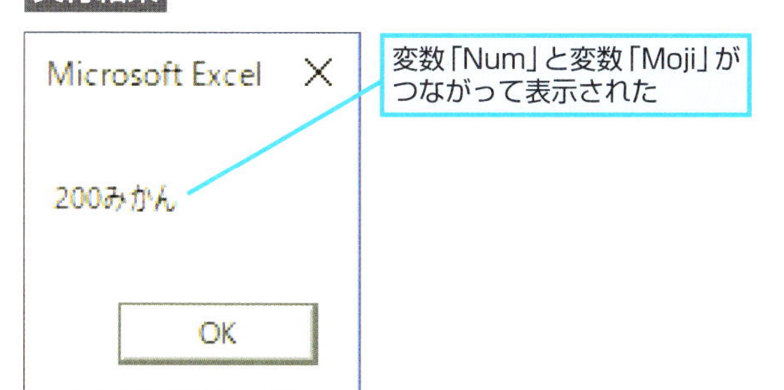

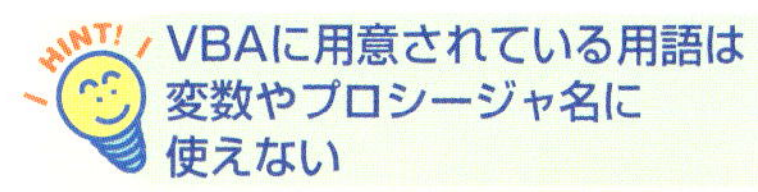

VBAに用意されている用語は変数やプロシージャ名に使えない

変数やプロシージャの名前は内容が分かるように付けることが大切ですが、VBAで用意されている用語は使用できません。例えば長い文字列の変数に「Long」という名前を付けようとした場合、Longは大きい整数を格納するデータ型を宣言するLongと同じため使用できません。ただし、変数名の一部であれば使用できるので、「Long String」であれば使用できます。プログラミング言語の命令などキーワードで使用されている用語のことを「予約語」と呼んでいます。

「&」で文字列を連結できる

VBAで「&」記号は文字列を連結する&演算子です。「"ABC" & "DEF"」と文字列を連結すると「ABCDEF」という1つの文字列になります。また、VBAではコードの内容を判断してデータの型変換を自動で行うので、数値と文字列を&演算子で連結することもできます。例えば「"答えは" & 15 & "です。"」と書くと「答えは15です。」という文字列に変換されます。

文字列の連結には「+」を使ってもいいの？

VBAでは「+」記号でも文字列の連結ができます。「"ABC" + "DEF"」と書くと「ABCDEF」という1つの文字列になりますが、注意が必要です。+演算子は加算の演算子でもあるため、VBAのデータ型自動変換を期待して「"答えは" + 15 + "です。"」と書くと「15」が数値なので+演算子が加算の演算子として判断され、エラーになってしまいます。エラーの原因にもなるので、文字列の連結には&演算子を使うようにしましょう。

次のページに続く

変数を使うメリット

変数に数値が格納してあれば、通常の数値と同じように計算に使用することができます。例えば下の例のように売上計算で消費税を求めるとき、税率の数値「0.08」をそのまま使うよりも変数「TaxRate」を宣言して使ったほうが、何をしているかわかりやすいプログラムになります。また、税率が変わっても変数を使っていれば、変数「TaxRate」に「0.08」を代入しているコードの「0.08」を「0.1」に書き換えるだけで修正が済みます。数値をそのまま使っていた場合は「0.08」と記述されたコードの中から税率の「0.08」を探して書き換える必要があります。変数を使っていれば、修正箇所が一か所だけなので簡単なうえ、修正ミスも防げます。

●変数を使わないコードの例

税率が変わったら0.08をすべて書き換える必要がある

```
500 * 0.08
350 * 0.08
420 * 0.08
270 * 0.08
820 * 0.08
```

●変数を使ったコードの例

税率が変わっても変数TaxRateを書き換えるだけでよい

```
Dim TaxRate As Currency

TaxRate = 0.08

500 * TaxRate
350 * TaxRate
420 * TaxRate
270 * TaxRate
820 * TaxRate
```

「自動メンバー表示」機能でデータ型の指定が簡単になる

変数宣言を記述しているときに「As」の後に「 」(空白)を入力するとVBEの入力支援機能の1つ「自動メンバー表示」機能が働いてコンテクストメニューに入力候補の一覧が表示されます。そのまま続けて「in」と入力すると候補が絞り込まれて整数型を表す「Integer」が候補の先頭に表示されるので、Enterキーを押すかマウスでダブルクリックすることで確定できます。

変数には参照できる範囲がある

変数にはその内容を参照できる有効範囲があり「変数のスコープ」と呼んでいます。プロシージャ内で宣言した変数は宣言したプロシージャ内でしか使用することができません。これを「ローカル変数」と呼んでいて、別のプロシージャから内容を見ることができません。また、変数はモジュール単位で宣言することもできます。モジュールの先頭で宣言した変数は、そのモジュール内のプロシージャから参照することができ、これを「グローバル変数」と呼びます。グローバル変数はどのプロシージャからも使えるので便利ですが、多用すると間違えて内容を書き換えてしまうなどトラブルの原因になるので、できるだけ使わないようにしましょう。

Integer型で扱える数値の限界に気を付けよう

数値を格納するデータ型には格納できる数値の範囲が決まっているので注意が必要です。このレッスンで使っているInteger型は-32,768から32,767の範囲のデータを格納することができます。範囲を超えた値を格納すると「オーバーフローエラー」が発生するので注意してください。

変数の「型」の種類

変数は格納する値の種類や大きさによってさまざまなデータ型に分類されます。データ型とは格納するデータの種類と入れ物の大きさを指定するようなもので、データ型によって記憶領域（メモリー）に確保される領域の大きさも異なります。

この部分に使いたいデータ型を入力する

```
Dim Num As Integer
```

●代表的なデータ型

データ型	型名	値の種類	利用例
Integer	整数型	-32,768 ～ 32,767 の範囲の整数	セル参照の変数やループカウンターなど、あまり桁数の大きくない整数を扱うときに利用する
Currency	通貨型	-922,337,203,685,477.5808 ～ 922,337,203,685,477.5807 の範囲の数値	桁数の大きい正確な数値。主に金額の計算などに利用されることが多い。15 桁の整数と 4 桁の小数を持つ固定小数点数を扱えるため、誤差の少ない計算を行いたいときにも利用できる
Date	日付型	西暦 100 年 1 月 1 日～ 9999 年 12 月 31 日の範囲の日付	日付データを扱うときに利用する
String	文字列型	最大 2GByte の大きさの文字列	英字や日本語などの文字列を扱うときに利用する。商品コード番号（例えば「09102235」）など、見た目が数値であっても、文字列として扱いときにも利用できる

●そのほかのデータ型

データ型	型名	値の種類
Byte	バイト型	0 ～ 255 の正の整数
Boolean	ブール型	真（True）または偽（False）の論理値
Long	長整数型	-2,147,483,648 ～ 2,147,483,647 の範囲の桁数の大きい整数
Single	単精度浮動小数点数型	負の値は -3.402823E38 ～ -1.401298E-45、正の値は 1.401298E-45 ～ 3.402823E38 の範囲の小数を含む実数
Double	倍精度浮動小数点数型	負の値は -1.79769313486231E308 ～ -4.94065645841247E-324、正の値は 4.94065645841247E-324 ～ 1.79769313486232E308 の範囲の小数を含む大きい実数
Object	オブジェクト型	オブジェクトを参照するデータ型
Variant	バリアント型	代入された値によって変化 数値の場合は、倍精度浮動小数点数型の範囲と同じ 文字列の場合は 1 ～ 20GByte

変数の型を指定しないとVariant型になる

型を指定していない変数は、自動的にVariant型に設定されます。Variant型は文字や数値、日付などあらゆる型の値を入れられるデータ型ですが、計算に使っている変数に文字列を入れることもできるため、エラーになったときに原因が分かりにくくなります。また「入れ物」の大きさがほかのデータ型よりも大きいため、プログラムの動作が遅くなる原因にもなります。必要なとき以外は目的に応じたデータ型を指定するようにしましょう。

Point

変数は宣言してから使う

変数の宣言というのはプログラムで使う変数の名前とそのデータ型の定義をすることです。ここで解説したようにデータ型というのは変数がどのような値を扱うかによって決める入れ物の種類とその大きさを表しています。データ型はいろいろなものが用意されていますが、プログラムの中でこれから使おうとしているデータの値をよく考えて適切なものを使うようにしましょう。必要もない大きい入れ物を用意すると無駄になるばかりか、コードも分かりにくくなります。なお、変数の宣言は必ずその変数を使うプロシージャの先頭か同じモジュールの先頭で行います。

レッスン 15 入力したデータを処理するには

和の計算（加算）

このレッスンではキーボードから入力した2つの整数を足し算するプログラムを作ってみます。プログラムで数値を計算する方法を理解しましょう。

●和を計算するプログラム

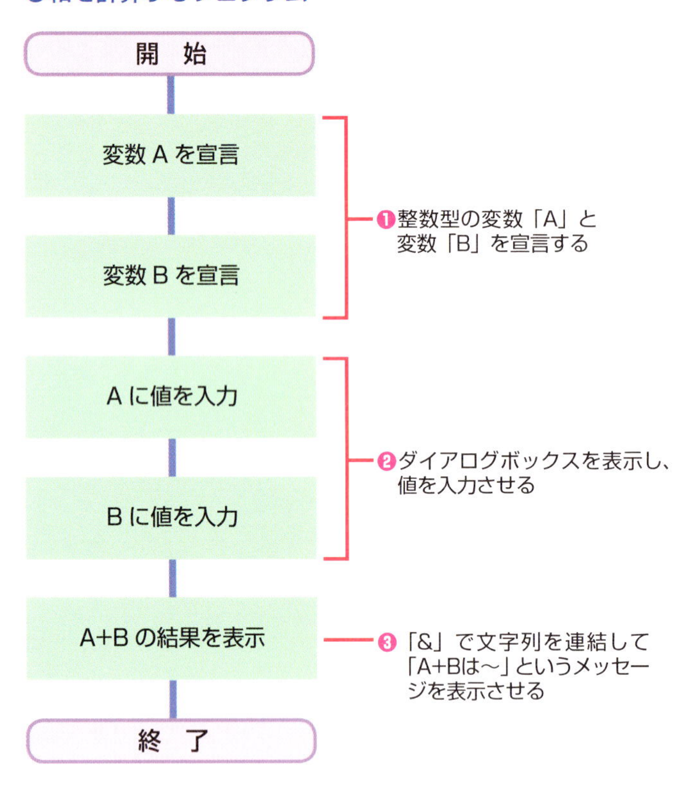

▶キーワード

算術演算子	p.240
ステートメント	p.241
引数	p.244
戻り値	p.247

レッスンで使う練習用ファイル
値を入力.xlsm
算術演算子.xlsm

このレッスンで紹介する「InputBox」はVBAにあらかじめ用意されている関数というものです。関数とはデータを渡すと何らかの処理を実行してその結果を返す機能です。関数に渡すデータのことを「引数」、返ってくる結果を「戻り値」と呼びます。必要な引数の種類や数は関数によって異なり、必要としない関数もあります。InputBox関数のタイトルや初期値のように必要がなければ渡さなくてもよいオプションの引数もあります。関数が返す戻り値は1つだけですが、関数によっては戻り値を返さないものもあります。

●InputBox関数の構文

```
InputBox （メッセージ，［タイトル］，［初期値］）
```

InputBox関数はキーボードから入力されたデータを文字列として返す関数です。関数を呼び出すと次ページの実行結果のようにダイアログボックスが開き「メッセージ」に指定された文字列が表示され、キーボードからの入力を待ちます。「タイトル」と「初期値」は省略できます。「タイトル」が指定されているとダイアログボックスのタイトルバーに表示されます。「初期値」を指定すると、テキストボックスに初期値が表示されます。なお、本書では紹介していませんが、InputBox関数にはダイアログボックスの表示位置を指定する引数などもあります。

このプログラムはシンプルな連続処理型のフローチャートで図示できる

プログラムの内容 練習用ファイル「値を入力.xlsm」

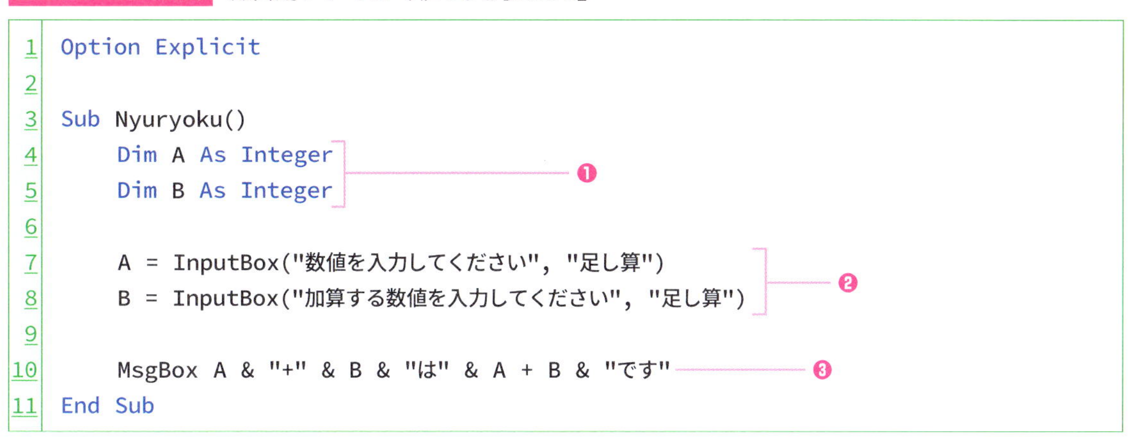

```
1  Option Explicit
2
3  Sub Nyuryoku()
4      Dim A As Integer        ─ ❶
5      Dim B As Integer
6
7      A = InputBox("数値を入力してください", "足し算")          ─ ❷
8      B = InputBox("加算する数値を入力してください", "足し算")
9
10     MsgBox A & "+" & B & "は" & A + B & "です" ─ ❸
11 End Sub
```


実行結果

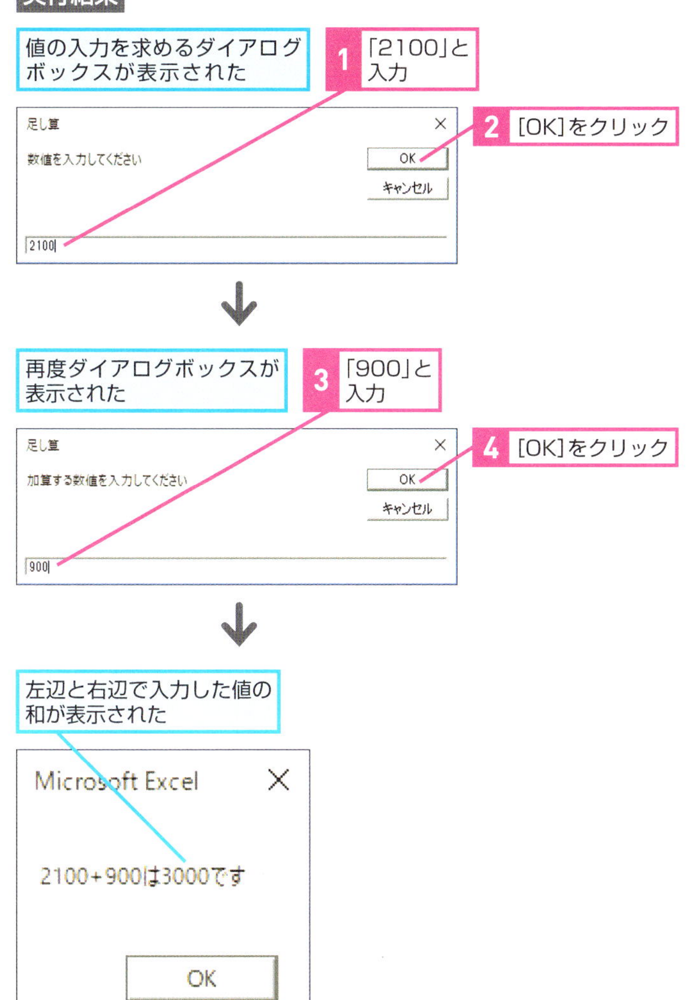

整数以外の値を入力すると正しく処理されない

InputBox関数は文字列を戻り値として返しますが、このレッスンで紹介している練習用ファイルでは整数型の変数で受け取っています。レッスン⓮のHINT!『「&」で文字列を連結できる』で紹介したように、VBAは可能であれば文字列から数値へのデータ型の型変換を自動で行います。自動変換できるのは正負の符号と桁区切りのカンマ、小数点のドットを含んだ数字です。それ以外の文字が含まれていると型変換エラーが発生します。また変換後の値が受け取る変数の範囲を超えているとオバーフローエラーが発生します。

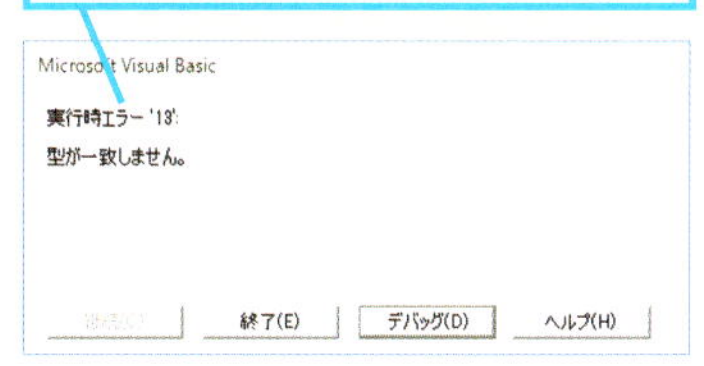

次のページに続く

数値の計算には算術演算子を使う

このレッスンでは2つの整数を加算するプログラムを紹介しています。プログラムで加算をするときは数学で行うように「+」記号を使います。プログラム言語で計算を表す記号を算術演算子と呼んでいます。算術演算子には加算の「+」のほか減算には「-」、乗算は「*」、除算は「/」を使います。また、レッスン⓮で「=」は代入演算子と呼ぶことを紹介したように、プログラミング言語には算術演算子以外にもさまざまな演算子があります。

●変数ごとに四則演算を実行するプログラム

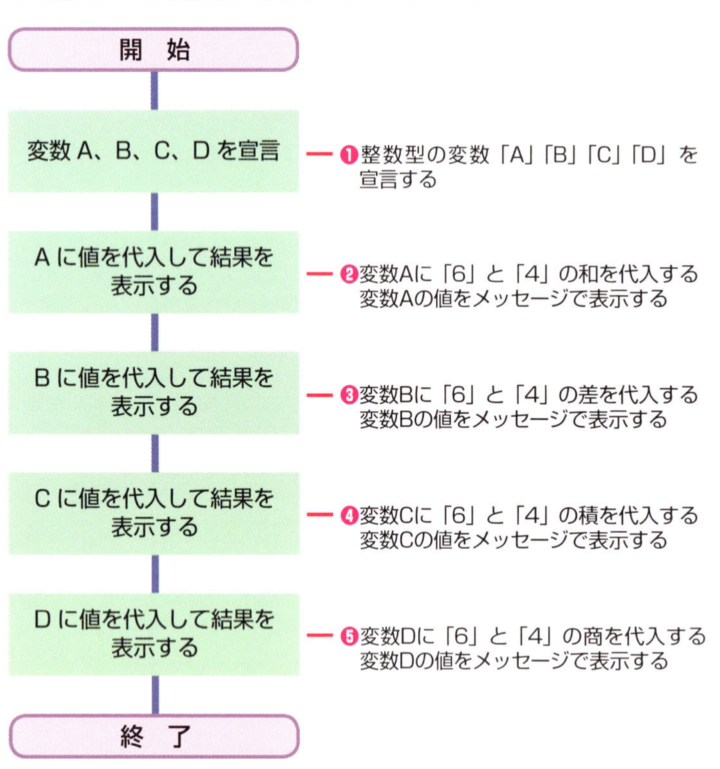

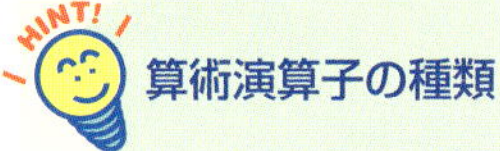

算術演算子の種類

算術演算子には四則演算を行う「+」「-」「*」「/」以外にべき乗の計算を行う「^」や除算の結果を整数で返す「¥」、除算の余り（剰余）を返す「mod」があります。

演算子	意味
+	足し算（和）
-	引き算（差）
*	かけ算（積）
/	割り算（商）
^	べき乗
¥	割り算の商
mod	割り算の余り

演算子には優先順位がある

計算式は左から右に順に演算しますが、複数の演算子が混在している式では優先順位に注意が必要です。四則演算は数学と同じで加算減算より乗算除算のほうが優先度が高いので先に計算が行われます。なお、数学と同じように数式を括弧「( )」でくくることで優先順位を変えることができます。

積が優先されるのでAには10が代入される

```
A = 2 + 4 * 2
```

かっこ内の和が優先されるのでAには12が代入される

```
A = (2 + 4) * 2
```

テクニック　整数は偶数に丸められる

このレッスンで行ったように整数の割り算の結果が小数点以下の値を含む場合は整数に丸められますが、VBAでは「偶数丸め」と呼ばれる端数処理が使われています。偶数丸めとは、少数以下が0.5より小さいと切り捨て、0.5より大きいと切り上げ、0.5なら偶数になるように丸める方法です。

```
1.4 → 1
1.5 → 2
1.6 → 2
 :
2.4 → 2
2.5 → 2
2.6 → 3
 :
3.4 → 3
3.5 → 4
3.6 → 4
```

それぞれ偶数に丸められる

プログラムの内容 練習用ファイル「算術演算子.xlsm」

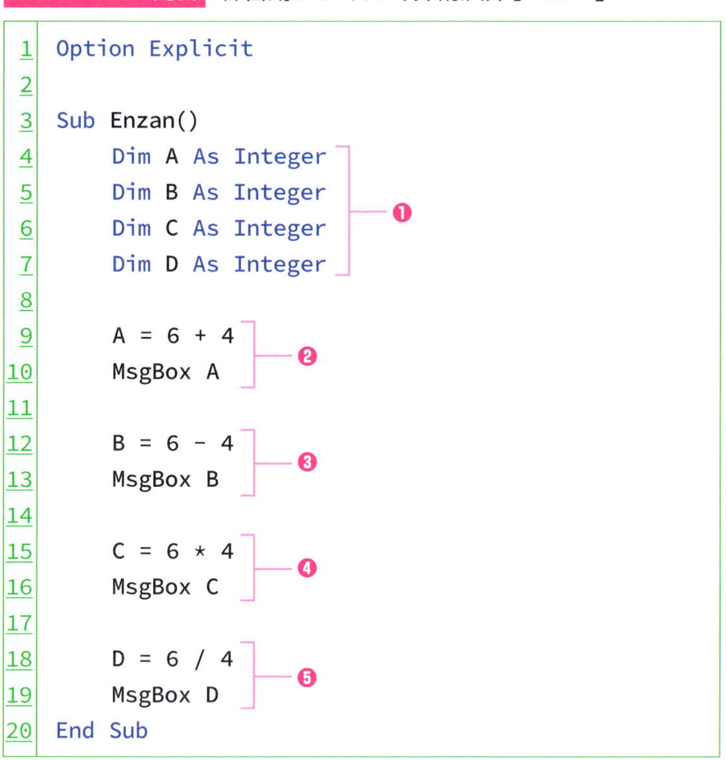

```
1  Option Explicit
2
3  Sub Enzan()
4      Dim A As Integer   ┐
5      Dim B As Integer   │
6      Dim C As Integer   ├─❶
7      Dim D As Integer   ┘
8
9      A = 6 + 4          ┐
10     MsgBox A           ┴─❷
11
12     B = 6 - 4          ┐
13     MsgBox B           ┴─❸
14
15     C = 6 * 4          ┐
16     MsgBox C           ┴─❹
17
18     D = 6 / 4          ┐
19     MsgBox D           ┴─❺
20 End Sub
```

実行結果

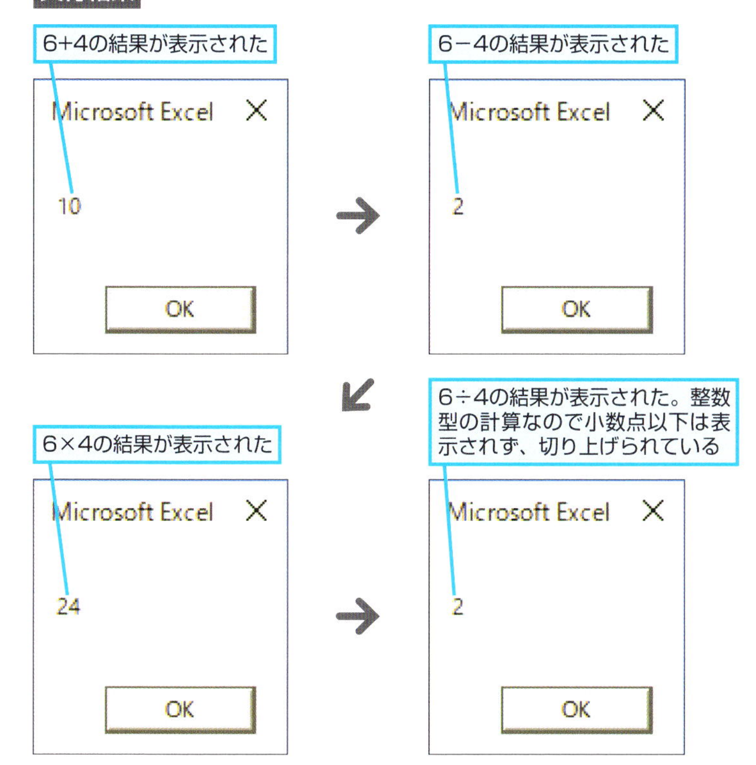

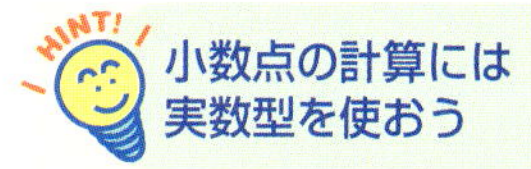

小数点の計算には実数型を使おう

整数は小数点以下の値が扱えないので割り算の結果は整数に丸められてしまいます。小数点以下の値を扱いたいときは実数型の変数「Single」型や「Double」型を使います。ただし、実数型には有効桁数というものがあり、Single型は7桁、Double型は15桁までは正確な値を持てますが、有効桁数を超えると誤差が含まれます。桁数が少ないときは問題ありませんが、少数を含む大きい桁の数値を正確に扱いたいときはCurrency型（通貨型）を使いましょう。Currency型は15桁の整数と4桁の小数を扱えます。

Point

算術演算子を使って計算する

このレッスンで紹介したように、数値の計算を行うときは数学で学んだように演算子を使って計算式を書くだけです。計算式で注意することは演算子の優先順位です。足し算、引き算より掛け算、割り算のほうが先に計算されるということと括弧を使って優先順位を変えられることです。さらに、整数の割り算では計算結果が丸められるということも覚えておきましょう。整数の特徴を理解して、小数点以下の値を扱うときには適切なデータ型を使うことも大切です。

レッスン
16 条件を指定して処理を分岐させるには

If ～ Thenステートメント

条件によってプログラムの処理を分岐させたいときにはIf ～ Then文を使えば処理の流れを変えることができます。ここではそのしくみと使い方を解説します。

条件分岐するプログラムを作る

プログラムの実行中に条件によって処理を分岐したいときは、If文を使います。If文には分岐する条件を指定し、指定する条件を「条件文」と呼びます。条件文には2つの値の比較を使います。例えば練習用ファイルでは「点数が80点以上」のように変数の「点数」と定数の「80点」という2つの値を比較しています。プログラムでは条件を満たしているときは「合格！」、満たしていないときは「不合格」とそれぞれを表示する処理に分岐しています。

●入力値によって表示メッセージを変えるプログラム

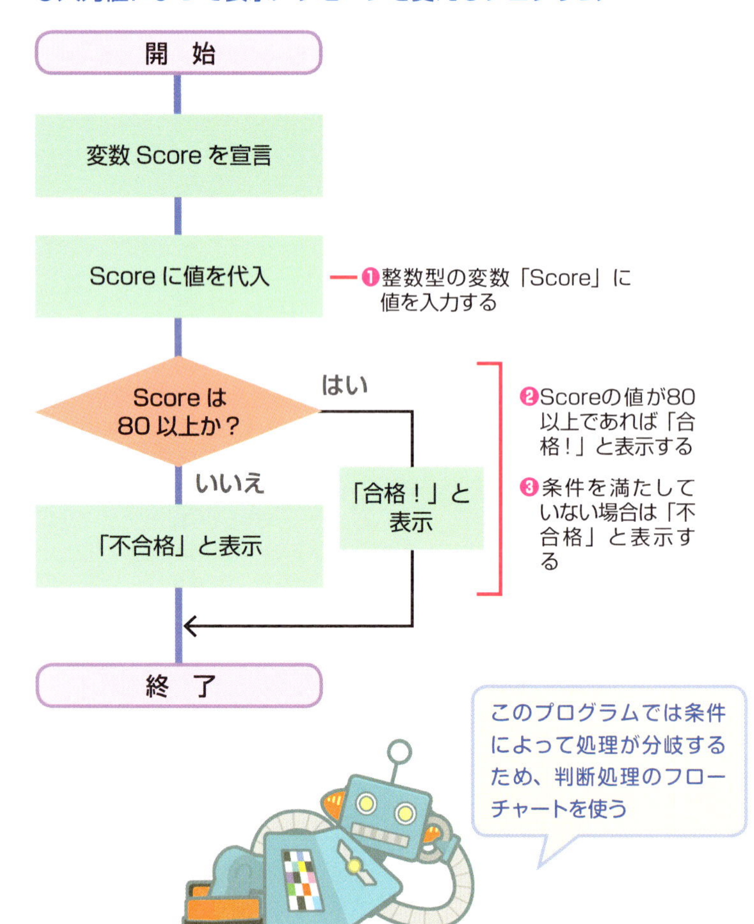

▶キーワード

ステートメント	p.241
判断処理	p.244
比較演算子	p.244

レッスンで使う練習用ファイル
If.xlsm

条件には論理式を使う

If文の条件文には「論理式」を使います。論理式とは条件が満たされているか、満たされていないかを判断する式で、満たされると「真（True）」、満たされないと「偽（False）」という「論理値」が返されます。このレッスンのプログラムを例にすると、例えば変数Scoreに90という値が代入されていた場合、条件文は「90>=80」ということになり条件が満たされるので「真」となり、70という値であった場合は「70>=80」になり条件が満たされないので「偽」となります。

条件を文字列にすることもできる

このレッスンでは分岐の条件で数値の大小を判断材料にしていますが、文字列を条件分岐の判断に使うこともできます。例えば何かの確認用に「Y」か「N」の文字を変数「Ans」で受け取って「Y」のときだけ「処理1」を実行したいときは以下のように条件と等しいか等しくないかを判断します。

条件を文字列で指定している

```
If Ans = "Y" Then
    処理1
End If
```

●If ～ Thenステートメントの構文

```
If 条件 Then
        処理1
Else
        処理2
End If
```

If文の条件には真か偽を返す論理式を使います。条件を満たして真のときには次の行からElse文までの処理1を実行します。条件が満たされず偽となったときにはElse文以降End Ifまでの処理2を実行します。条件を満たさなかったときの処理が不要なときはElse文以降は省略できますが最後のEnd Ifは省略できないので注意しましょう。なお、処理1、処理2には共に複数の行の処理を記述することができます。

プログラムの内容

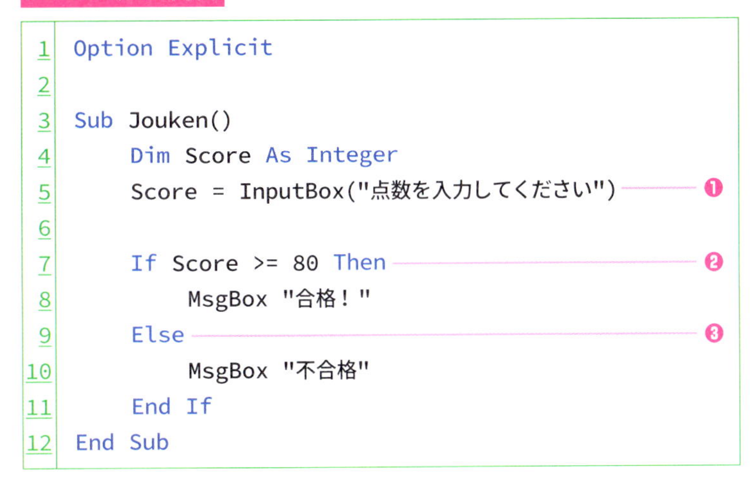

```
1  Option Explicit
2
3  Sub Jouken()
4      Dim Score As Integer
5      Score = InputBox("点数を入力してください") ――❶
6
7      If Score >= 80 Then ――❷
8          MsgBox "合格！"
9      Else ――❸
10         MsgBox "不合格"
11     End If
12 End Sub
```

実行結果

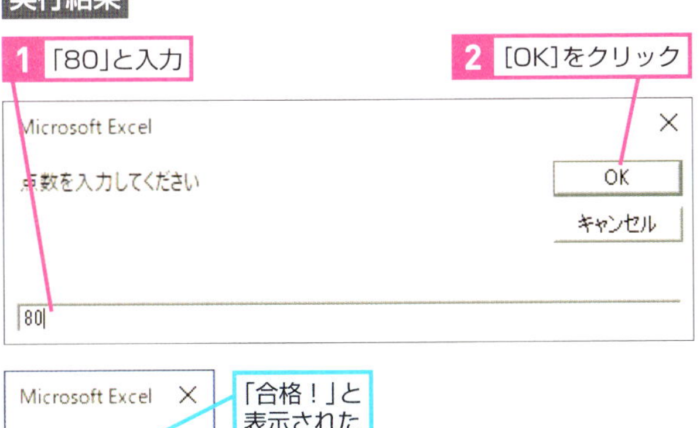

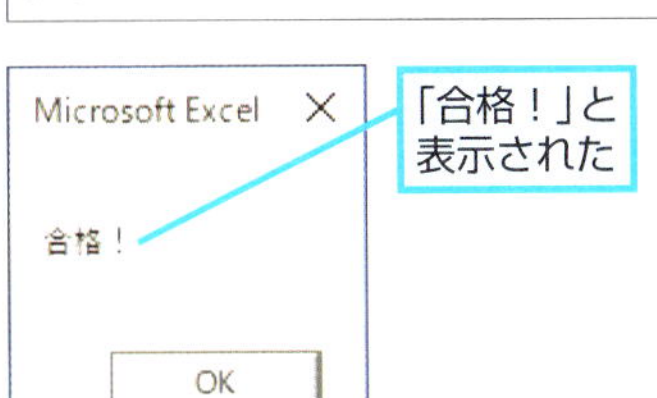

条件式で使用する比較演算子

このレッスンでは変数「Score」の値が80以上であるかを条件に処理を分岐しています。条件分岐の判断をしている部分のコードは「Score >= 80」で、「>=」記号がScoreの内容が80以上であるかを比較しています。このように2つの値を比較するときに使う演算子を「比較演算子」と言います。比較演算子には以下のようなものがあります。

演算子	意味
=	左辺と右辺は等しい
>	左辺は右辺より大きい
<	左辺は右辺より小さい
>=	左辺は右辺より大きいか等しい
<=	左辺は右辺より小さいか等しい
<>	左辺と右辺は等しくない

Point

条件分岐はIf ～ Thenを使う

条件によってプログラムの処理を変えたいときにはIf ～ ThenのIf文を使います。条件には真か偽の論理値を返す式を指定し真の場合はIf文の次の行から始まる処理が実行され、偽の場合はElse文があればElse文以降の処理が実行されます。If文で処理を分岐するときに注意が必要なのは条件文の内容です。比較演算子の使い方を間違えていたり、比較する定数の値が違っていると正しく処理が分岐されません。If文を使って処理を分岐させるときは、条件文の内容が正しいか、いくつか想定される値を当てはめて確認するようにしましょう。

レッスン
17

If ～ Thenステートメントに条件を追加するには

If ～ ElseIfステートメント

指定したい条件が複数ある場合は、レッスン⓰で解説したIf ～ Thenステートメントの中で「ElseIf」を使います。ここではElseIfを使った複数の条件分岐を紹介します。

▶キーワード

レッスンで使う練習用ファイル
ElseIf.xlsm

●入力値によって表示メッセージを変えるプログラム

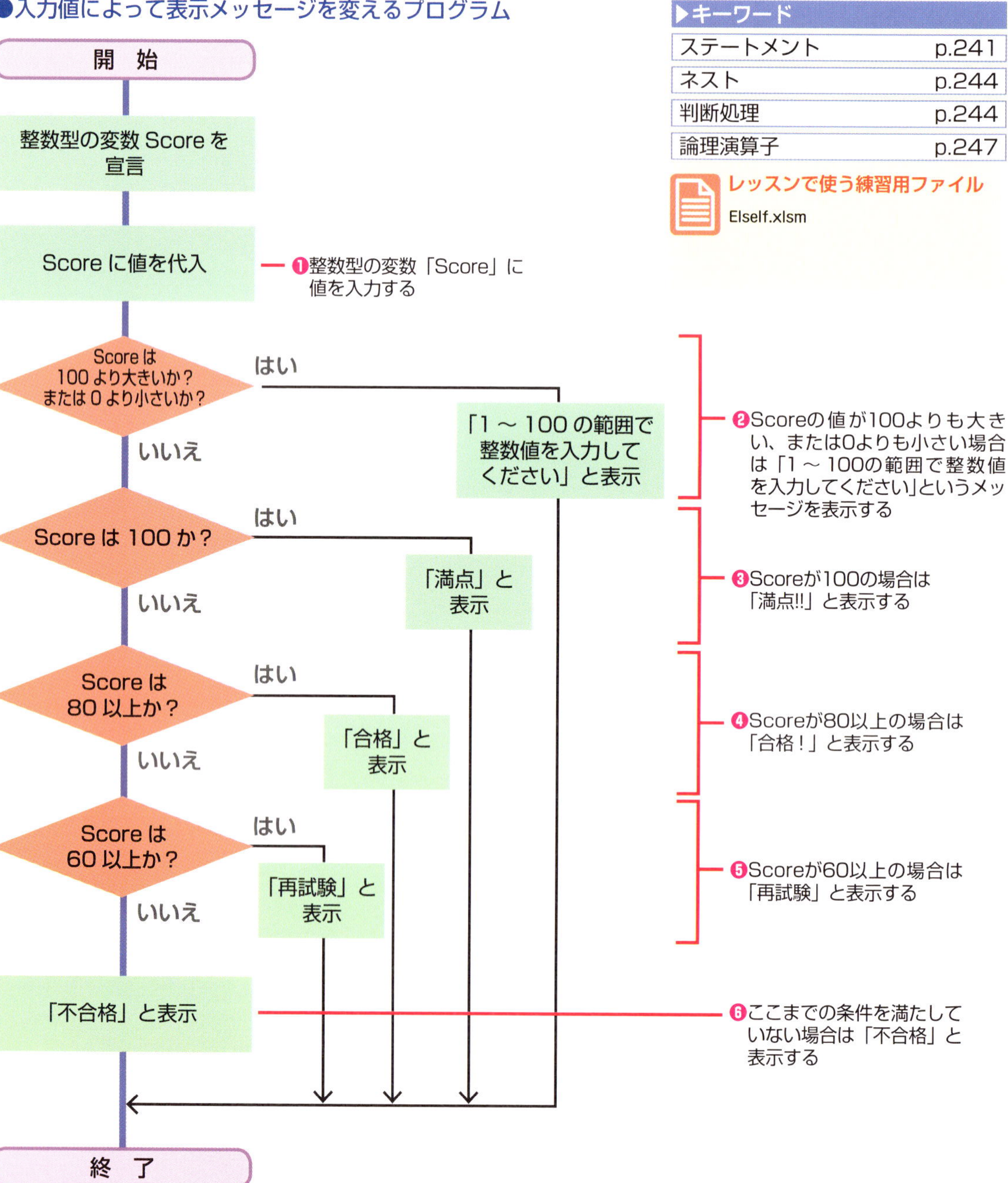

●If ～ ElseIfステートメントの構文

```
If 条件1 Then
        処理1
ElseIf 条件2 Then
        処理2
Else
        処理3
End If
```

If文の条件1が満たされて真になると処理1を実行します。条件1が満たされず偽となったときにElseIf文の条件2が判断されます。条件2が満たされて真のときには処理2が実行されます。条件2が満たされず偽となったときにElse以降の処理3が実行されます。なお、Else文は省略できますが最後のEnd Ifは必要です。

プログラムの内容

```
1  Option Explicit
2
3  Sub Jouken()
4      Dim Score As Integer
5      Score = InputBox("点数を入力してください")  ❶
6
7      If Score > 100 Or Score < 0 Then                ┐
8          MsgBox "1～100の範囲で整数値を入力してください" ┘❷
9      ElseIf Score = 100 Then    ┐
10         MsgBox "満点!!"         ┘❸
11     ElseIf Score >= 80 Then    ┐
12         MsgBox "合格！"         ┘❹
13     ElseIf Score >= 60 Then    ┐
14         MsgBox "再試験"         ┘❺
15     Else                       ┐
16         MsgBox "不合格"         ┘❻
17     End If
18 End Sub
```

ElseIfはいくつでも使える

ElseIfはいくつでも使えるので、分岐条件がたくさんあるときに便利です。ただし、ElseIfが多くなりすぎると複雑になって処理の流れが分かりにくくなります。このような場合、組み立てた処理手順に問題があるかもしれません。処理手順の設計をもう一度見直してみるのもよいでしょう。

次のページに続く

テクニック 論理演算子で複数の条件を組み合わせられる

練習用ファイルの7行目ではScoreの値が「100以上か」と「0より小さいか」という2つの条件を「または」というキーワードを使って組み合わせています。複数の条件を組み合わせて判断するとき「または」といったキーワードを「論理演算子」と呼びます。ここでは「Or」演算子を使います。Or演算子は組み合わせた2つの条件がともに偽のときに偽となり、どちらかでも真であれば真になる演算子です。Or以外によく使う演算子に「And」演算子があります。これは「かつ」で組み合わせる演算子で、条件がどちらも真のときだけ真になり、1つでも偽のときは偽になります。そのほかにVBAで使える論理演算子には以下のものがあります。

●論理演算子の種類

演算子	内容	演算の意味
And	論理積	「かつ」 両方とも真の場合だけ真。どちらかが偽か両方偽の場合は偽
Or	論理和	「または」 どちらかが真か両方真の場合に真。両方とも偽の場合だけ偽
Not	論理否定	真偽の反転
Xor	排他的論理和	両方が同じ場合に偽。両方が異なる場合に真
Eqv	論理等価演算	両方が同じ場合に真。両方が異なる場合に偽
Imp	論理包含演算	演算子の左辺が偽の場合は演算子の右辺に関わらず真。演算子の左辺が真の場合で演算子の右辺が真なら真、演算子の右辺が偽なら偽

実行結果

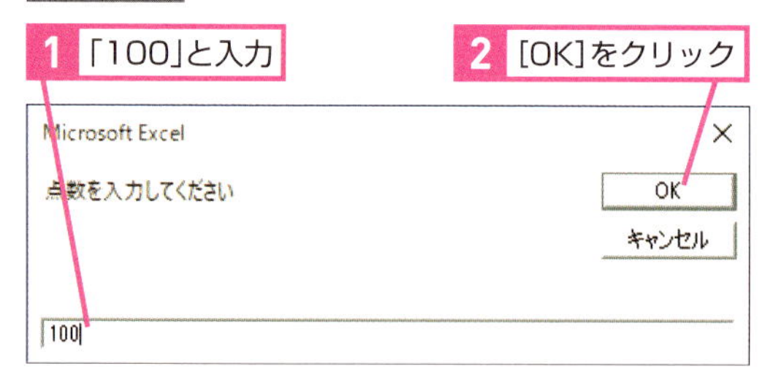

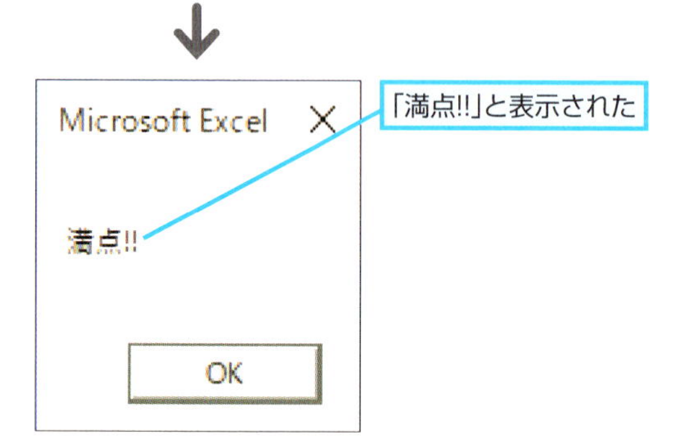

Point

ElseIfで複数の分岐を使える

一連の複数の条件によってそれぞれ異なった処理を実行したいときにはElseIf文を使います。このとき処理が実行されるのは上から順に条件を調べて最初に「真」になったブロックだけで、それより下のブロックはスキップされます。例えば3つの条件でそれぞれA、B、Cの処理に分岐するとき1つ目と3つ目の条件が「真」になっても実行されるのは1つ目のAという処理だけで、3つ目の条件は調べられることもなく無視されてIf ～ Thenブロックは終了してEnd Ifの次に進みます。それぞれの条件で処理を実行したいときはIf ～ Thenブロックを複数使ってください。

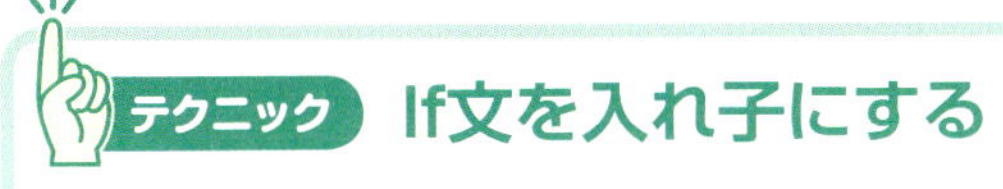

If文を入れ子にする

If文を入れ子にしても複数の条件分岐のプログラムを作れます。練習用ファイルの条件分岐の部分をIf文を入れ子にして記述すると以下のようになります。このように記述するとフローチャートとコードの対応がわかりやすくなります。

プログラムの内容

```
1  Option Explicit
2  
3  Sub Jouken()
4      Dim Score As Integer
5      Score = InputBox("点数を入力してください")
6  
7      If Score > 100 Or Score < 0 Then
8          MsgBox "1～100の範囲で整数値を入力してください"
9      Else
10         If Score = 100 Then
11             MsgBox "満点!!"
12         Else
13             If Score >= 80 Then
14                 MsgBox "合格！"
15             Else
16                 If Score >= 60 Then
17                     MsgBox "再試験"
18                 Else
19                     MsgBox "不合格"
20                 End If
21             End If
22         End If
23     End If
24 End Sub
```

レッスン
18
複数の条件を指定して処理を変えるには
Select Caseステートメント

レッスン⑰のIf ～ ElseIfは複数の条件による分岐ができますが、条件が多いときはSelect Caseステートメントを使うと、もっと分かりやすいコードが記述できます。

●入力値によって表示メッセージを変えるプログラム

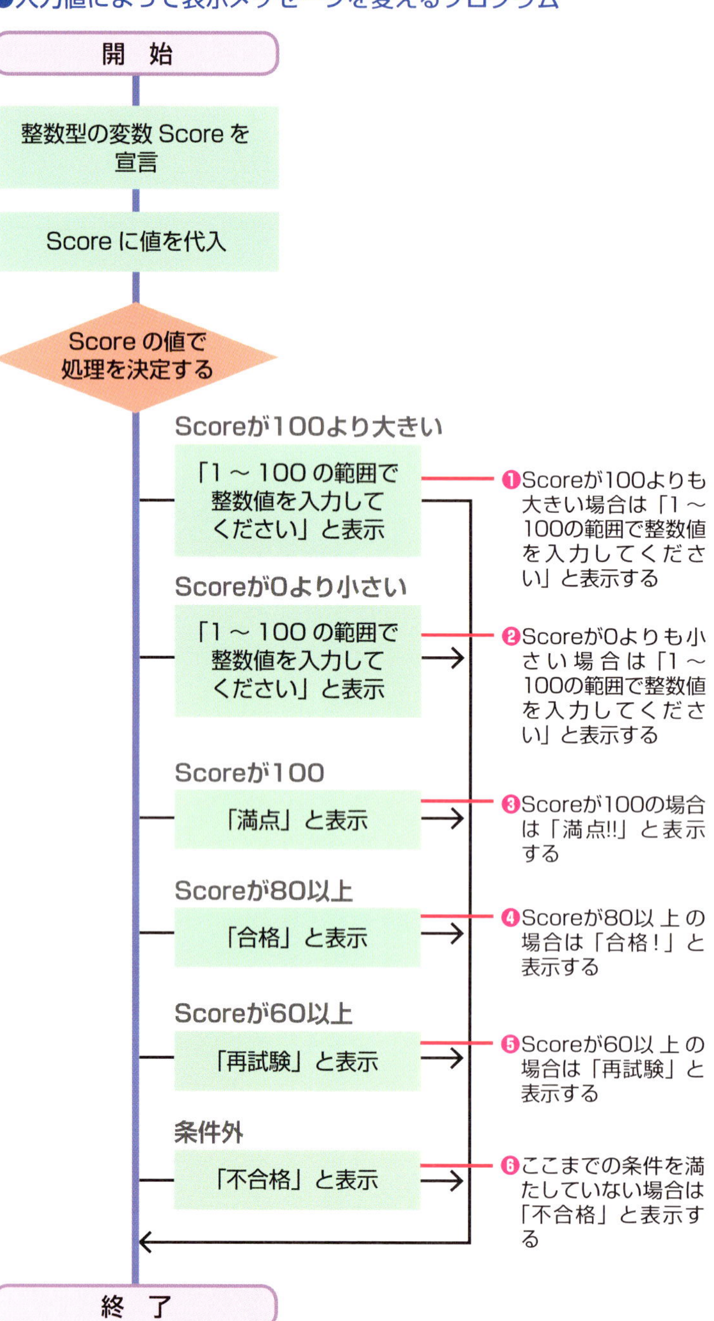

❶Scoreが100よりも大きい場合は「1～100の範囲で整数値を入力してください」と表示する

❷Scoreが0よりも小さい場合は「1～100の範囲で整数値を入力してください」と表示する

❸Scoreが100の場合は「満点!!」と表示する

❹Scoreが80以上の場合は「合格！」と表示する

❺Scoreが60以上の場合は「再試験」と表示する

❻ここまでの条件を満たしていない場合は「不合格」と表示する

▶キーワード

ステートメント	p.241
判断処理	p.244
論理演算子	p.247

レッスンで使う練習用ファイル
Select Case.xlsm

Select CaseとIf文の大きな違いは、Select Caseでは条件の比較対象が1つだけというところです。If文ではElseIfを使えば「英語の点数が80以上」「数学の点数が80点以上」のように比較対象として「英語」「数学」と異なる条件を指定できます。

●Ifの例

複数の条件を1つのステートメントで指定できる

```
If 英語>=80 Then
    英語が80点以上の処理
ElseIf 数学>=80 Then
    数学が80点以上の処理
End If
```

●Select Caseの例

条件ごとにステートメントを記述しなければならない

```
Select Case 英語
    Case Is >= 80
    英語が80点以上の処理
End Select

Select Case 数学
    Case Is >= 80
    数学が80点以上の処理
End Select
```

●Select Caseステートメントの構文

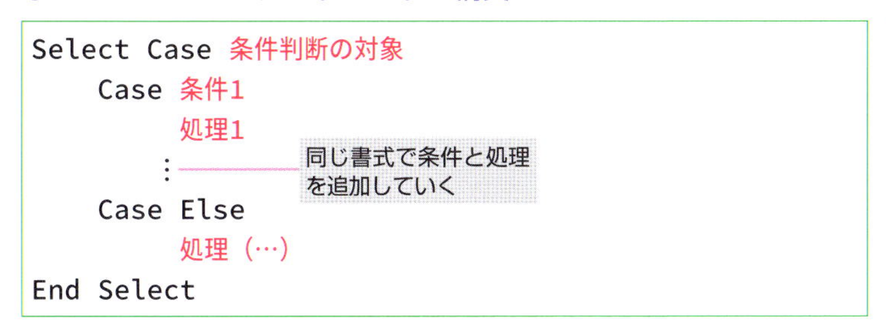

```
Select Case 条件判断の対象
     Case 条件1
          処理1
        ：     同じ書式で条件と処理を追加していく
     Case Else
          処理（…）
End Select
```

Select Caseは変数や計算式の値を基に、複数の条件で異なる処理を実行するときに使います。Select Caseに続けて条件の判断となる変数や計算式を書きます。変数や数式の値がCase節に記述した値と一致したときにそのCase節から次のCase節の前までが実行されます。どのCase節にも一致しないときCase Else節が実行されます。

プログラムの内容

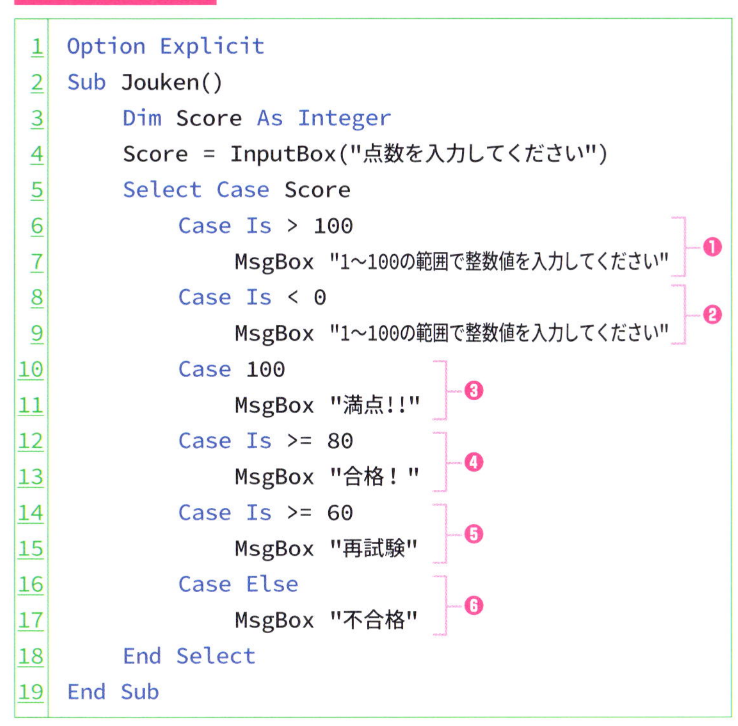

```
1  Option Explicit
2  Sub Jouken()
3      Dim Score As Integer
4      Score = InputBox("点数を入力してください")
5      Select Case Score
6          Case Is > 100
7              MsgBox "1～100の範囲で整数値を入力してください"
8          Case Is < 0
9              MsgBox "1～100の範囲で整数値を入力してください"
10         Case 100
11             MsgBox "満点!!"
12         Case Is >= 80
13             MsgBox "合格！"
14         Case Is >= 60
15             MsgBox "再試験"
16         Case Else
17             MsgBox "不合格"
18     End Select
19 End Sub
```

❶（6～7行目） ❷（8～9行目） ❸（10～11行目） ❹（12～13行目） ❺（14～15行目） ❻（16～17行目）

実行結果

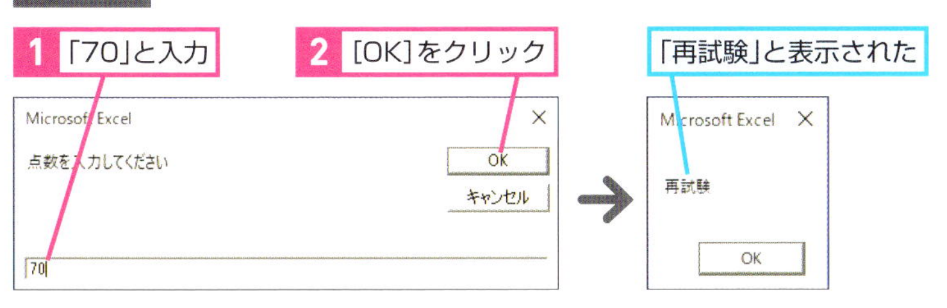

Select Caseの条件は1行にまとめて記述できる

Case節の条件には定数や値の範囲、比較演算を記述できます。1つのCase節には「,」でつなげることで複数の条件を指定することもできます。練習用ファイルの6行目と8行目は分かりやすいように分けていますが以下のように1行で記述することもできます。なおCase節の「,」はOr演算子と同じで指定したどれかの値と一致すればそのCase節以降が実行されます。

```
Case Is > 100, Is < 0
```

Point

条件は上から判断される

Select Caseステートメントは変数や計算式の結果を基に条件分岐したいときに使います。If文と大きく異なるのは、1つの変数の内容を条件にしているところです。条件判断はコードが記述された順に上からCase節の条件と比較されます。条件と一致したCase節があればそのCase節から次のCase節の間に記述されているコードが実行されます。条件が一致したCase節以降の条件は比較されないので注意しましょう。また、どのCase節の条件とも一致しなかった場合、Case Else節があればその処理が実行されます。

レッスン
19 指定した回数だけ処理を繰り返すには

For ～ Nextステートメント

同じ処理を繰り返したいときはFor～Nextステートメントを使います。For～Nextは繰り返す回数が決まっているときに使うステートメントです。

●3回のループ中に入力値を足していくプログラム

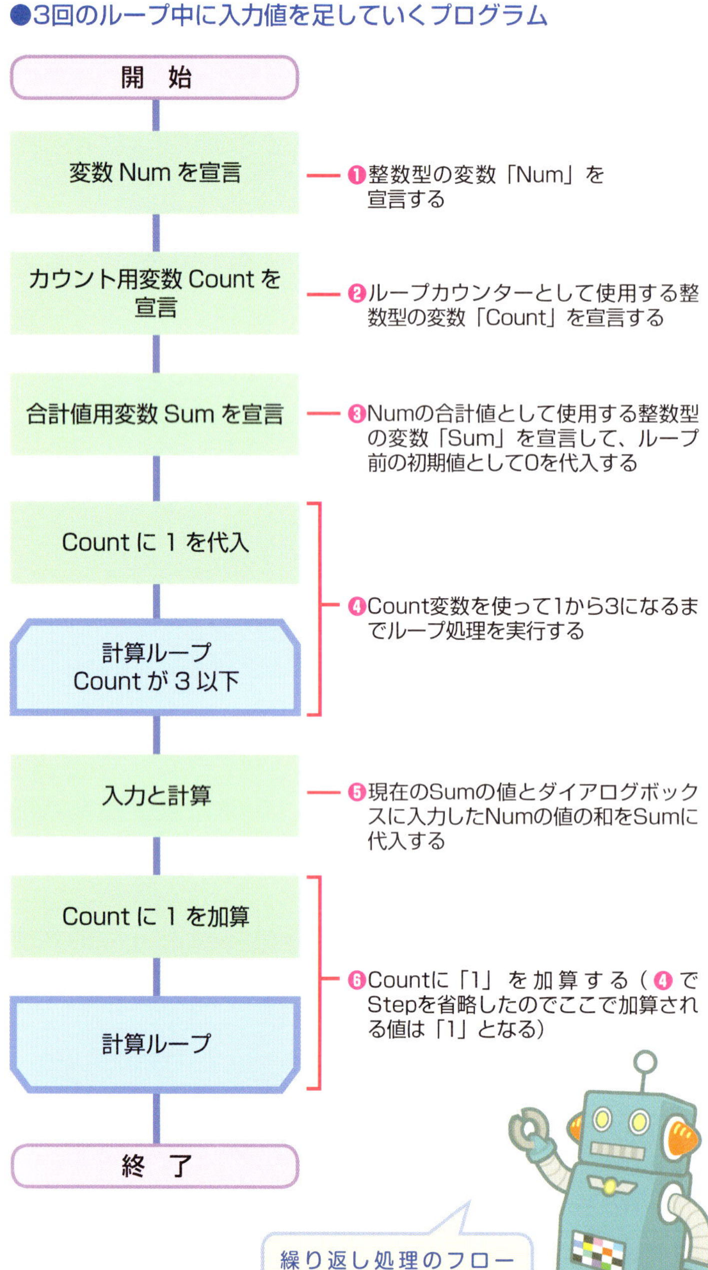

▶キーワード

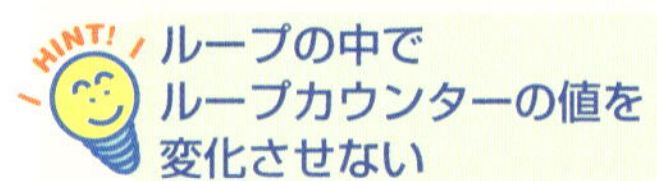

ループの中でループカウンターの値を変化させない

繰り返しの数を数えるための変数をループカウンターと呼びます。ループカウンターも普通の変数と変わりはないので計算などに使うことができます。ただしループの中でループカウンターの値を変えてしまうと意図した回数ループされず、正しく動作しなくなります。ループの中でループカウンターを扱うコードを書くときは注意しましょう。

For ～ Nextのループを途中で抜けるには

Forループは指定した回数だけ繰り返すときに使いますが、途中でループを抜けることもできます。Forループを途中で抜けるには「Exit For」ステートメントを使います。例えばこのレッスンのサンプルで「0」が入力されたら直ちに終了したいときはForループの中に以下のコードを記述します。

```
If Num = 0 Then
    Exit For
End If
```

●For ～ Nextステートメントの構文

```
For カウンター変数 = 開始値 To 終了値 (Step 加算値)
    繰り返し実行する処理
Next カウンター変数
```

同じ処理を決まった回数だけ繰り返すときはForループと呼ばれるFor～Nextステートメントを使います。ForループはForの後にループ回数をカウントするための変数ループカウンターとループの開始時の初期値、終了の条件になる最終値を指定します。

Forループを抜けた後のループカウンターの値に注意する

Forループはループカウンターの値が最終値になるまで繰り返すように条件を指定します。ループを抜けた後にループカウンターの値を参照することはよくあるのですが、ここで注意が必要です。Forループはループカウンターの値が最終値を超えた時点でループを終了します。したがってループを抜けたときのループカウンターの値は最終値に1を加算した値になります。例えばこのレッスンではループを抜けた14行目ではCountの値が「4」になっています。

プログラムの内容

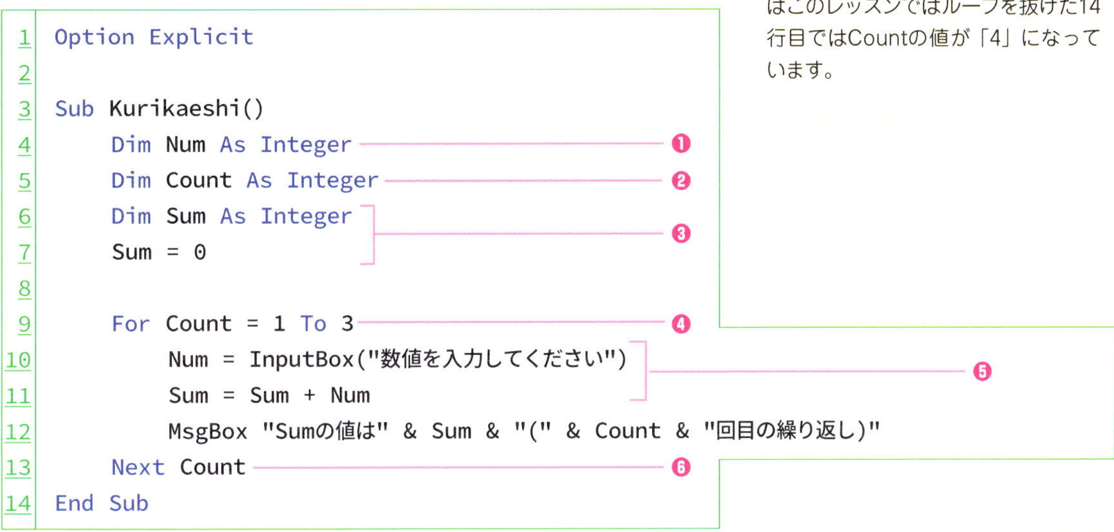

```
1  Option Explicit
2
3  Sub Kurikaeshi()
4      Dim Num As Integer ―――❶
5      Dim Count As Integer ―――❷
6      Dim Sum As Integer ┐
7      Sum = 0            ┘―――❸
8
9      For Count = 1 To 3 ―――❹
10         Num = InputBox("数値を入力してください") ┐
11         Sum = Sum + Num                          ┘―――❺
12         MsgBox "Sumの値は" & Sum & "(" & Count & "回目の繰り返し)"
13     Next Count ―――❻
14 End Sub
```

実行結果

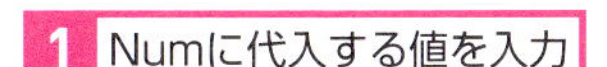

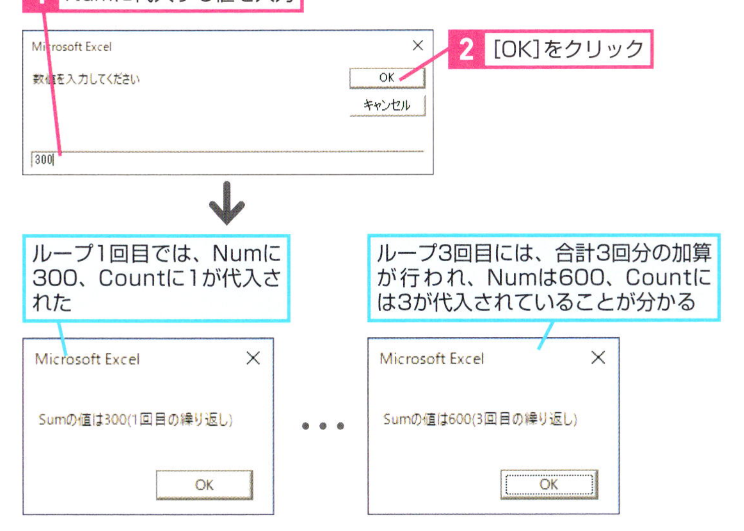

Point ループカウンターの値に注意しよう

このレッスンでは処理の回数を数えるためにループカウンターの値は1ずつ増えています。Forループを使うときには初期値、最終値、増分の関係をよく考えて正しくループするようにそれぞれの値を設定してください。増分が正の値で初期値より最終値が小さいと一度もループ内の処理が実行されませんし、増分に「0」を指定してしまうと永久ループになってしまいますので注意してください。

レッスン
20 条件を満たしている間処理を繰り返すには

Do While ~ Loopステートメント

Forループは回数が決まっているループで使いますが、回数が決まっていないときにはDoループを使います。このレッスンではDo Whileループの使い方を紹介します。

●変数値が100より小さい間ループするプログラム

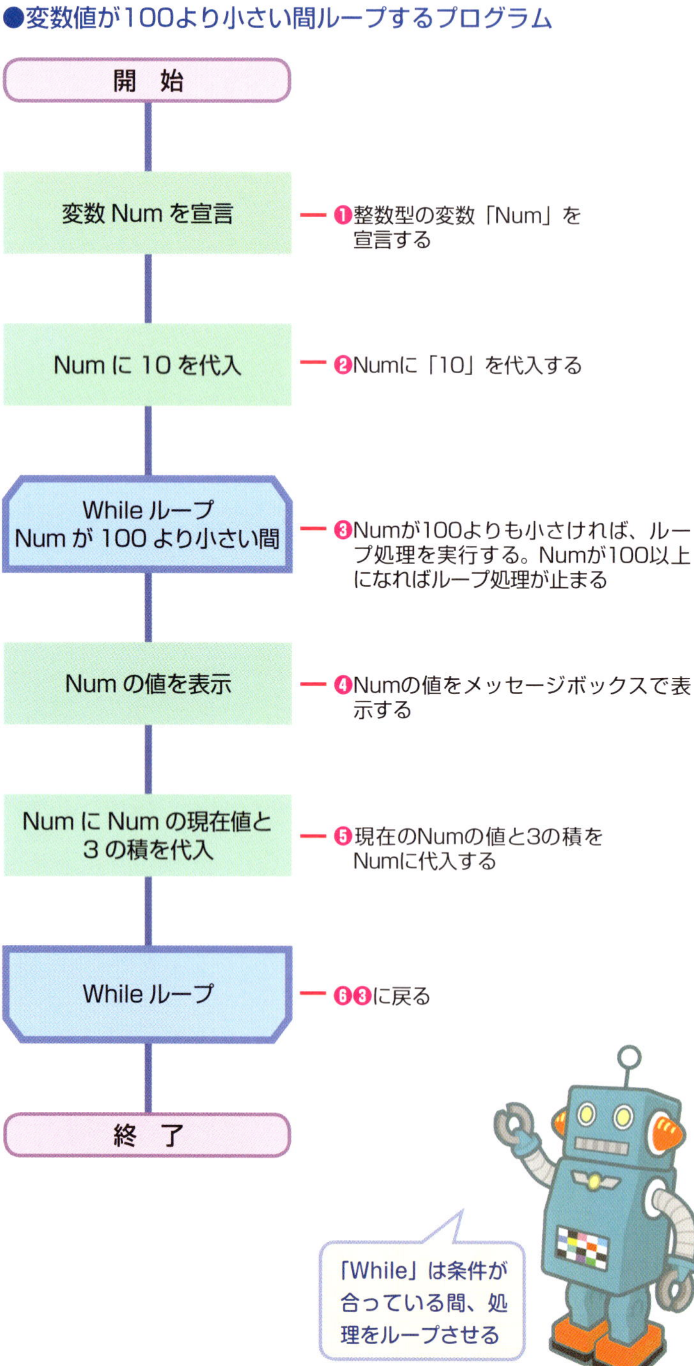

▶キーワード

永久ループ	p.237
繰り返し処理	p.239
ステートメント	p.241
判断処理	p.244

レッスンで使う練習用ファイル
Do While.xlsm

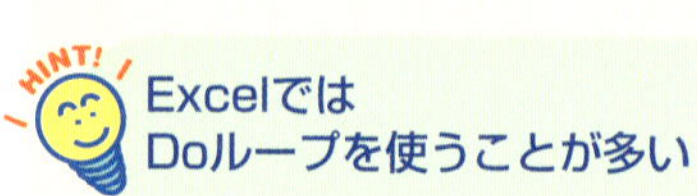

Excelでは Doループを使うことが多い

Doループの特徴は繰り返しを終了する条件を自由に指定できることです。例えば、キーボードから「0」が入力されるまで繰り返したり、条件に「True」を指定して故意に永久ループを作ったりもできます。Excelでは行方向や列方向に並んだ複数セルの1つ1つに同じ処理を繰り返すことがよくあります。処理対象のセル範囲が決まっていればForループでセルの数だけ回数を決めて繰り返せますが、毎回セル範囲が変わってしまう場合には使えません。Doループであれば、「空のセルに到達するまで」や「合計」と入力されているセルに到達するまで」のように条件を指定できるので、実行するごとにセル範囲が変わるマクロを作るときに便利です。

●Do While ～ Loopステートメントの構文

```
Do While 条件
    繰り返し実行する処理
Loop
```

Do While ～ Loopステートメントは、Whileの後ろに繰り返しを継続する条件「継続条件」を指定します。継続条件は条件が真（True）の間、次の行からLoopの前までの処理が繰り返し実行されます。Do Whileは処理の前に条件を判断するので、最初から偽（False）のときは1度も処理を行わないでループを終了します。

プログラムの内容

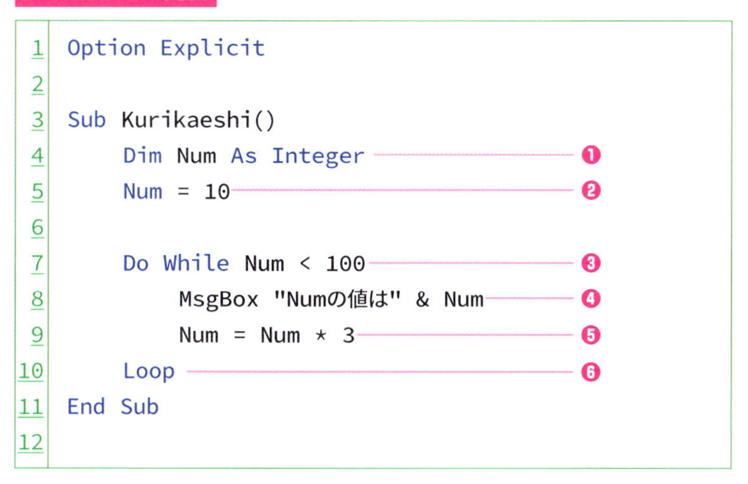

```
1  Option Explicit
2
3  Sub Kurikaeshi()
4      Dim Num As Integer ――――――― ❶
5      Num = 10 ―――――――――――― ❷
6
7      Do While Num < 100 ―――――――― ❸
8          MsgBox "Numの値は" & Num ――― ❹
9          Num = Num * 3 ――――――――― ❺
10     Loop ――――――――――――――― ❻
11 End Sub
12
```

実行結果

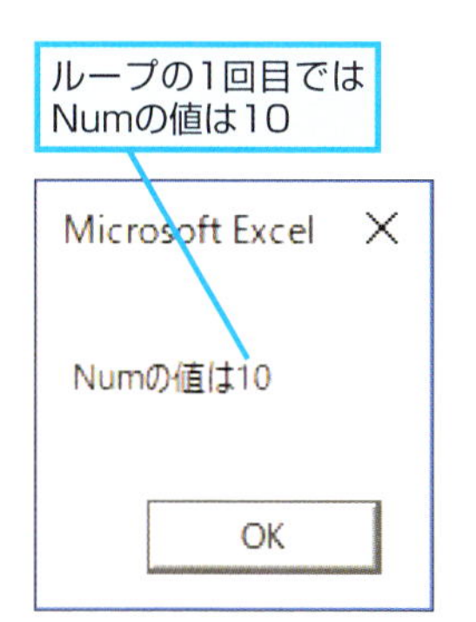

・・・

ループの3回目ではNumの値が90に。次に3を掛けた場合100を超えるので、これ以上メッセージの表示は行われない

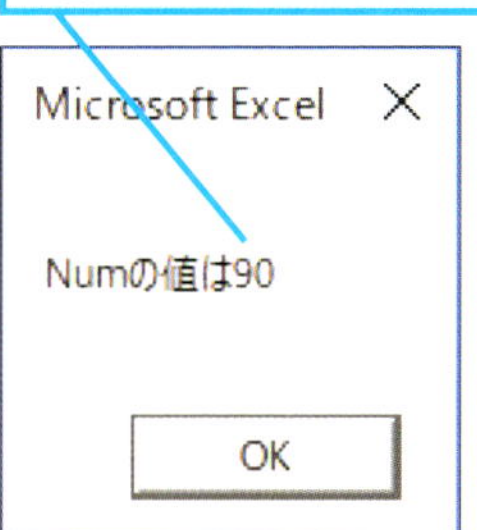

HINT! 条件はLoopの後ろにも指定できる

Do ～ LoopステートメントではLoopの後ろにも条件を入力できます。ただし、条件が入力できるのは必ずDoかLoopのどちらか一方だけです。両方に入力するとエラーになってしまいます。Doの後ろに条件があるとループ内の処理をする前に条件が判断されるので、場合によっては一度も処理をすることなくループが終了します。一方、Loopの後ろに条件があると、ループ内の処理を行ってから判断されるので、条件に合わなくても最低1回はループ内の処理が実行されます。

Point

Do Whileは継続条件を指定する

Do Whileの条件は真の間は処理を繰り返す継続条件で、条件が偽になると繰り返しは終了します。ここでは変数「Num」の値が100より小さい間となっているので100以上になるまで処理を繰り返します。Numの値は繰り返し処理で3倍しているので、値は10、30、90、120と変化し120になったところで条件が偽になり繰り返しが終了します。間違って9行目の「*」を「/」としてしまうと3で割り続け、条件は偽にならないので繰り返しは終わりません。継続条件を指定するときは、いつか偽になるように処理することを忘れないようにしましょう。

レッスン 21

条件を満たすまで処理を繰り返すには

Do Until ～ Loopステートメント

Doループにはレッスン⑳のDo WhileのほかにDo Untilもあります。ここでは、Do WhileとDo Untilの違いと使い分けなどを解説します。

●変数値が100を超えるまでループするプログラム

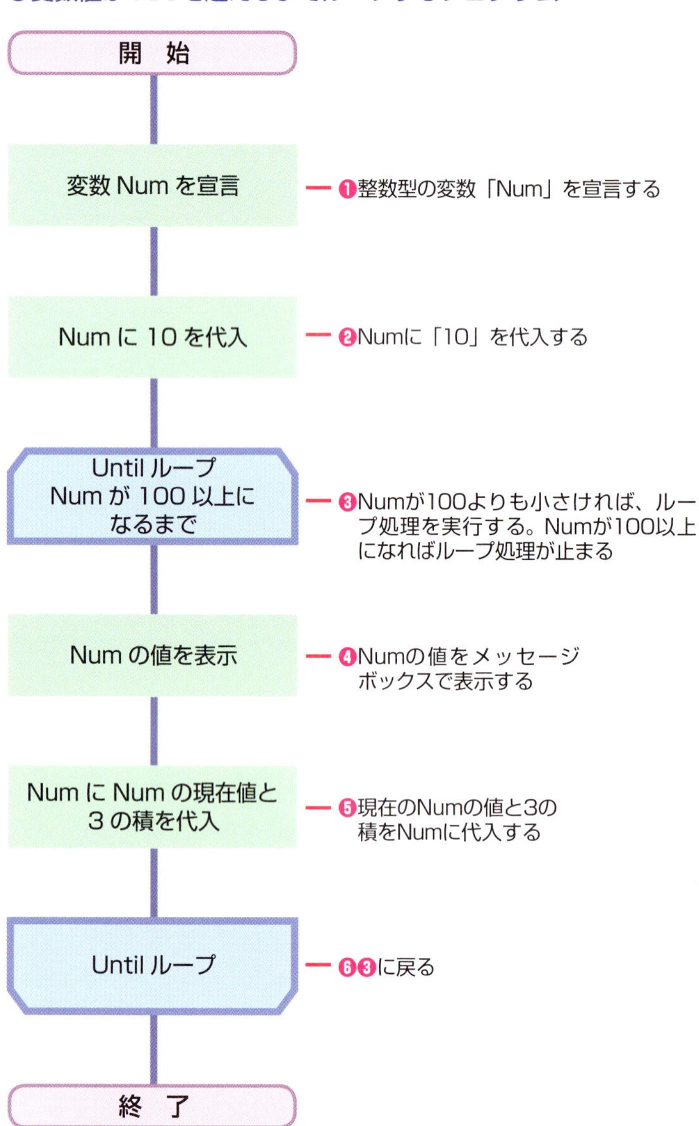

▶キーワード

レッスンで使う練習用ファイル
Do Until.xlsm

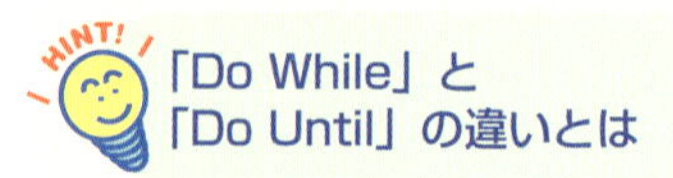

Do Whileは継続条件ですが、Do Untilは「条件を満たしたら」繰り返しを終了する終了条件を指定します。レッスン⑳は「Numが100より小さい間」繰り返していましたがここでは「Numが100以上になったら」繰り返しを終了するとなるので「Num >= 100」となります。

●Do Until ~ Loopステートメントの構文

```
Do Until 条件
     繰り返し実行する処理
Loop
```

Do Until ~ Loopステートメントは、Untilの後ろに繰り返しを終了する条件「終了条件」を指定します。終了条件は条件が真になると繰り返しを終了します。Do Untilも処理の前に条件を判断するので、最初から真（True）のときは1度も処理を行わないでループを終了します。

プログラムの内容

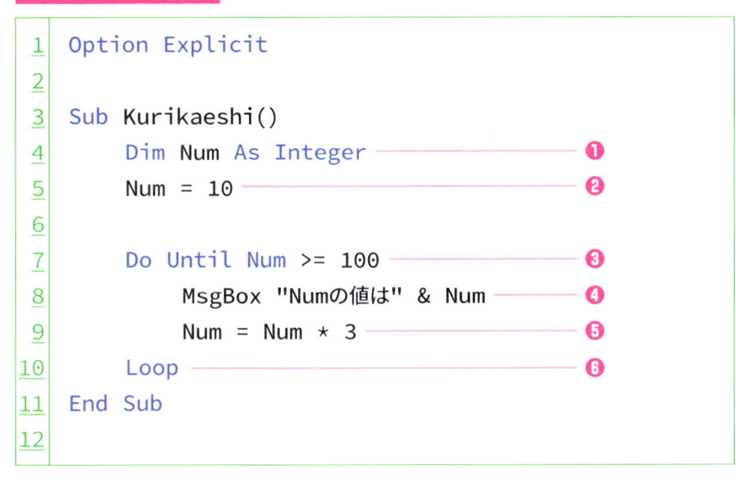

```
1  Option Explicit
2
3  Sub Kurikaeshi()
4      Dim Num As Integer                ❶
5      Num = 10                          ❷
6
7      Do Until Num >= 100               ❸
8          MsgBox "Numの値は" & Num       ❹
9          Num = Num * 3                 ❺
10     Loop                              ❻
11 End Sub
12
```

実行結果

ループの1回目ではNumの値は10

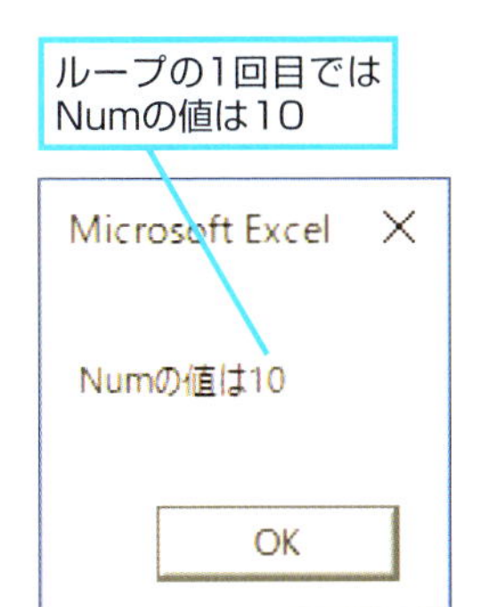

ループの3回目ではNumの値が90に。次に3を掛けた場合100を超えるので、これ以上メッセージの表示は行われない

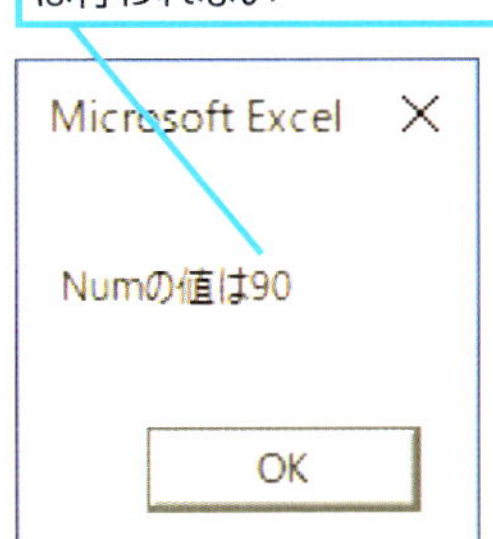

プログラムが止まらなくなってしまったときは

ForループやDoループなどループを使用したプログラムを実行したときに、いくら待っても何も変化がなくマウスポインターが入力待ちのままのときは、プログラムが永久に止まらない「永久ループ」となっている可能性があります。このようなときは以下のように操作してプログラムを止めましょう。Escキーを押してもダイアログボックスが表示されないときは、タスクマネージャーを起動してExcelを強制終了してください。なお、Excelを強制終了させた場合は保存していないブックやマクロの内容は失われることがあるので、プログラムをテストする前は必ず保存しておきましょう。

永久ループになったプログラムを停止する

1 Escキーを押す

2 [終了]をクリック

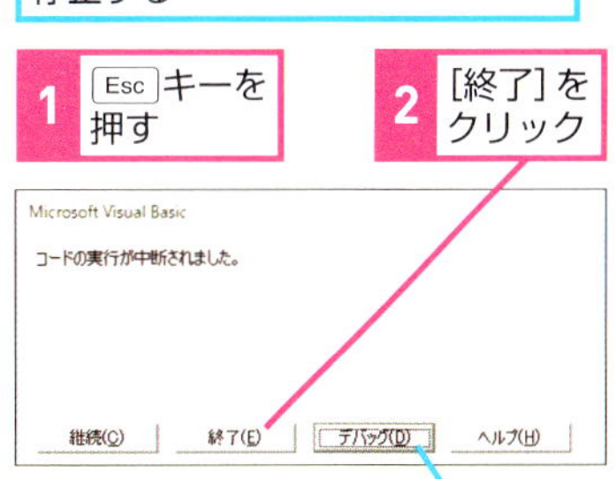

[デバッグ]をクリックするとVBEを表示できる

Point

Do Untilは終了条件を指定する

Do Untilの条件は真になると繰り返しを終了する終了条件で、条件が偽の間は処理が繰り返されます。Do Whileとは条件の判断が異なるだけで繰り返すことは同じです。WhileとUntilの使い分けは、条件を記述するコードの違いで考えるの良いでしょう、プログラムを見たときにどちらを使えば分かりやすいコードになるか、レッスン⑳とこのレッスンの練習用ファイルを見比べながら違いをよく理解しましょう。

この章のまとめ

●「条件分岐」や「繰り返し」でプログラムの流れを制御しよう

この章では、変数の使い方やプログラムの処理の流れを制御する方法を紹介しながらVBAで簡単なプログラムを作りました。プログラムで扱うデータには「型」があり、格納先の変数もデータ型を指定して準備することや、変数を使った演算などはプログラミングの基礎になります。If文やSelect Case文を使った処理の分岐はプログラムの流れを制御する上で重要な命令です。さらにForループやDoループで同じ処理を繰り返す方法も紹介しました。繰り返す回数が決まっているときはForループ、それ以外はDoループと使い分けるとよいでしょう。1章で紹介した「マクロの記録」では条件分岐や繰り返しのない「順次処理」しか記録できませんでしたが、VBAを使えば処理の流れを制御できるのでプログラムの幅が広がります。「条件分岐」や「繰り返し」の処理は「順次処理」と合わせて処理手順を組み立てる上での基本の3つの処理になります。どんなに複雑なプログラムも細かく分解していくと、この3つの処理の組み合わせで表せます。使い方を理解できるまで各レッスンを読み返して、しっかりと覚えておきましょう。

「条件分岐」と「繰り返し」処理

VBAでは2つの処理を使うことで「マクロの記録」で記録できない処理も実行できるようになる

```
Option Explicit

Sub Jouken()
    Dim Score As Integer
    Score = InputBox("点数を入力してください")

    Select Case Score
        Case Is > 100
            MsgBox "1～100の範囲で整数値を入力してください"
        Case Is < 0
            MsgBox "1～100の範囲で整数値を入力してください"
        Case 100
            MsgBox "満点!!"
        Case Is >= 80
            MsgBox "合格！"
        Case Is >= 60
            MsgBox "再試験"
        Case Else
            MsgBox "不合格"
    End Select
End Sub
```

練習問題

1

練習用ファイルの「第3章_練習問題1.xlsm」を開いてVBEを起動し、Module1のプロシージャ「Practice3_1」にFor～Nextステートメントを使って1から10までの和を計算して合計を表示するプログラムを作ってみましょう。

●ヒント　変数は自由に命名できますが、ここではDimステートメントでループカウンター「Count」と結果を格納する「Result」を整数型で宣言してみましょう。

1から10までの和の合計をFor～Nextステートメントを使って表示させる

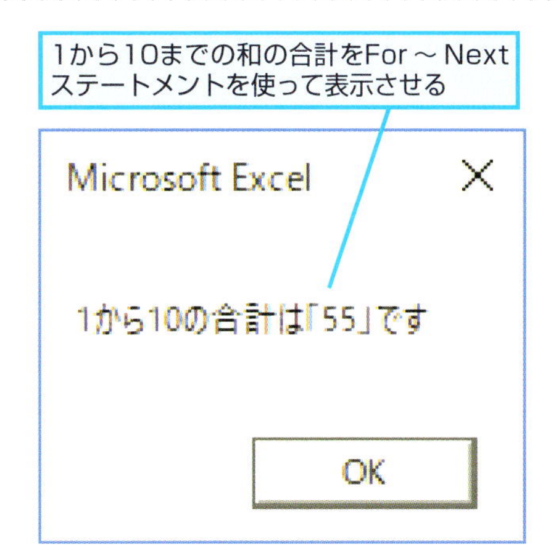

2

練習用ファイルの「第3章_練習問題2.xlsm」を開き、練習問題1で作成したプログラムをDo While～Loopステートメントで作ってみましょう。

●ヒント　初めにループカウンターに「1」を代入し、ループの中でカウンターを1ずつ増やします。

解答

1

練習用ファイル［第3章_練習問題1.xlsm］をExcelで開いておく

カウンターと足し算用の整数型変数を宣言する

```
Dim Count As Integer
Dim Result As Integer
```

For～Nextステートメントで足し算を10回ループさせる

```
For Count = 1 To 10
    Result = Result + Count
Next Count
```

変数Resultの値を表示する

```
MsgBox "1から10の合計は「" & Result & "」です"
```

For～Nextステートメントで使うループカウンターと計算結果を格納する変数をあらかじめDimステートメントで整数型として宣言します。処理は1～10の値の合計なのでループカウンターの初期値は「1」、ループの終了条件の最終値は「10」になります。ループの中では計算結果を格納する変数にループカウンターの値を加算し、ループを抜けたらMsgBox関数で計算結果を表示します。

解答のコード

```
1  Option Explicit
2
3  Sub Practice3_1()
4      Dim Count As Integer
5      Dim Result As Integer
6
7      For Count = 1 To 10
8          Result = Result + Count
9      Next Count
9      MsgBox "1から10の合計は「" & Result & "」です"
10 End Sub
```

2

練習用ファイル［第3章_練習問題2.xlsm］をExcelで開いておく

Count変数にループ開始値を代入する

Countの値が10以下の間ループするDo While～Loopステートメントを記述する

```
    Count = 1

    Do While Count <= 10
        Result = Result + Count
        Count = Count + 1
    Loop
    MsgBox "1から10の合計は「" & Result
End Sub
```

ループを開始する前に、ループカウンターに初期値「1」を代入します。Do Whileループにはループの継続条件を書き、ループの中でループカウンターを1ずつ増やす処理をLoopのすぐ上の行に書きます。

解答のコード

```
1  Option Explicit
2
3  Sub Practice3_2()
4      Dim Count As Integer
5      Dim Result As Integer
6      Count = 1
7
8      Do While Count <= 10
9          Result = Result + Count
10         Count = Count + 1
11     Loop
12     MsgBox "1から10の合計は「" & Result & "」です"
13 End Sub
```

第3章 VBAプログラミングの基本を知ろう

第4章 VBAでExcelを操作しよう

この章では、プログラミング言語としてVBAを使ってExcelを操作する方法を解説します。ワークシートやセルの情報を調べる、セルへ値を入力したり、削除する、ワークシートやセルをコピーする、など、VBAでExcelを操作する基本となります。また、VBAの動作状態の確認方法、ブックの保存やブックを開くなどブックの操作も解説します。

●この章の内容

レッスン
22 プログラム言語としてのVBAを知ろう

Visual Basic for Application

このレッスンでは、プログラミング言語としてVBAにはどのような機能が備わっているのかを解説します。Excelで制御できることも見ていきましょう。

Excelの操作をVBAから指示できる

「VBA」とは「Visual Basic for Applications」の略で、「Visual Basic」はマイクロソフト社のプログラミング言語のことです。「VB」と呼ばれていて、現在は「VB.NET」へ進化してWindowsのアプリケーション開発に利用されています。「for Applications」とは「Visual Basic」にExcelやWordなどOffice Application（Office アプリ）を操作する命令などを追加したプログラミング言語ということになります。VBAにはExcelのすべての機能を操作する命令が備わっているので、普段Excelで操作している作業をすべてVBAでプログラムにすることができます。

▶キーワード

レッスンで使う練習用ファイル
このレッスンには、
練習用ファイルがありません

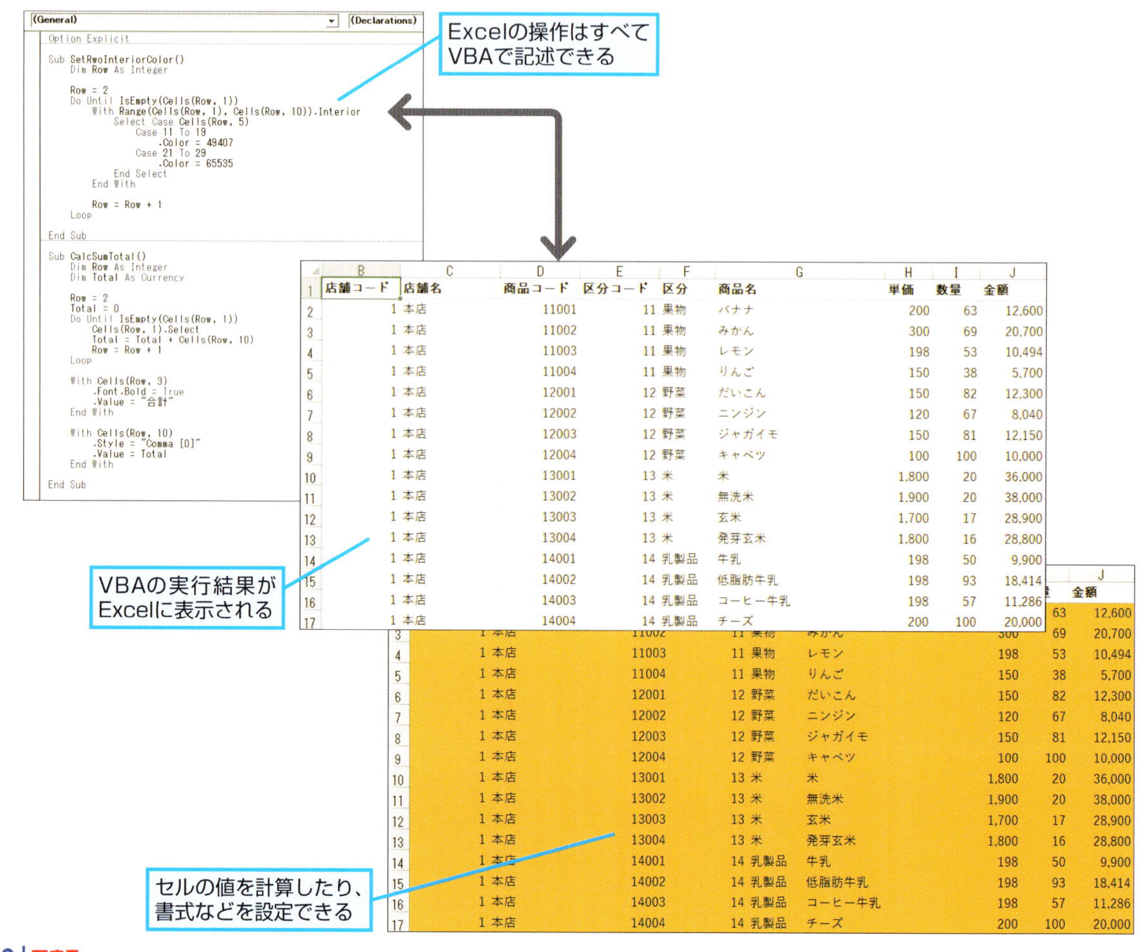


```
(General)                                  (Declarations)
Option Explicit

Sub SetRwoInteriorColor()
    Dim Row As Integer

    Row = 2
    Do Until IsEmpty(Cells(Row, 1))
        With Range(Cells(Row, 1), Cells(Row, 10)).Interior
            Select Case Cells(Row, 5)
                Case 11 To 19
                    .Color = 49407
                Case 21 To 29
                    .Color = 65535
            End Select
        End With

        Row = Row + 1
    Loop

End Sub

Sub CalcSumTotal()
    Dim Row As Integer
    Dim Total As Currency

    Row = 2
    Total = 0
    Do Until IsEmpty(Cells(Row, 1))
        Cells(Row, 1).Select
        Total = Total + Cells(Row, 10)
        Row = Row + 1
    Loop

    With Cells(Row, 3)
        .Font.Bold = True
        .Value = "合計"
    End With

    With Cells(Row, 10)
        .Style = "Comma [0]"
        .Value = Total
    End With

End Sub
```

	B	C	D	E	F	G	H	I	J
1	店舗コード	店舗名	商品コード	区分コード	区分	商品名	単価	数量	金額
2	1	本店	11001	11	果物	バナナ	200	63	12,600
3	1	本店	11002	11	果物	みかん	300	69	20,700
4	1	本店	11003	11	果物	レモン	198	53	10,494
5	1	本店	11004	11	果物	りんご	150	38	5,700
6	1	本店	12001	12	野菜	だいこん	150	82	12,300
7	1	本店	12002	12	野菜	ニンジン	120	67	8,040
8	1	本店	12003	12	野菜	ジャガイモ	150	81	12,150
9	1	本店	12004	12	野菜	キャベツ	100	100	10,000
10	1	本店	13001	13	米	米	1,800	20	36,000
11	1	本店	13002	13	米	無洗米	1,900	20	38,000
12	1	本店	13003	13	米	玄米	1,700	17	28,900
13	1	本店	13004	13	米	発芽玄米	1,800	16	28,800
14	1	本店	14001	14	乳製品	牛乳	198	50	9,900
15	1	本店	14002	14	乳製品	低脂肪牛乳	198	93	18,414
16	1	本店	14003	14	乳製品	コーヒー牛乳	198	57	11,286
17	1	本店	14004	14	乳製品	チーズ	200	100	20,000

Excelの処理を制御できる

VBAは「Visual Basic」というプログラミング言語がベースなので、「マクロの記録」では実現できなかった「判断処理」や「繰り返し処理」ができます。またOfficeアプリを制御する命令なども持っているので、Excelのすべての機能をプログラミングで制御できます。セルやセル範囲の選択からセルへの値の入力、セルのコピーやワークシートのコピー、新規ワークシートの追加や新規ブックの作成まで、さまざまなことができます。また、「判断処理」ができるのでセルの値を条件にして処理を分岐することも可能です。「繰り返し処理」で、セル範囲にあるセル1つ1つを操作することもできます。つまり、Excelの処理はすべてVBAのコードを記述するだけで制御が行えます。

●セル範囲の選択

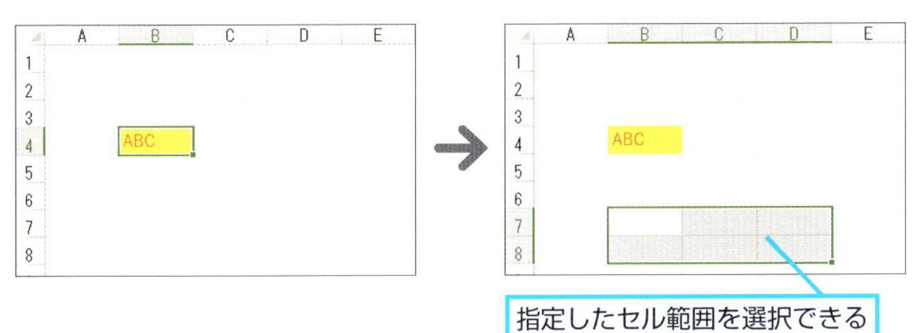

●ワークシートの追加

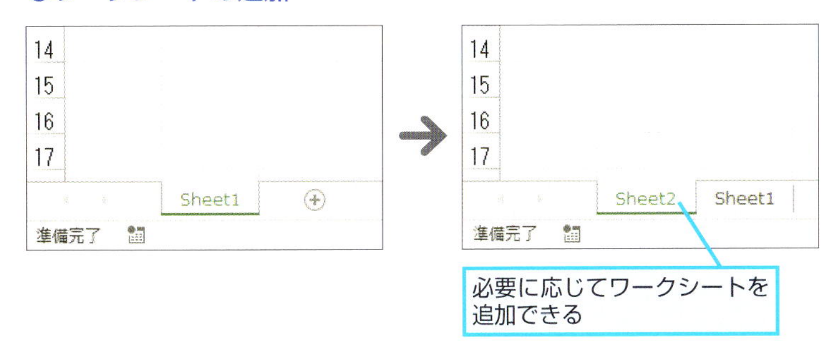

●データの集計

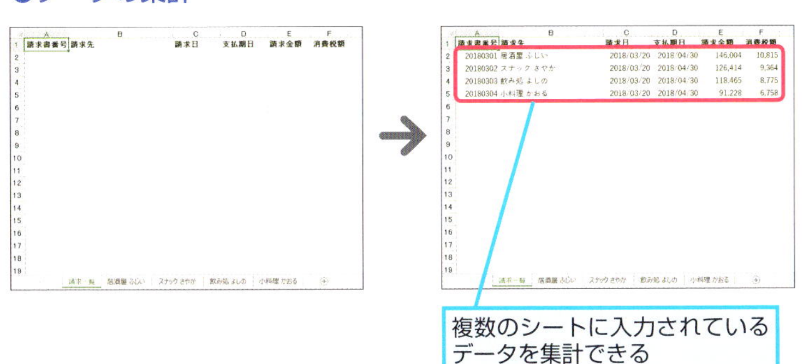

HINT! VBAが適したシステムってどんなもの？

VBAを使えばさまざまなプログラムが作れるので、どんなシステムでも適応させることはできます。しかし、処理速度や使い勝手を考えると、ExcelのVBAで作るシステムに適しているのは個人がExcelで行っている作業の置き換えが一番でしょう。ネットワークを介して複数人で共有するような大きなシステムも作れないことはありませんが、ExcelのVBAだけでは効率的ではありません。このようなシステムには「VB.NET」などの利用が必要です。ExcelのVBAでは個人レベルの作業をシステム化するのが最適です。

Point
Excelの操作を制御できるVBA

このレッスンで解説したようにVBAは「Visual Basic」を基に機能を拡張したプログラミング言語なので、単にExcelのマクロを作るためだけでなく、プログラミング言語としての機能も十分に備えています。本書ではVBAを使ってExcelの操作を制御することだけでなく、プログラミング言語としてVBAを使ってプログラミングの基本を紹介します。まずVBAの基本をしっかり覚えて、プログラミングの基礎をしっかり理解しましょう。

レッスン
23

VBAでワークシートやセルの情報を調べるには

プロパティ／メソッド

VBAではワークシートやセルを「オブジェクト」として扱います。オブジェクトには「プロパティ」と「メソッド」があり、VBAでExcelを操作する基本になります。

Excelの要素とは

VBAではブックやワークシート、セル範囲など操作の対象を「オブジェクト」と呼んでいます。オブジェクトにはExcelそのものを表す「Application」やブックの「Workbook」、ワークシートの「Worksheet」、セル範囲の「Range」があります。また、オブジェクトは情報などを持つ「プロパティ」と操作を表す「メソッド」を持っています。オブジェクトのプロパティやメソッドをすべて覚える必要はありません。「プロパティ」「メソッド」がそれぞれ何を意味しているか理解しておくことが大切です。

▶キーワード

レッスンで使う練習用ファイル
このレッスンには、
練習用ファイルがありません

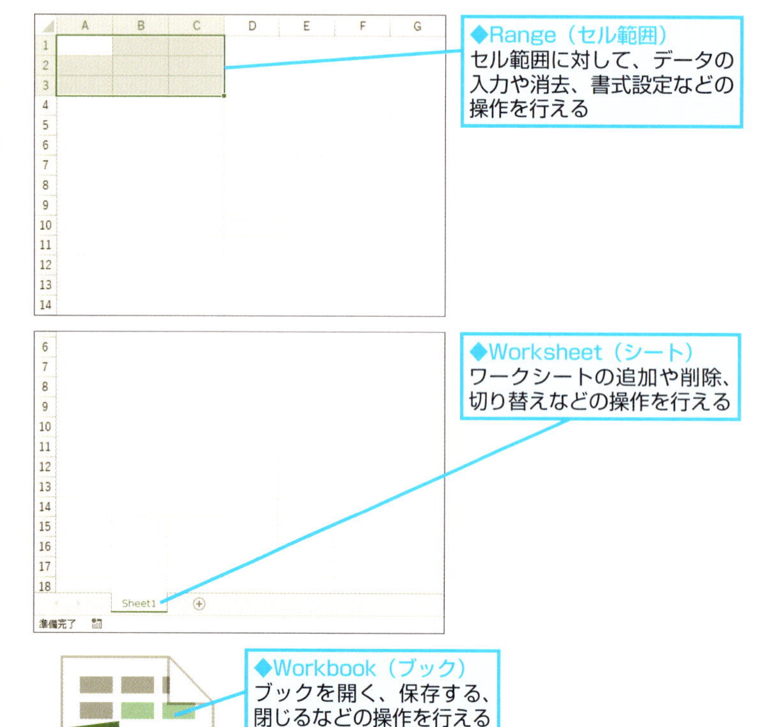

Excelにある2つの要素があることと、それぞれの意味を理解しよう！

オブジェクトを設定する「プロパティ」

「プロパティ」はオブジェクト自身の情報や属性などを保存しています。オブジェクトの情報を調べたり設定するときに使います。例えばセルにはフォントの情報を持つ「Font」プロパティやセルの値を持つ「Value」プロパティがあります。フォントを設定するときやセルの値を調べたり書き換えるときに使います。VBAのコードではオブジェクトとプロパティを「.」で区切って記述します。

オブジェクトを操作する「メソッド」

「メソッド」はオブジェクトに対する操作の命令です。セルやワークシート、ブックを操作するときに対象となるオブジェクトに対して使います。例えばセルを選択するときに使う「Select」メソッドやブックにワークシートを追加する「Add」メソッドがあります。プロパティと同様にオブジェクトとメソッドは「.」で区切って記述します。

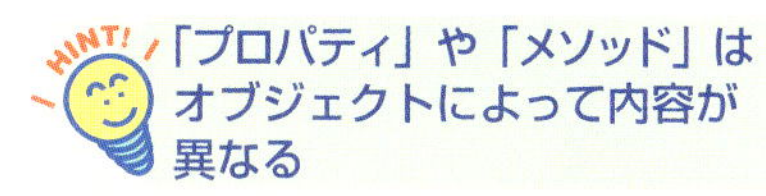

「プロパティ」や「メソッド」はオブジェクトによって内容が異なる

オブジェクトによって持っている「プロパティ」や「メソッド」はさまざまです。同じものもありますが、オブジェクトによって異なります。Excelのすべてのオブジェクトとプロパティ、メソッドの詳しい情報はVBEのヘルプにある「Excel VBA リファレンス」の「オブジェクトモデル」で確認しましょう。なお、ヘルプの確認方法は付録1で解説しています。詳しくは付録を参照してください。

HINT! オブジェクトが違っても同じ名前の「プロパティ」や「メソッド」がある

オブジェクトによってプロパティやメソッドの種類は異なりますが、例えばそれ自身に名前を付けられるオブジェクトには名前の情報を持つ「Name」プロパティがあります。また、セルやワークシートなど、Excelの操作でコピーできるオブジェクトには「Copy」メソッドがあります。

Point

「プロパティ」と「メソッド」を正しく理解しよう

VBAで操作するExcelのブックやワークシート、セルなど対象となるものを「オブジェクト」と呼びます。VBAのプログラミングでは、この「オブジェクト」が持つ「プロパティ」や「メソッド」を使ってプログラムを作ることをこのレッスンで解説しました。重要なことは「プロパティ」や「メソッド」が何を表しているのかをしっかりと理解することです。また、VBAのコードを記述するときは「オブジェクト」と「プロパティ」や「メソッド」は「.」で区切ることも覚えておきましょう。

レッスン 24

セルに値を入力するには

Cells

「Cells」プロパティはセルの行と列を数値で指定して、Rangeオブジェクトを返すプロパティです。行と列を数値で指定できるので繰り返し処理でよく使います。

処理を繰り返してセルに値を入力する

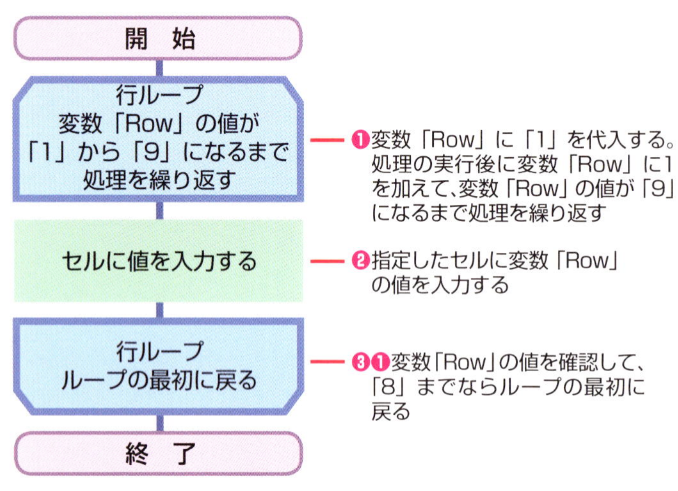

●Cellsプロパティの構文

```
Cells(行番号, 列番号)
```

「Cells」プロパティはRangeオブジェクトを返すWorksheetオブジェクトのプロパティです。「Cells」プロパティは引数にセルの行と列を数字で指定します。行はそのまま行番号の値、列はA列から数えた値で、例えばセルA1は1行目の1列目なのでCells(1,1)となり、セルB2であればCells(2,2)です。

プログラムの内容

```
1  Sub CellsPorpaty_1()
2      Dim Row As Integer
3      For Row = 1 To 9 ―――――― ❶
4          Cells(Row, 1) = Row ―――――― ❷
5      Next Row ―――――― ❸
6  End Sub
```

実行結果

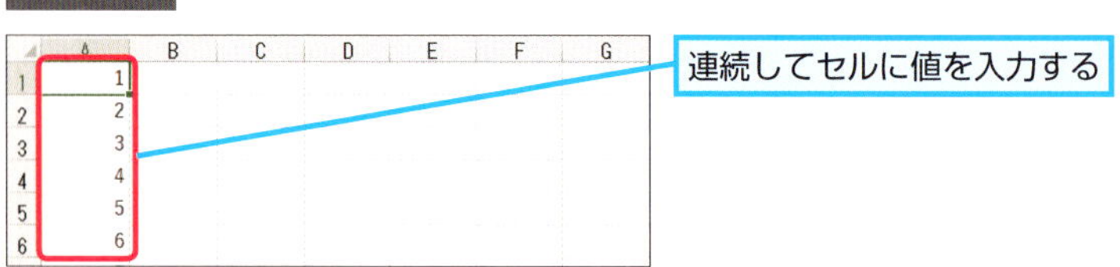

▶キーワード

レッスンで使う練習用ファイル
オブジェクト操作_Range.xlsm

HINT! ループカウンターは整数型で宣言する

繰り返しの回数を数えるループカウンターは数値型の変数であればなんでも使用できます。しかし、通常は整数型のIntegerを使用します。実数型の単精度浮動小数点のSingleや倍精度浮動小数点型のDoubleも使用できますが、実数型は数値の精度が低いので場合によってはいつまでもループが終了しなくなることもあります。

HINT! ループカウンターの増減値を指定する

繰り返しにレッスン⑲のForループを使うとき、Stepキーワードを使うとループカウンターの増減値を1以外に変えることができます。Forループは通常ループカウンターの値を1ずつ増やしますが、For文の後ろにStepキーワードを使えば増減値を自由に指定できます。例えば2ずつ増やしたいときは「Step 2」、逆に1ずつ減らしたいときは「Step -1」と記述します。ただし、Stepに負の値を指定するときは、For文の開始値が終了値より大きくないとループが終わらなくなりますので注意してください。

複数の処理を繰り返してセル範囲に値を入力する

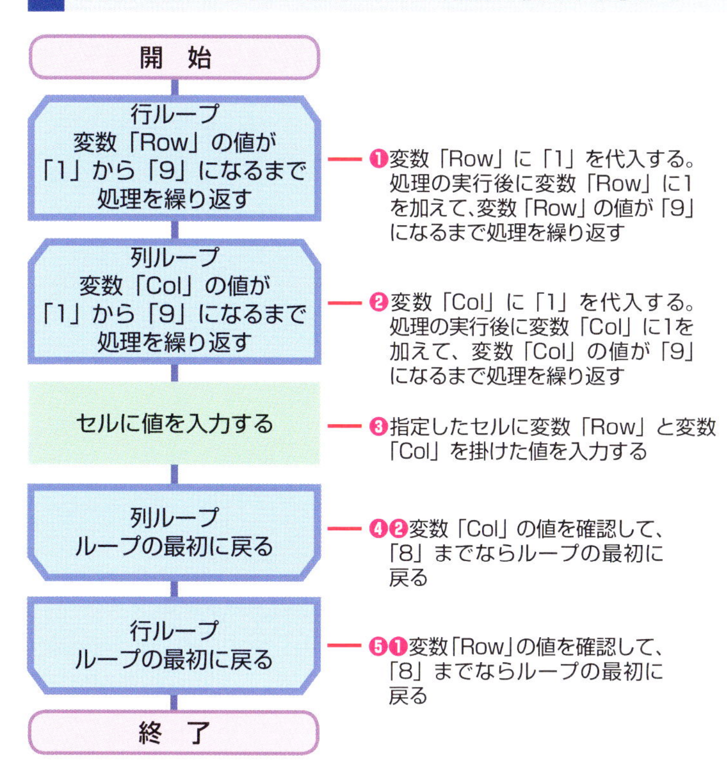

プログラムの内容

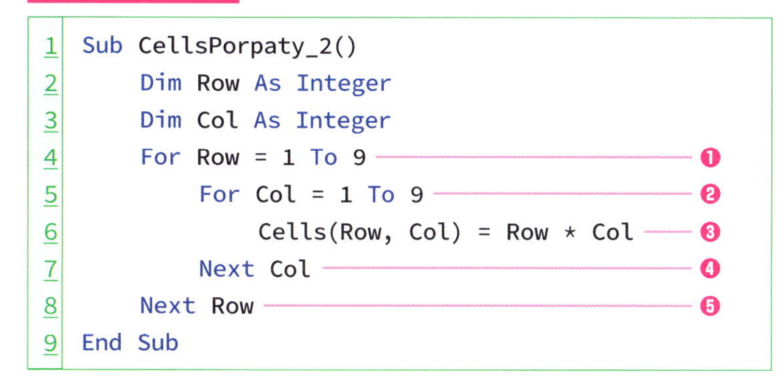

```
1  Sub CellsPorpaty_2()
2      Dim Row As Integer
3      Dim Col As Integer
4      For Row = 1 To 9 ―――――――――――――――― ❶
5          For Col = 1 To 9 ――――――――――――― ❷
6              Cells(Row, Col) = Row * Col ―― ❸
7          Next Col ―――――――――――――――――― ❹
8      Next Row ――――――――――――――――――――― ❺
9  End Sub
```

実行結果

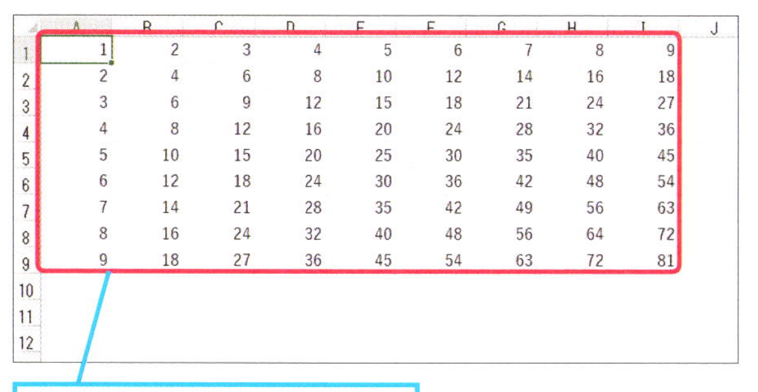

	A	B	C	D	E	F	G	H	I	J
1	1	2	3	4	5	6	7	8	9	
2	2	4	6	8	10	12	14	16	18	
3	3	6	9	12	15	18	21	24	27	
4	4	8	12	16	20	24	28	32	36	
5	5	10	15	20	25	30	35	40	45	
6	6	12	18	24	30	36	42	48	54	
7	7	14	21	28	35	42	49	56	63	
8	8	16	24	32	40	48	56	64	72	
9	9	18	27	36	45	54	63	72	81	
10										
11										
12										

セル範囲に連続して値を入力する

HINT! 繰り返し処理を入れ子にして組み合わせるときのコツ

左のサンプルプログラムはForループが二重になっています。外側の「行ループ」で行方向に繰り返しながら、内側の「列ループ」で行ごとに列方向の繰り返しを行っています。このように二重ループを使うと、特定のセル範囲にあるセル1つ1つに対して繰り返し処理を行えます。なお、ループを入れ子にするときは、必ずループのブロックごとにインデントをして、処理の範囲が分かるようにします。また、ループカウンターに使用する変数名も行方向は「Row」、列方向は「Col」など繰り返す方向が分かるようにしましょう。

Point

動作を考えて記述する

このレッスンではセルを順に繰り返し選択する方法を解説しました。特に繰り返し処理を入れ子（2重ループ）にすることで行方向に1行ごとに移動して、各行の列方向にセルを1つずつ操作できることが理解できたと思います。Excelの表をVBAで操作するときによく使う構文です。ここでは行列それぞれの方向にセルを指定して値を入力しただけですが、実務では行ごと、列ごとに選択しているセルに応じた処理を記述することになります。例えば列を指定している変数Colの値をIf文やSelect Case文で判断して、それぞれの列ごとの処理を記述します。また、繰り返しの中では対象となるセルを表すRangeオブジェクトをCellsプロパティで指定しました。Cellsプロパティは行、列を数値で指定でき、繰り返しの中ではよく使うので覚えておきましょう。

レッスン
25 セルの値を消去するには
Clear

操作の対象となる「オブジェクト」には、さまざまな「プロパティ」や「メソッド」があることを解説しました。セルの値を消去する「Clear」メソッドを解説します。

1つのセルの値を消去する

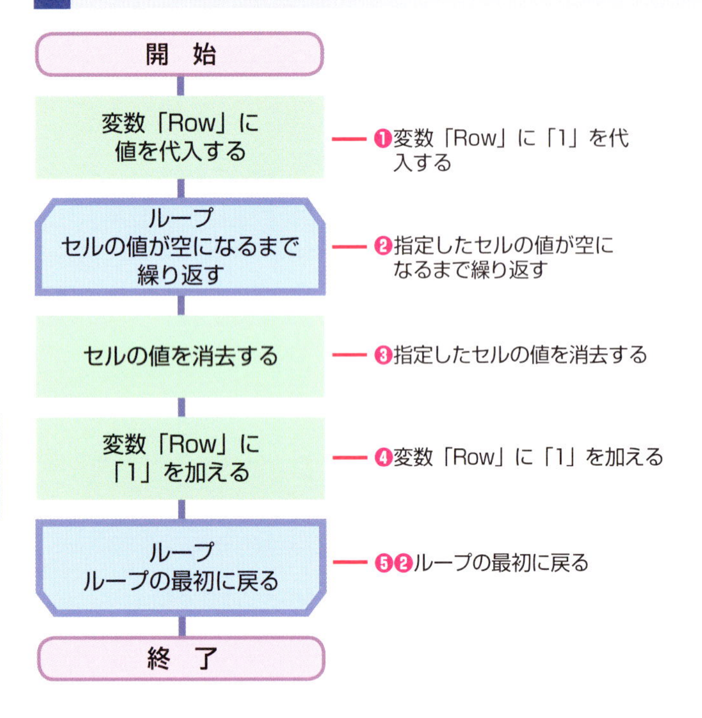

●Clearメソッドの構文

```
Rangeオブジェクト.Clear
```

Clearメソッドは対象となるオブジェクトの内容を消去するメソッドです。セルやセル範囲の値を消去するときはRangeオブジェクトを指定します。

プログラムの内容

```
1 Sub CellClear_1()
2     Dim Row As Integer
3     Row = 1 ―――――――――――――――― ❶
4     Do While Cells(Row, 1) <> "" ―――― ❷
5         Cells(Row, 1).Clear ―――――――― ❸
6         Row = Row + 1 ――――――――――― ❹
7     Loop ――――――――――――――――――― ❺
8 End Sub
```

▶キーワード

レッスンで使う練習用ファイル
オブジェクト操作_Range.xlsm

Rangeオブジェクトの「Value」プロパティは省略しないほうがいいの？

セルの値を調べるときには、セルを表すRangeオブジェクトの「Value」プロパティを使います。しかし、サンプルプログラムの4行目には「Value」プロパティがありません。これはRangeオブジェクトのプロパティを指定しなかったときにはセルの値を返すようになっているからです。サンプルのような簡単なプログラムなら省略しても問題ありませんがプログラムの可読性を考え、必要に応じて「Value」プロパティを使用しましょう。

「""」はセルの値が空であることを表す

サンプルプログラムの4行目にある繰り返しの条件に「""」を指定しています。繰り返しの条件は「セルが空になるまで繰り返す」です。VBAではセルが空であることを「""」("と"の間には何も入れない）と書いて指定します。条件の比較演算子は「<>」(等しくない）ですので、つまりセルの値が空でない間繰り返すということになります。

テクニック Rangeプロパティでセル範囲を指定する

Rangeプロパティは引数にセル番地やセル範囲、セルに付けた名前を文字列で1つ指定しますが、さらに引数を2つ指定してセル範囲を指定することができます。例えばセル範囲A1:C5は「Range("A1:C5")」と書きますが、「Range("A1","C5")」と書くこともできます。また、引数を2つ指定するときは引数にRangeオブジェクトを指定することもできるので「Range(Range("B2"),Range("C5")」とも書けます。したがってCellsプロパティと組み合わせて「Range(Cells(2,2),Cells(5,3)」と書くこともできます。下のサンプルはこの構文を使って繰り返しの中でそれぞれの行の1列目（A列）から9列目（I列）の範囲をクリアしています。繰り返しの条件は「IsEmpty関数」を使ってセルが空であるか判断しています。IsEmpty関数は引数がEmpty値（空）だと真になります。繰り返しに「Do Until」を使っているので、IsEmpty関数が真つまりセルが空になるまで繰り返すことになります。

●Rangeプロパティの構文

```
Range(セル名かセル範囲)
```

Rangeプロパティは引数にセル番地やセル範囲を表す文字列を指定します。例えばセルA1を表すには「Range("A1")」と記述し、セル範囲B2からC5は「Range("B2:C5")」と記述します。また、セルに名前が付けてあるときはその名前でも指定できます。

プログラムの内容

```
1 Sub CellsClear_2()
2     Dim Row As Integer
3     Row = 1
4     Do Until IsEmpty(Cells(Row, 1))
5         Range(Cells(Row, 1), Cells(Row, 9)).Clear
6         Row = Row + 1
7     Loop
8 End Sub
```

実行結果

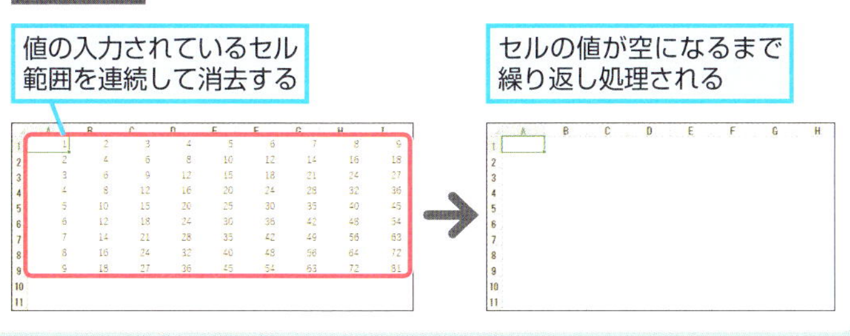

実行結果

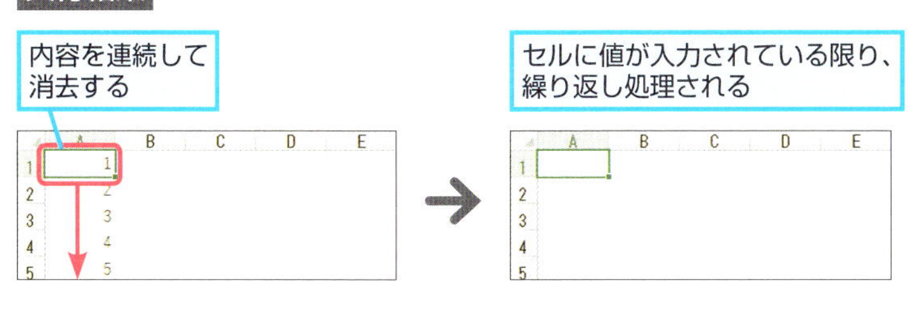

Point

セル範囲を正しく指定してクリアする

このレッスンでは繰り返しの中でCellsプロパティを使ってセルを1つずつ指定してクリアしました。Cellsプロパティはセル番地の行と列を数値で指定するので、プログラムで使用するときに便利です。ただし、列番号をアルファベットから数に読み替えるときに注意が必要です。正しく目的のセルを指定できているか確認するようにしてください。

レッスン 26

ワークシートを追加・コピーするには

ActiveSheet.Copy / Worksheets.Add

このレッスンではワークシートを操作する方法を解説します。ワークシートはWorksheetオブジェクトを対象にして処理を記述します。

ワークシートをコピーする

ワークシートをブックの中でコピーするときにはWorksheetオブジェクトのCopyメソッドを使います。WorksheetオブジェクトのCopyメソッドには引数でコピーしたワークシートをどこに挿入するか指定できます。コピーする位置の指定にはワークシート名やワークシートのコレクション「Worksheetsオブジェクト」のWorksheets(index)プロパティなど、Worksheetオブジェクトを指定します。Worksheets(index)プロパティはブック内にあるワークシートに左から順に付けられた番号でWorksheetオブジェクトを表します。

●WorksheetオブジェクトのCopyメソッドの構文

```
Worksheetオブジェクト.Copy [BeforeまたはAfter]
```

WorksheetオブジェクトのCopyメソッドは「Before」または「After」オプションを使ってコピーしたワークシートを挿入する位置を指定します。「Before」オプションは指定したシートの直前、「After」オプションは直後に挿入されます。挿入する位置はWorkSheetオブジェクトで指定します。例えばワークシート"サンプル"の前にコピーするときは「Before:=Worksheets("サンプル")」と記述します。なお、オプションの指定がないと新しいブックが作成され、そのブックにコピーされます。

▶キーワード

VBA	p.236
オブジェクト	p.238
コレクション	p.239
引数	p.244
プロパティ	p.246
メソッド	p.246

レッスンで使う練習用ファイル

オブジェクト操作_worksheet.xlsm

コレクションとは同じオブジェクトの集まりのことです。例えばExcelは同時に複数のブックを開くことができます。ブックはWorkbookオブジェクトなので、同時に複数のWorkbookオブジェクトが存在します。特定のワークブックはWorkbookオブジェクトですが、Excelのすべてのブックは Workbookオブジェクトのコレクション Workbooksオブジェクトになります。同じようにブックにある特定のワークシートはWorksheetオブジェクトですが、ブックのすべてのワークシートはWorksheetオブジェクトのコレクションWorksheetsオブジェクトになります。

テクニック ワークシート名をコピーして変更するには

ワークシートの名前はWorksheetオブジェクトのNameプロパティで変更できます。ワークシートをコピーすると、コピーしたワークシートの名前に「(1)」のように数字が付きます。ワークシートをコピーするとコピーされたワークシートがアクティブシートになるので、続けてアクティブシートを表すActiveSheetプロパティで返されるWorksheetオブジェクトのNameプロパティで名前を変更すればコピーしたワークシート名を変更できます。

indexプロパティでシートを指定する

WorkSheetオブジェクトを指定するときはWorksheetsオブジェクトのWorksheets(index)プロパティを使います。引数のindexにはワークシート名やワークシートの先頭からの番号を指定します。

プログラムの内容

```
1  Sub CopyWorksheet_1()
2      ActiveSheet.Copy
3  End Sub
```

実行結果

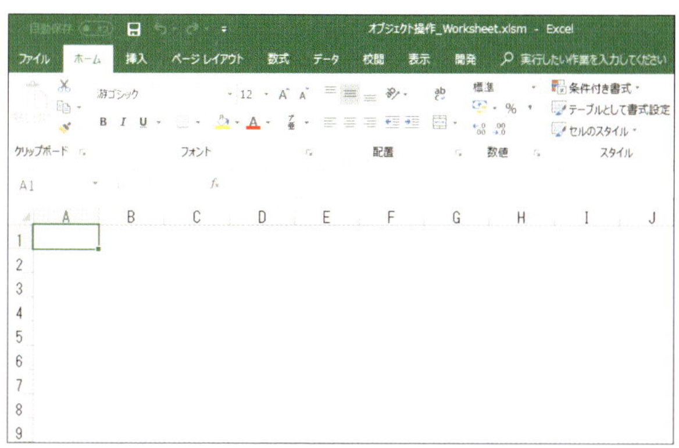

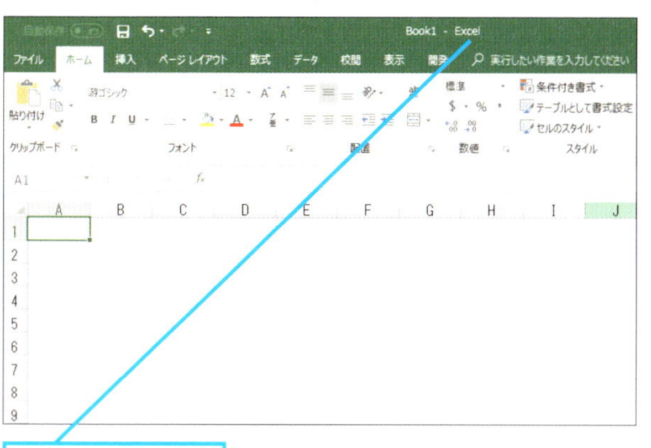

新しいブックとしてコピーされる

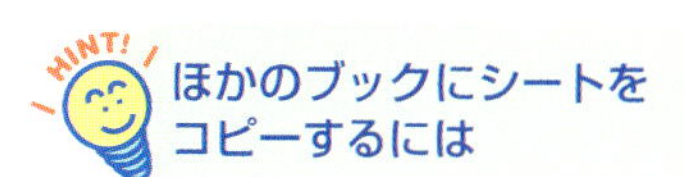

ほかのブックにシートをコピーするには

このレッスンではWorksheetオブジェクトのCopyメソッドに引数を指定しないで新規ブックとしてコピーしましたが、既存のほかのブックにコピーすることもできます。ほかのブックにワークシートをコピーするにはCopyメソッドの引数「Before」か「After」にコピー先のワークブックのWorksheetオブジェクトを指定します。

次のページに続く

ブックに新しいワークシートを追加する

WorkSheetオブジェクトのコレクション「Worksheetsオブジェクト」のAddメソッドを使います。AddメソッドはCopyメソッドと同様に引数でワークシートを新しく追加する位置を指定できます。また不要になったワークシートを削除するときはWorkSheetオブジェクトのDeleteメソッドを使います。なお、削除したワークブックは元に戻すことはできません。削除するときはワークシートの指定が正しいか十分に確認しましょう。

●WorksheetオブジェクトのAddメソッドの構文

```
Worksheetオブジェクト.Add [BeforeまたはAfter, シート数,
タイプ]
```

Addメソッドの引数にはワークシートを追加する「場所」と「シート数」、「ワークシート」の種類を指定します。ワークシートを追加する場所にはCopyメソッドと同じように「Before」か「After」、追加するシート数は新しく追加するシートの数、シートのタイプはワークシートやグラフシートを指定します。

プログラムの内容

```
1  Sub AddWorksheet_1()
2      Worksheets.Add
3  End Sub
```

実行結果

↓

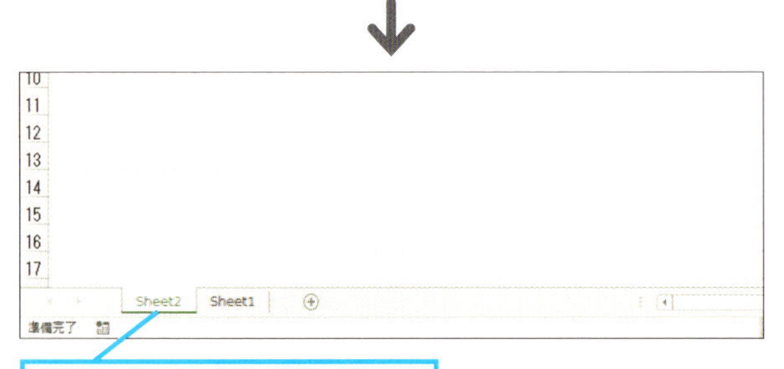

新しいワークシートが追加される

HINT! ワークシートのコピーや追加はいつ使うの？

VBAでシートの書式設定もできますが、複雑な書式設定は設定内容を確認しながら直接設定したほうが簡単です。あらかじめ書式設定をしてあるワークシートをひな型として用意しておき、プログラムでは必要に応じてひな型をコピーして使用すれば簡単です。プログラムで操作するセルの配置さえ変わらなければ、いつでも設定変更ができるので便利です。

テクニック 追加したシートを操作するには

このようなときはCopyメソッドやAddメソッドで作成された新しいワークシートがアクティブシートになっていることを応用してActiveSheetプロパティを使います。またブックのすべてのWorksheetオブジェクトのコレクションであるWorksheetsオブジェクトはコレクションのメンバーに順に番号が振られています。この番号を使えばブック内のシート名がわからなくてもシートを特定できるので便利です。

●WorksheetオブジェクトのDeleteメソッドの構文

```
Worksheetオブジェクト.Delete
```

VBAでこのメソッドを実行すると削除を確認するダイアログボックスが表示されます。ダイアログボックスで［削除］をクリックすると削除が実行され、真が返されます。［キャンセル］をクリックすると削除はされず偽が返されます。削除したワークシートは復元できないので注意してください。

プログラムの内容

```
1  Sub DeleteWorksheet()
2      ActiveSheet.Delete
3  End Sub
```

実行結果

↓

ワークシートが削除される

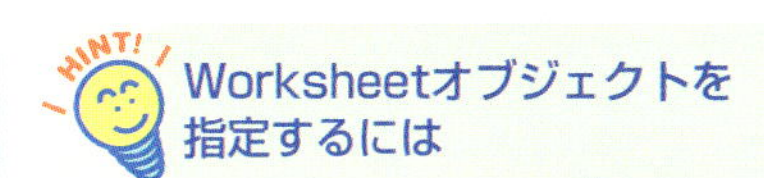

Worksheetオブジェクトを指定するには

Worksheetオブジェクトを指定するときはWorksheetsオブジェクトのWorksheets（index）プロパティを使います。引数のindexにはワークシート名やワークシートの先頭からの番号を指定します。

Point
ワークシートの操作をマスターしておこう

このレッスンではワークシートを操作するためのWorksheetオブジェクトやWorksheetのコレクションであるWorksheetsオブジェクトの基本を解説しました。ワークシートにはワークシートを識別するためのシート名がありますが、コピーしたワークシートや追加したワークシートには規則的な名前が付くだけで特定するのが難しくなります。

レッスン 27

Excelをオブジェクトとして操作するには

Application

これまでのレッスンでセル、ワークシートと順にその操作を解説しました。このレッスンではExcelそのものを表すApplicationオブジェクトについて解説します。

ファイルパスを取得する

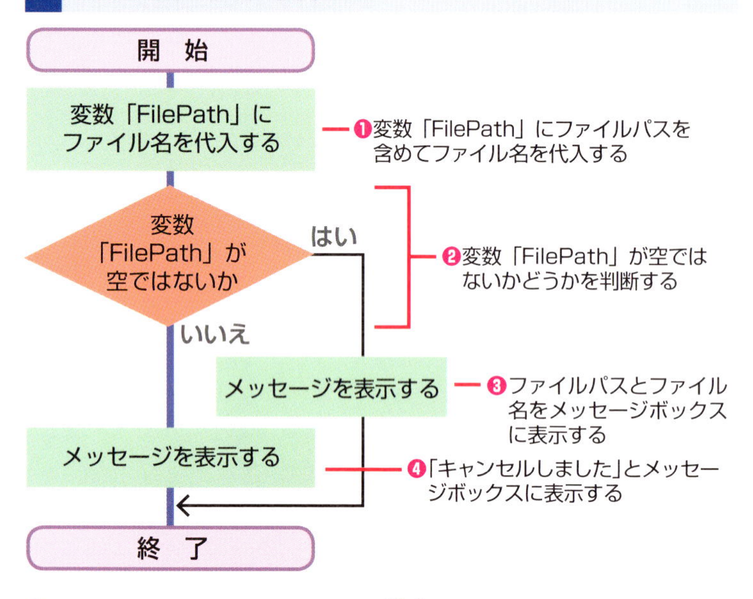

●GetOpenFilenameメソッドの構文

```
Applicationオブジェクト.GetOpenFilename [ファイルフィルター , フィルターインデックス, タイトル, マルチセレクト]
```

「ファイルを開く」ダイアログボックスを開いてファイルを指定するApplicationオブジェクトのメソッドです。実際にはファイルは開かないで、指定したファイルのパスが取得されます。

プログラムの内容

```
1 Sub GetOpenPath()
2     Dim FilePath As Variant
3     FilePath = Application.GetOpenFilename() ――❶
4     If FilePath <> False Then ――❷
5         MsgBox "開くファイルは「" & FilePath & "」です。"
6     Else ――❸
7         MsgBox "キャンセルしました" ――❹
8     End If
9 End Sub
```

実行結果

Microsoft Excel

開くファイルは「C:¥Users¥yoshi¥Documents¥00000¥Lesson09.xlsm」です。

開くファイルのファイルパスを取得できる

▶キーワード

レッスンで使う練習用ファイル

オブジェクト操作_Application.xlsm

ファイルのパスって何？

パスというのはディスクの中のファイルの位置を表すもので、フォルダー名を「¥」記号で区切って表します。例えばハードディスクのC:ドライブにある「dekiru」フォルダーの下の「VBA」にある「sample_VBA.xls」のパスは以下のようになります。

```
C:¥dekiru¥VBA¥sample_VBA.xls
```

GetOpenFilenameメソッドで利用できる引数

ファイルフィルターにはファイルの候補を指定する文字列（ファイルフィルター文字列）を指定します。フィルターインデックスはオプションファイルフィルターで指定したファイルフィルター文字列の中で、何番目の値を既定値とするかを指定します。タイトルはオプションでダイアログボックスのタイトルを指定します。省略すると「ファイルを開く」になります。マルチセレクトはオプションでTrueを指定すると、複数のファイルを選択できます。Falseを指定すると、1つのファイルしか選択できません。指定しないとFalseを指定したことになります。

ステータスバーを操作する

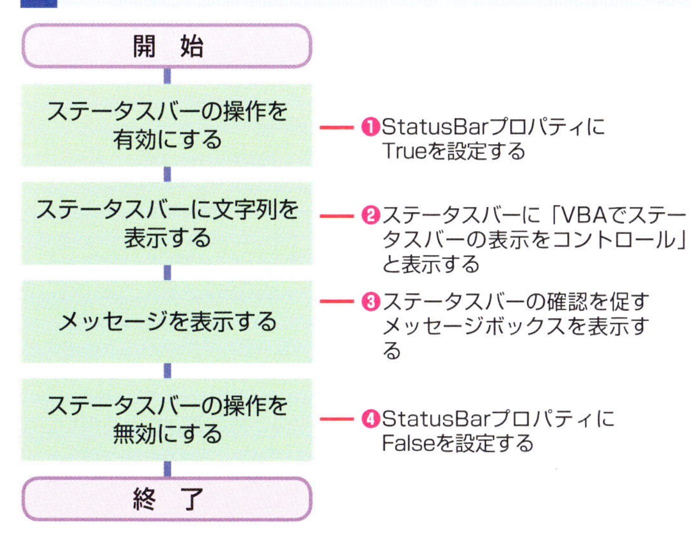

●StatusBarプロパティの構文

```
Applicationオブジェクト.StatusBar = True、Falseまたは文字列
```

Applicationオブジェクトのプロパティでステータスバーに文字列を表示できます。引数にTrueを指定すると引数で指定した文字列がステータスバーに表示され、FalseにするとExcelに制御が移ります。

プログラムの内容

```
1 Sub StatusBarControl()
2     Application.StatusBar = True ―――――――――――――――――― ❶
3     Application.StatusBar = "VBAでステータスバーの表示をコントロール" ―― ❷
4     MsgBox "ステータスバーの確認" & vbCrLf & "［OK］をクリックすると元に戻る" ―― ❸
5     Application.StatusBar = False ――――――――――――――――― ❹
6 End Sub
```

実行結果

ステータスバーにメッセージを表示できる

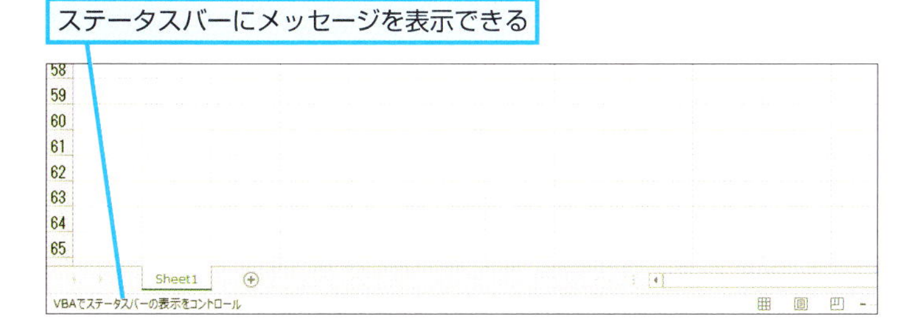

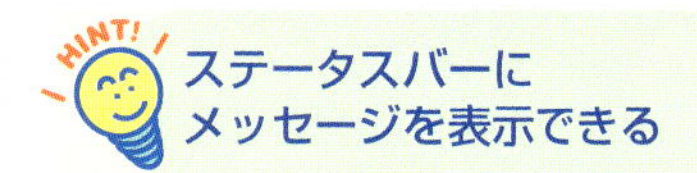

ステータスバーにメッセージを表示できる

ApplicationオブジェクトのStatusBarプロパティを使うと好きな文字列をExcelのステータスバーに表示することができます。プログラムの実行中に動作状況などを表示するときに便利です。処理時間が長くなることを想定して使うのがよいでしょう。

Applicationオブジェクトが持つ要素

特定のWorksheetオブジェクトやそのコレクションWorksheetsオブジェクト、Workbookオブジェクトやそのコレクションワークブックスオブジェクトに依存しないプロパティやメソッドはApplicationオブジェクトのExcelが持っています。

Point

Excelもオブジェクトとして操作できる

このレッスンでは、Excelオブジェクトを表すApplicationオブジェクトを解説しました。ApplicationオブジェクトはWorkbookオブジェクトやWorksheetオブジェクト、Rangeオブジェクトなどが内包するオブジェクトの頂点になります。

レッスン
28 VBAの動作を確認するには

デバッグ

このレッスンでは作成したプログラムの動作確認の方法を解説します。結果が思った通りにならないときにプログラムを調べて修正する作業をデバッグといいます。

1 ブレークポイントを設定する

ここまでに解説したコードを使って、プログラムの動作を確認する

1 ここをクリック

```
' 応用
'
Sub CellsClear_2()
    Dim Row As Integer
    Dim Col As Integer

    Row = 1
    Do Until IsEmpty(Cells(Row, 1))
        Range(Cells(Row, 1), Cells(Row, 9)).Clear
        Row = Row + 1
    Loop

End Sub
```

2 プログラムを実行する

ブレークポイントが設定された

1 レッスン⓫を参考にプログラムを実行

```
' 応用
'
Sub CellsClear_2()
    Dim Row As Integer
    Dim Col As Integer

    Row = 1
    Do Until IsEmpty(Cells(Row, 1))
        Range(Cells(Row, 1), Cells(Row, 9)).Clear
        Row = Row + 1
    Loop

End Sub
```

3 プログラムの実行が一時停止した

ブレークポイントでプログラムが一時停止した

プログラムが停止している行は黄色になる

```
' 応用
'
Sub CellsClear_2()
    Dim Row As Integer
    Dim Col As Integer

    Row = 1
    Do Until IsEmpty(Cells(Row, 1))
        Range(Cells(Row, 1), Cells(Row, 9)).Clear
        Row = Row + 1
    Loop

End Sub
```

▶キーワード

コード	p.239
ステップイン	p.241
デバッグ	p.243
ブレークポイント	p.245
プログラム	p.245

レッスンで使う練習用ファイル
デバッグ.xlsm

ショートカットキー

F8 ····ステップイン
Alt + F11
··············ExcelとVBEの表示切り替え

ブレークポイントって何?

ブレークポイントはプログラムの動作確認を行うときに使う機能です。ブレークポイントを設定したコードの行で、プログラムの動作を一時停止させることができます。プログラムの動作は速いので、動作中の状態を確認することは不可能です。ブレークポイントを確認したい行に設定すれば、プログラムがその行で一時停止するので、そのときの実行状態や変数の値などを確認できるので便利です。

デバッグには F8 キーが便利

ブレークポイントなどで一時停止しているプログラムを1行ずつ実行する機能が「ステップイン」です。VBEの[デバッグ] - [ステップイン]で1行ずつ実行できます。なお、[ステップイン]はファンクションキーの F8 キーにも割り当てられています。一時停止中に F8 キーを押すたびに1行ずつ実行できて便利です。

4 1行ずつプログラムを実行する

一時停止した位置から1行ずつプログラムを実行する

1 [デバッグ] をクリック

2 [ステップイン] をクリック

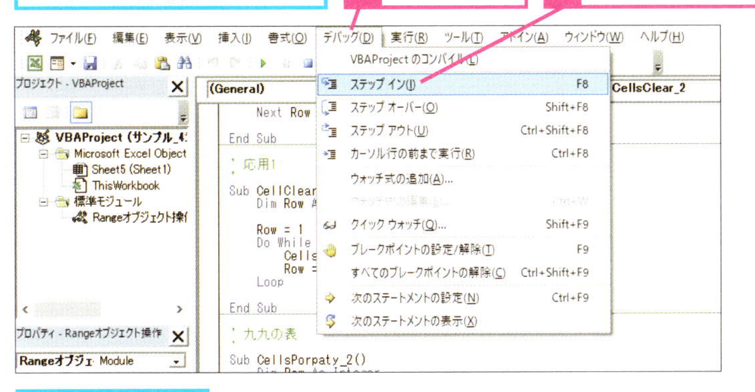

F8 キーを押してもいい

5 Excelの画面を表示する

プログラムが1行だけ実行された

1 Alt + F11 キーを押す

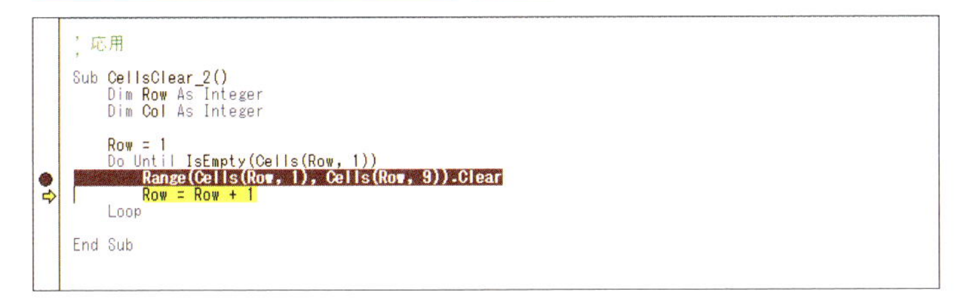

6 プログラムの実行結果を確認する

画面がVBEからExcelに切り替わった

実行した行までの結果が反映されている

	A	B	C	D	E	F	G	H	I	J
1										
2	2	4	6	8	10	12	14	16	18	
3	3	6	9	12	15	18	21	24	27	
4	4	8	12	16	20	24	28	32	36	
5	5	10	15	20	25	30	35	40	45	
6	6	12	18	24	30	36	42	48	54	
7	7	14	21	28	35	42	49	56	63	
8	8	16	24	32	40	48	56	64	72	
9	9	18	27	36	45	54	63	72	81	
10										

HINT! プログラムを中断するには

実行中のプログラムが止まらなくなってしまったときなど、強制的に中断させましょう。Ctrl + Break（Ctrl + Pause、Esc）キーを押すとコードの中断の確認ダイアログボックスが開きます。[終了] をクリックすればプログラムが中断されます。[継続] をクリックすると実行が再開され、[デバッグ] をクリックするとVBEのコードウィンドウに切り替わり中断した行が黄色く反転して表示されます。

Point デバッグはプログラミングの基本

プログラミング作業は最初に設計をしっかりと行い、目的通り動作することをフローチャートなどで確認してからコードを書いていきます。しかし、どうしても思い通りに動作しないことも少なくありません。このようなときは作成したプログラムを実際に動作させて問題点を探し、修正します。プログラムに潜んでいる問題点をバグと呼び、このバグを取り除く作業をデバッグと呼びます。デバッグではこのレッスンで解説したブレークポイントを活用したり、コードをコメントアウトしてバグの存在していそうなところを探し出します。大きなプログラムになると相当手間のかかる作業ですので、設計する段階で処理手順の間違いなどはできるだけ修正しておくようにしましょう。これはプログラミングの基本です。

この章のまとめ

● VBA の仕組みが分かれば準備万端

この章では、VBA を使って Excel を操作する基本を解説しました。VBA はプログラミング言語の「Visual Basic」に Excel や Word など Office Application を操作する命令などを追加したプログラミング言語です。VBA を使えば Excel のすべての機能を操作することができるので、Excel を使った作業は VBA でプログラムにすることができます。VBA で Excel を操作するときは「オブジェクト」や「プロパティ」「メソッド」など聞き慣れない言葉が出てくるので戸惑うこともあると思いますが、これらが何を表しているのかだけでも理解できれば大丈夫です。第 5 章以降では、実務的な VBA の構文や複雑なプログラムの作成方法を学んでいきます。まずは、簡単な命令から覚えて、小さなプログラムを作成していきましょう、気が付けば少しずつ VBA を理解できるようになります。

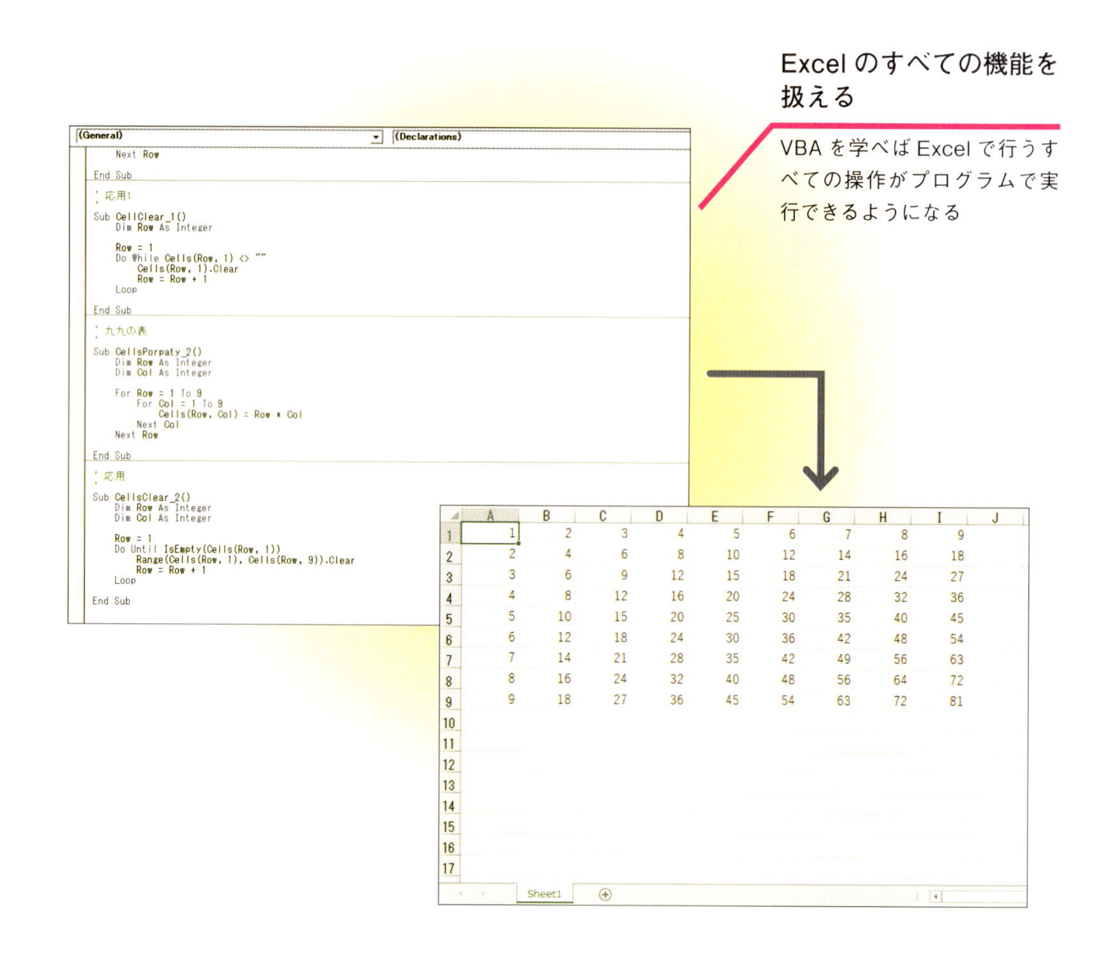

練習問題

1

サンプルファイルの「第4章_練習問題.xlsm」を開いて1行目のA列から横に入力されているセルの値を消去してください。

●ヒント　セルの値が空になるまでCellsプロパティを使って列を順番に移動します。

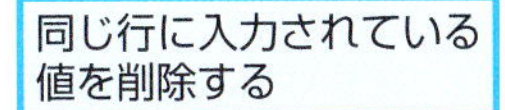

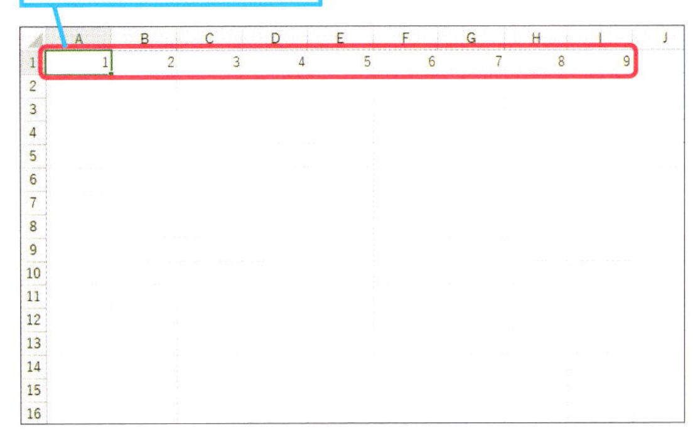

解　答

1

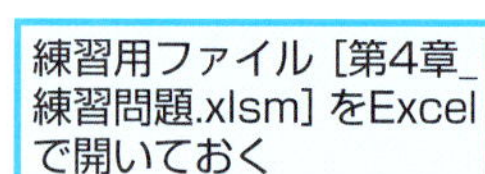

セル指定用の整数型変数を宣言して初期値に1を代入する

```
Dim Col As Integer

Col = 1
```

Do While～Loopステートメントを使ってセルの値が空になるまで処理を繰り返す

```
Do While Cells(1, Col) <> ""

Loop
```

Clearメソッドでセルの値を削除する

変数Colの値に1を足して処理を繰り返す

```
Do While Cells(1, Col) <> ""
    Cells(1, Col).Clear
    Col = Col + 1
Loop
```

列番号に使うループカウンター Col に初期値の「1」を代入します。セルが空になるまで繰り返すので「Do While」ループの継続条件は「Cells(1,Col) <> ""」になります。1 行目だけなので Cells プロパティの最初の引数は「1」で、列方向に移動するので 2 つ目の引数が「Col」になります。ループの最後に Col の値を 1 つ増やすのを忘れないようにしましょう。

解答のコード

```
1  Option Explicit
2
3  Sub Practice4()
4     Dim Col As Integer
5
6     Col = 1
7
8     Do While Cells(1, Col) <> ""
9         Cells(1, Col).Clear
10        Col = Col + 1
11    Loop
12 End Sub
```

第5章 ファイルの変換を自動化しよう

この章からVBAを使って、簡単な売上集計プログラムを各章で、機能ごとに分けて作っていきます。まず最初に第5章では売上集計に使うデータを取り込むプログラムを作成します。データがなければ処理は始められません。データの入力（取り込み）はすべての土台になるので、しっかりと理解していきましょう。

●この章の内容

レッスン
29 売上集計プログラムを組むには
プログラムの設計

プログラミングの第一歩はシステムの設計です。ここではこれから作る売上集計プログラムを解説するとともに、どのような機能に分割していくかも合わせて解説します。

▶キーワード

システム	p.240
プログラム	p.245
プロシージャ	p.245
モジュール	p.247
ロジック	p.247

レッスンで使う練習用ファイル
このレッスンには、
練習用ファイルがありません

プログラムの設計でもまずはおおまかに考える

レッスン❷では日常の行動を、レッスン❸では簡単なExcelの操作手順をフローチャートにしていく流れを解説しました。ここからはより実践的に、仕事で使うプログラムを考える流れを見ていきましょう。第5章からは、データベースに蓄積された売上のデータを、Excelで自動集計するプログラムを作っていきます。第1章と違って、いきなり難しく考えてしまうかもしれませんが、まずは大まかに考えていきましょう。まず、処理の目的は「売上の集計」となります。次に開始前の状態と処理後の状態を確認します。ここではデータベースから取り出したデータと、任意の項目で集計した結果がそれぞれに該当します。最後に必要な作業を洗い出します。大まかに洗い出すと「売上データの加工」ということになります。実際の作業で考えると、あまりにも簡単に考えすぎかもしれませんが、最初から細かく考えてしまうと全体が見えなくなってしまいます。初めはこれくらい大まかで構いません。やってもらうことを人に伝えるような視点で考えてみましょう。

Point 1 目的の設定

→売上の集計

Point 2 状態の確認

Ⓐ データベースソフトから保存された売上データ
Ⓑ 任意の項目ごとの集計結果

Point 3 状態変化に必要な作業確認

→売上データの加工

難しく考えずにとにかくシンプルに考えてみること！

実際の作業で考えてみる

処理の概要を考えたら、どのような機能が必要かもう少し具体的な内容で考えてみましょう。まず手順1では、売上データを読み込む「ファイルを開く」機能です。次に手順2では、読み込んだ売上データに不足している項目をマスターファイルからデータを転記し、データの並べ替えを行う「ファイルを加工する」機能です。そして最後には、並べ替えた項目ごとに売り上げの集計を行う「売り上げ集計」機能です。このように見ると、大きく分けて3つの「機能」で成り立っていることがわかってきます。

1 売上データのファイルを開く

1 集計元のデータが含まれたCSVファイルを読み込み

```
20181201.txt - メモ帳
ファイル(F) 編集(E) 書式(O) 表示(V) ヘルプ(H)
2018/12/01,1,11001,63
2018/12/01,1,11002,69
2018/12/01,1,11003,53
2018/12/01,1,11004,38
2018/12/01,1,12001,82
2018/12/01,1,12002,67
2018/12/01,1,12003,81
2018/12/01,1,12004,100
2018/12/01,1,13001,20
```

2 ファイルを加工する

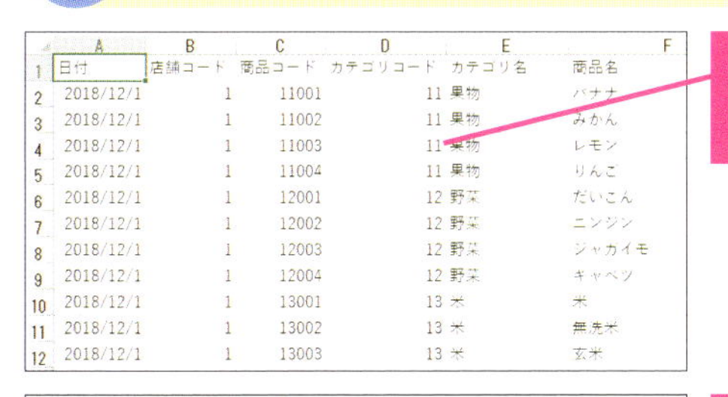

	A	B	C	D	E	F
1	日付	店舗コード	商品コード	カテゴリコード	カテゴリ名	商品名
2	2018/12/1	1	11001	11	果物	バナナ
3	2018/12/1	1	11002	11	果物	みかん
4	2018/12/1	1	11003	11	果物	レモン
5	2018/12/1	1	11004	11	果物	りんご
6	2018/12/1	1	12001	12	野菜	だいこん
7	2018/12/1	1	12002	12	野菜	ニンジン
8	2018/12/1	1	12003	12	野菜	ジャガイモ
9	2018/12/1	1	12004	12	野菜	キャベツ
10	2018/12/1	1	13001	13	米	米
11	2018/12/1	1	13002	13	米	無洗米
12	2018/12/1	1	13003	13	米	玄米

1 マスターファイルから集計に必要な項目を転記

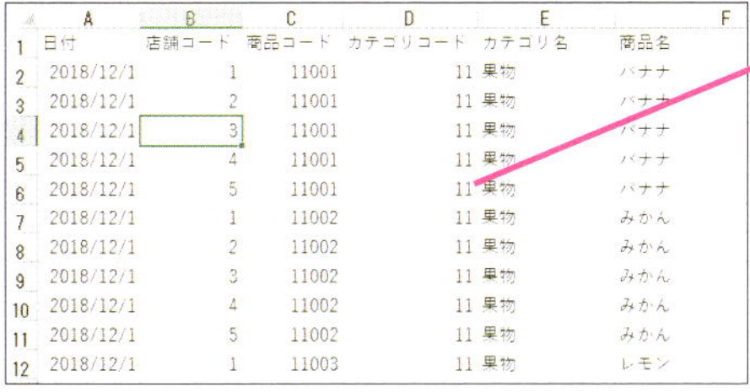

	A	B	C	D	E	F
1	日付	店舗コード	商品コード	カテゴリコード	カテゴリ名	商品名
2	2018/12/1	1	11001	11	果物	バナナ
3	2018/12/1	2	11001	11	果物	バナナ
4	2018/12/1	3	11001	11	果物	バナナ
5	2018/12/1	4	11001	11	果物	バナナ
6	2018/12/1	5	11001	11	果物	バナナ
7	2018/12/1	1	11002	11	果物	みかん
8	2018/12/1	2	11002	11	果物	みかん
9	2018/12/1	3	11002	11	果物	みかん
10	2018/12/1	4	11002	11	果物	みかん
11	2018/12/1	5	11002	11	果物	みかん
12	2018/12/1	1	11003	11	果物	レモン

2 データの項目の並べ替え

3 売上が集計される

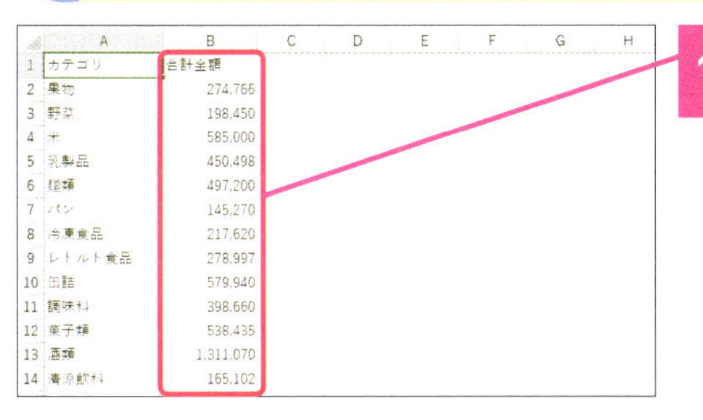

	A	B	C	D	E	F	G	H
1	カテゴリ	合計金額						
2	果物	274,766						
3	野菜	198,450						
4	米	585,000						
5	乳製品	450,498						
6	麺類	497,200						
7	パン	145,270						
8	冷凍食品	217,620						
9	レトルト食品	278,997						
10	缶詰	579,940						
11	調味料	398,660						
12	菓子類	538,435						
13	酒類	1,311,070						
14	清涼飲料	165,102						

1 並べ替えられたデータを集計

HINT!

作業の概要をつかむコツってあるの？

実際の作業では複雑で多くの処理を経て、目的を達成するものです。しかし、いきなりすべての処理を含めて考えようとすると、うまく考えがまとまらなくなります。処理の流れをまとめて考えるときには、ファイルやデータに手を加える処理を基準にしてみましょう。ここでは「ファイルを読み込む」「データを転記する」「データを並べ替える」「集計する」といった単位で分けています。

次のページに続く

作業を細分化して考えてみる

前ページでは、操作の流れが大まかに3つの機能に分けられることが見えてきました。ここではその一つ一つの機能の詳しい作業を考えていきます。考えるときには、それぞれの単位で実際にExcelを操作するときに必要な作業を、下の図にあるような内容で大まかに洗い出します。

操作を洗い出すコツ

操作を洗い出す時は、「セルをクリックする」とか「[ファイル] タブの [開く] を選択する」などの実際のExcel操作の手順そのものではありません。その操作手順を行って何をしているのか、という観点で考えてみましょう。例えば「セルに項目名を入力する」とか「ファイルを読み込む」といった内容です。

1 ファイルを開く

1-1.　CSV形式のファイルをExcelに読み込む
1-2.　読み込んだファイルに項目名を挿入する
1-3.　Excelのブックとして売上データを保存する

2 ファイルを加工する

2-1.　転記元の商品マスターを開く
2-2.　❶で保存した売上データを開く
2-3.　開いた売上データに列を追加する
2-4.　商品マスターから売上データに情報を転記する
2-5.　転記が完了した売上データを保存する
2-6.　保存された売上データを開く
2-7.　売上データを並べ替える

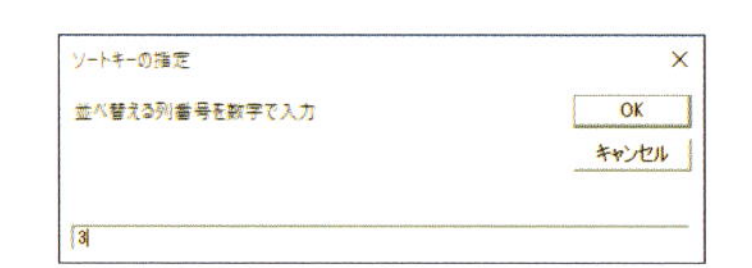

3 売上が集計される

3-1.　集計する売上データを開く
3-2.　集計結果を保存するファイルを準備する
3-3.　売上データを集計する

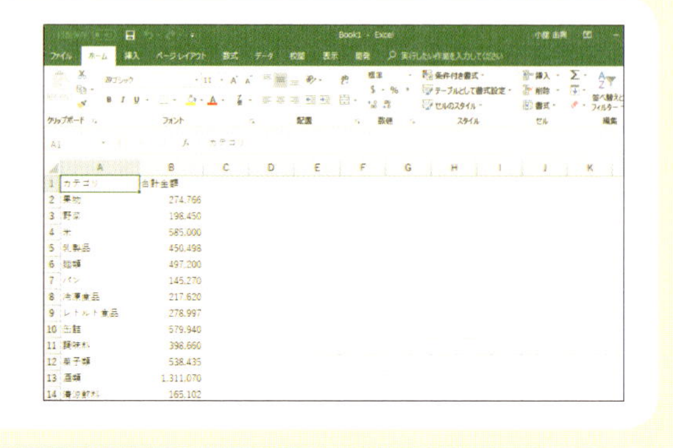

作業を機能ごとにまとめる

前ページでは3つの機能をそれぞれ更に細分化して考えていますが、2つ目の「ファイルを加工する」機能では大きく分けて「データの転記」と「データの並べ替え」の2つの処理を行っていることが分かります。そこで、これから作成するプログラムは下の図にあるように、「データ変換モジュール」、「自動転記モジュール」、「データ並べ替えモジュール」、「売り上げ集計モジュール」の4つの機能モジュールで構成しました。このレッスンから章ごとに各機能モジュールを作成していきますが、そのままプロシージャにはしません。各機能モジュールをさらに詳細な処理へと細分化します。プログラムを分割するときと同じで、機能モジュールの最初の状態とその結果が何かを考えて分割していきます。できるだけ単一の処理で簡単な内容になるまで分割するとよいでしょう。

1 ファイルを開く

ファイルの読み込みとExcel形式への**変換**が主な作業

データ変換モジュール

店舗ごとの売上データをExcelで処理できるように変換する

2 ファイルを加工する

2-1 ～ 2-5では別のデータから**転記**して保存する作業が主

2-6 ～ 2-7では転記されたデータの**並べ替え**が主な作業

自動転記モジュール

マスターデータを参照し、商品名などを売上データに転記する

データ並べ替えモジュール

売上データをカテゴリ順にソートして見やすくする

3 売上が集計される

加工されたデータを**集計**するのが主な作業

売上集計モジュール

カテゴリごとに売上金額の合計を求める

4つのモジュールで1つの「売上集計プログラム」ができる！

機能を分割するコツ

プログラムの処理手順は大まかな内容に分けて考えることはレッスン❷で解説しました。分けるときは準備、目的、後始末と3つで考えるとよいでしょう。本書で作成するプログラムはテキストファイルのデータを集計するものです。準備としてテキストファイルをExcelブックに変換して商品マスターから商品名などを転記します。続いて目的の集計計算を行い、後始末は結果の保存です。さらに集計処理では効率よく処理するためにデータの並べ替えを行います。そこで集計処理をさらに分けて集計の準備としてデータ並べ替えと目的の集計処理を分けます。その結果がこのレッスンで解説した機能モジュールです。

Point

プログラムは少しずつ詳細化してプロシージャに分ける

プログラムを作るにはまず、設計から始めます。設計といっても難しいことではありません。目的のプログラムを大まかな機能に分割することが設計の始まりです。小さなプログラムであれば頭の中で考えるだけでもよいでしょう。忘れてしまいそうだったらメモ書きでも大丈夫です。機能分割ができたら各機能モジュールをさらに少しずつ詳細な処理へと分割すれば必要なプロシージャに分けることができます。慣れるまでは少し難しいかもしれませんが、繰り返し行っていけば身に付いてきます。

レッスン
30 ファイルを取り込んで自動で整形するには

テキスト、CSV形式

プログラムの概要が設計できたので、ここではこの章で作成する「データ変換モジュール」をプロシージャに分割できるように処理を詳細化していきます。

ファイルの変換を自動化するには

前のレッスンで細分化したうち、「データ変換モジュール」の処理を詳細化すると下のフローチャートのようになります。最初の処理はCSV形式テキストファイルのデータをExcelのブックとして開く処理です。開いたファイルには数値などのデータしかないので、続いて表の先頭に項目名を挿入します。最後に加工したデータファイルを次の処理で扱いやすいようにExcelブックに変換して保存します。細分化された各処理をプロシージャとして作り込み、結果として、このモジュールでテキストファイルのデータをExcelブックに変換することができます。

●この章で学ぶプログラムの概要

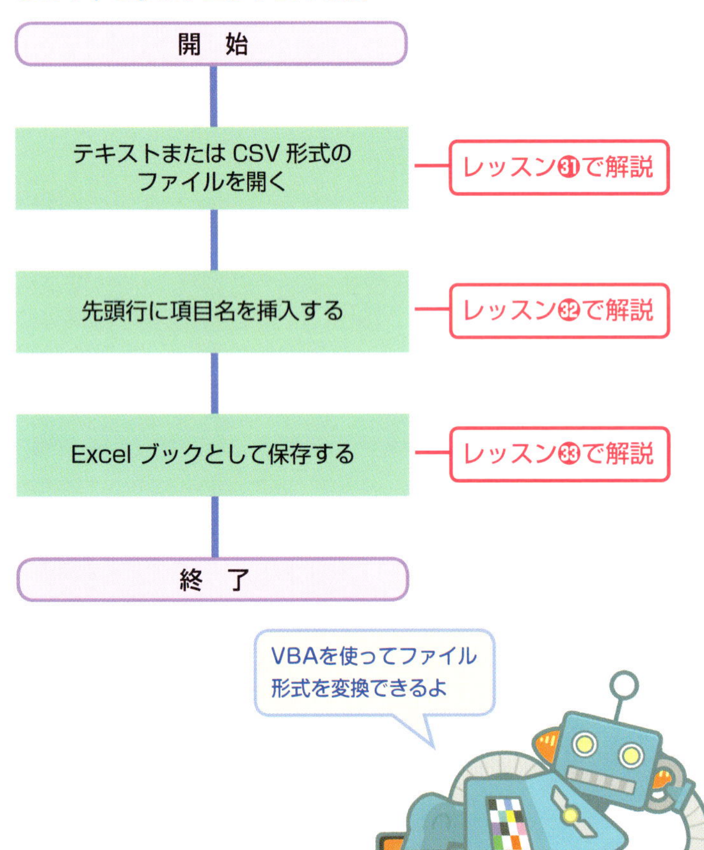

▶キーワード

CSV	p.236
VBA	p.236
区切り文字	p.238
プロシージャ	p.245

レッスンで使う練習用ファイル
このレッスンには、練習用ファイルがありません

カンマ以外に使われる区切り文字は？

本書で扱うデータファイルは項目が「,」（カンマ）で区切られたCSV形式のテキストファイルです。CSV形式は「カンマ区切り形式」とも呼ばれていて、さまざまな場面で使われています。データファイルの項目の区切り文字として「,」以外にも「 」（空白）を使った「スペース区切り」やTAB文字で区切られた「タブ区切り」などもあります。数は少ないですが「|」（縦棒）も区切り文字として使われます。

CSV形式はさまざまなシステムで使われる

CSV形式のテキストファイルはさまざまなシステムでデータの受け渡しに使われています。オンラインバンキングの入出金データやクレジットカードの利用明細データなどもWebサービスからCSV形式でダウンロードできるのでExcelで簡単に取り込めます。

各処理で実行される操作

●テキストまたはCSV形式のファイルを開く

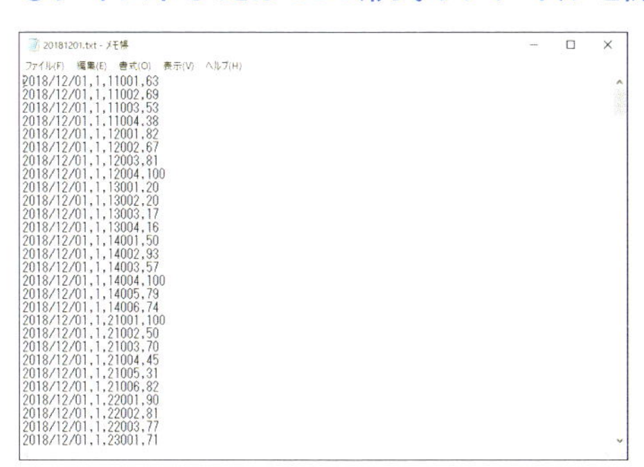
20181201.txt - メモ帳
ファイル(F) 編集(E) 書式(O) 表示(V) ヘルプ(H)
2018/12/01,1,11001,63
2018/12/01,1,11002,69
2018/12/01,1,11003,53
2018/12/01,1,11004,38
2018/12/01,1,12001,82
2018/12/01,1,12002,67
2018/12/01,1,12003,81
2018/12/01,1,12004,100
2018/12/01,1,13001,20
2018/12/01,1,13002,20
2018/12/01,1,13003,17
2018/12/01,1,13004,16
2018/12/01,1,14001,50
2018/12/01,1,14002,93
2018/12/01,1,14003,57
2018/12/01,1,14004,100
2018/12/01,1,14005,79
2018/12/01,1,14006,74
2018/12/01,1,21001,100
2018/12/01,1,21002,50
2018/12/01,1,21003,70
2018/12/01,1,21004,45
2018/12/01,1,21005,31
2018/12/01,1,21006,82
2018/12/01,1,22001,90
2018/12/01,1,22002,81
2018/12/01,1,22003,77
2018/12/01,1,23001,71

CSV形式のテキストファイルで作成された各店舗の売上データをExcelでブックとして開きます。

→レッスン㉛で解説

●先頭行に項目名を挿入する

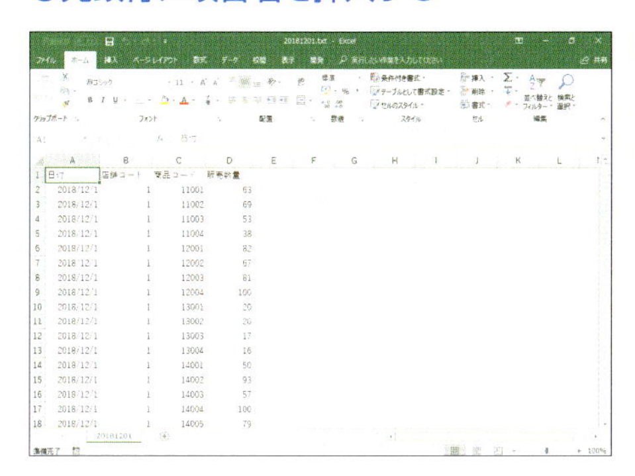

Excelブックとして開いたデータファイルの先頭に項目名を挿入して体裁を整えます。

→レッスン㉜で解説

●Excelブックとして保存する

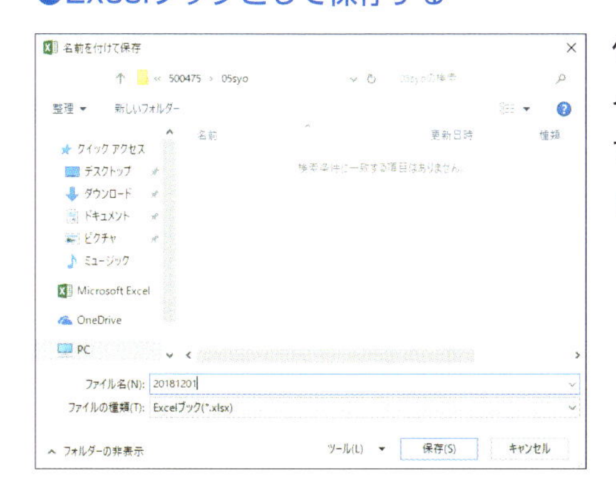

体裁が整ったデータファイルをExcelブックとして形式を指定して保存します。

→レッスン㉝で解説

HINT! Excelもワークシートの表をCSV形式で保存できる

Excelのワークシートに作成した表をCSV形式のテキストファイルとして保存することができます。［ファイル］タブの［名前を付けて保存］で開く［名前を付けて保存］ダイアログボックスの［ファイルの種類］のリストで［CSV（コンマ区切り）］を選択すればファイル拡張子が「.csv」のテキストファイルに変換できます。ただし、CSV形式では1つのワークシートの内容しか保存できませんし、設定してある書式や数式は削除されデータだけがテキストとして保存されます。

HINT! プロシージャに落とし込むコツは？

プログラムを作るときは目的を考えてプログラムの全体像を考えます。次にどのような機能が必要かを考え、機能に分割します。分割された機能をどんどん細分化して簡単な処理の手順まで細分化されたものがプロシージャになります。初めにどのような機能が必要か考えることが重要になります。

Point 機能モジュールを細分化してプロシージャを作る

このレッスンでは最初の機能モジュールの処理をさらに細分化してプロシージャに分割しました。プログラムを分割した機能モジュールがそのまま1つのプロシージャになるわけではありません。機能モジュールも多くの処理を含んでいるのでさらに詳細化します。作成するプロシージャはできるだけ簡単な処理になるように心がけましょう。

レッスン 31

テキスト/CSV形式のファイルを開くには

ファイルを開く

このレッスンではいよいよVBAのコードを記述してプロシージャを作成します。プロシージャを作成するためには処理手順の設計図となるフローチャートが大切です。

このレッスンのフローチャート

●テキストファイルを読み込んで続く処理のプロシージャを呼び出す

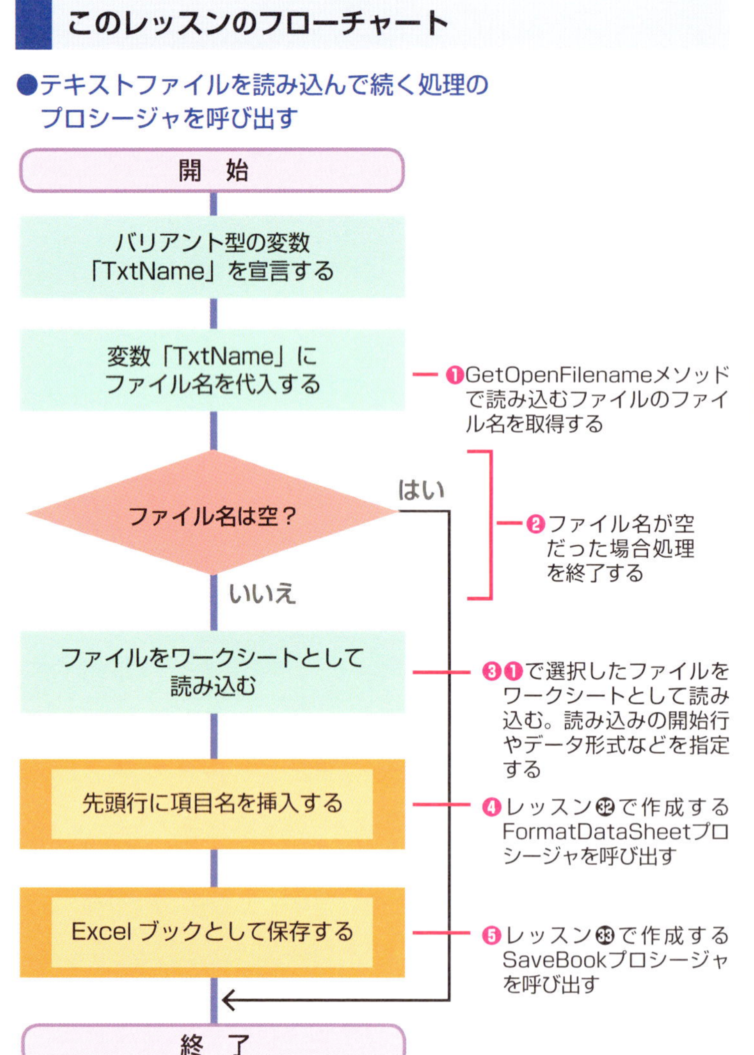

▶キーワード

レッスンで使う練習用ファイル

ファイルを開く.xlsm

▶使用するモジュール

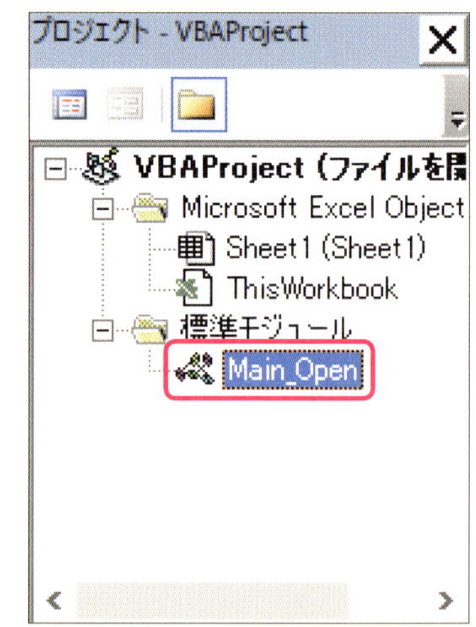

プログラムの内容

```
1  Option Explicit
2
3  Sub MainOpenText()
4
5      Dim TxtName As Variant
6
7      TxtName = Application.GetOpenFilename("データファイル(*.txt;*.csv),*.txt;*.csv") ―❶
8
9      If TxtName = False Then  ┐
10         Exit Sub             ├❷
11     End If                   ┘
12
13     Workbooks.OpenText FileName:=TxtName, _   ┐
14         Origin:=932, _                        │
15         StartRow:=1, _                        │
16         DataType:=xlDelimited, _              ├❸
17         Comma:=True, _                        │
18         FieldInfo:=Array(Array(1, 5), Array(2, 1), Array(3, 1), Array(4, 1))  ┘
19
20     FormatDataSheet ActiveWorkbook ―❹
21
22     SaveBook ActiveWorkbook ―❺
23
24 End Sub
```

▶コード解説

1 ファイル名を取得して変数に代入する

```
5      Dim TxtName As Variant
6
7      TxtName = Application.GetOpenFilename("データファイル(*.txt;*.csv),*.txt;*.csv")
```

ApplicationオブジェクトのGetOpenFilenameメソッドはVariant型を返すので、テキストファイル名を格納する変数TxtNameはVariant型で宣言するようにしましょう。
読み込むデータファイルをプレーンテキスト（txt）とCSV形式（csv）に対応させるためには、ファイルフィルターに「csvとtxtの両方のファイル」を指定して、ApplicationオブジェクトのGetOpen Filenameメソッドを実行して戻り値を変数TxtNameで受け取ります。

次のページに続く

② ファイル名が空の場合は処理を終了する

```
9      If TxtName = False Then
10         Exit Sub
11     End If
```

Application オブジェクトの GetOpenFilename メソッドで開いた［名前を付けて保存］ダイアログボックスで［キャンセル］ボタンがクリックされると変数TxtName に偽(False)が返されます。If 文で確認し、もし TxtName が偽（False）と等しければ直ちにプロシージャを終了します。

●Exitステートメントの構文

```
Exit Sub
```

Exitステートメントはループやプロシージャの処理を強制的に終了するときに使用するステートメントです。処理を実行中のSubプロシージャでExit Subステートメントが実行されると、直ちにプロシージャの処理が終了し、プロシージャの呼び出し元に制御が移ります。

HINT! 入れ子になったループ内でExitステートメントを使うときは

ExitステートメントはForループやDoループの中で使うと直ちにループを終了します。Forループでは「Exit For」、Doループでは「Exit Do」と記述します。ループが2重ループや3重ループのように入れ子になっていた場合も、Exitステートメントがあるループを終了して1つ外側のループに制御が移ります。一番内側のループでExitステートメントを使ってもすべてのループを終えるわけではないので注意してください。

テクニック 自動データヒントで変数の値を確認する

VBEの［オプション］ダイアログボックスの［編集］タブにある［コードの設定］の［自動データヒント］にチェックが入っていると、実行エラーでデバッグしているときやブレークポイントで停止しているときに、コードウィンドウで変数名にマウスポインターを合わせると、変数に格納されている値が表示されます。プログラムのデバッグ時には便利な機能です。

45ページのHINT!を参考に［オプション］ダイアログボックスを表示しておく

1 ［自動データヒント］をクリックしてチェックマークを付ける

2 ［OK］をクリック

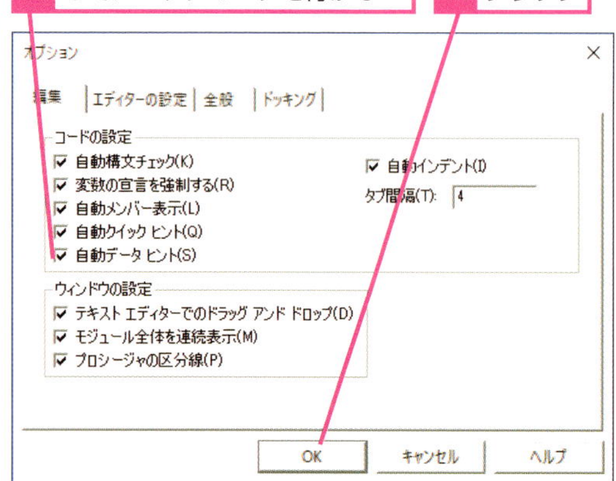

レッスン㉘を参考にデバッグを実行しておく

1 変数名にマウスポインターを合わせる

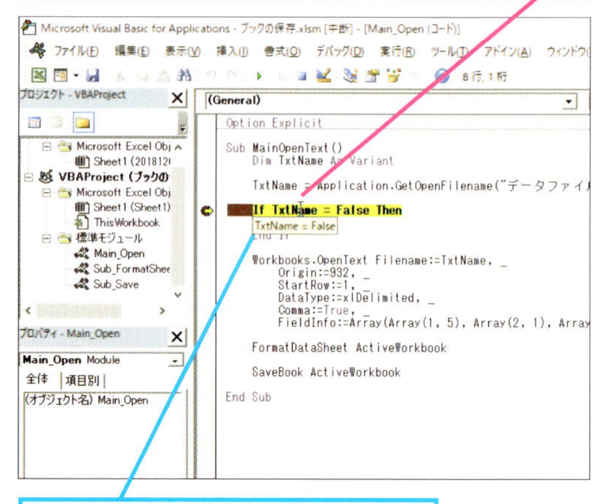

変数に代入されている値が表示された

カンマ区切りのファイルをExcelブックとして開く

```
13        Workbooks.OpenText FileName:=TxtName, _
14            Origin:=932, _
15            StartRow:=1, _
16            DataType:=xlDelimited, _
17            Comma:=True, _
18            FieldInfo:=Array(Array(1, 5), Array(2, 1), Array(3, 1), Array(4, 1))
```

Workbooks オブジェクトの OpenText メソッドで、読み込んだファイルを Excel ブックに変換します。ここではまず、手順 1 で変数 TxtName に格納されたファイル名を取得し、次にファイルの文字コード体系（ここでは日本語となる CP932）を指定します。続けてデータを取り込む開始行を指定（ここでは 1 行目）して、データの区切り方と区切り文字を指定（ここでは「,」などの文字を利用）しています。最後に取り込まれる各列のデータ形式を指定（1 番目のみ YMD 日付形式で残りの 3 列は一般形式）します。

●OpenTextメソッドの構文

```
OpenText (ファイル名, [プラットフォーム], [取り込み開始行],
[データタイプ], [区切り文字の指定], [各列のデータ形式])
```

OpenTextメソッドはテキストファイルを開くときに使用するWorkbooksオブジェクトのメソッドです。テキストファイルを分析して1つのワークシートとしてExcelブック形式で開きます。主な引数は以下の通りです。

引数の種類	説明
プラットフォーム	テキストファイルの文字コード体系
取り込み開始行	テキストファイルの何行目から読み込むか
データタイプ	下の［データタイプの設定値］のいずれかを指定
区切り文字の指定	下の［区切り文字の種類］のいずれかを True に設定
各列のデータ形式	各項目のデータ型を指定する

●データタイプの設定値

定数	説明
xlDelimited	タブや「,」などの区切り文字でデータが区切られているファイル形式
xlFixedWidth	固定された各列の文字数によって区切り位置を判断する固定長フィールド形式

●区切り文字の種類

区切り文字	引数
タブ	Tab
セミコロン	Semicolon
カンマ	Comma
スペース	Space

引数の詳細はヘルプで調べられる

このレッスンで使用しているOpenTextメソッドには紹介した引数以外にもさまざまな引数があります。本書では一般的に使用する引数だけ紹介しています。詳細な情報はVBEのヘルプで確認してください。詳しくは付録1で解説します。

複雑な引数の設定は「マクロの記録」で生成する

このレッスンで使用しているOpenTextメソッドの引数の設定は複雑で理解しにくく、すべてのコードを手で入力するのは大変です。このようなときは「マクロの記録」を使って生成されたコードを活用しましょう。生成されたコードを整形して、必要なところだけコピーするだけなので簡単です。

次のページに続く

引数はプロシージャ間の値の受け渡しに使う

VBAのメソッドや関数は処理をするためにはデータが必要です。例えばOpenTextメソッドでは開くテキストファイルの名前や、区切り文字の種類、区切られた各項目のデータの種類などがあります。これらの処理に必要なデータをメソッドや関数に渡すために使うのが「引数」です。

また、自分で作ったプロシージャもその処理に必要なデータを引数で受け取ることができます。下の手順4ではプロシージャは2つとも「ActiveWorkbook」(現在選択されているブック)を引数で渡しています。

4 別のプロシージャを呼び出す

```
20        FormatDataSheet ActiveWorkbook
21
22        SaveBook ActiveWorkbook
```

手順3で変換したワークシートの書式を設定するためにFormatDataSheetプロシージャにアクティブなブックオブジェクトとして引数で渡して呼び出します。同様に読み込んだテキストファイルのワークシートをExcelブック形式で保存するSaveBookプロシージャにアクティブなブックオブジェクトとして引数で渡して呼び出します。FormatDataSheetプロシージャとSaveBookプロシージャはレッスン㉜とレッスン㉝でそれぞれ処理を実行します。

●プロシージャを呼び出す構文

```
Sub プロシージャ名()
        呼び出すプロシージャ名 [引数]
End Sub
```

プロシージャの中で別のプロシージャを呼び出すときに使用します。コードの中に呼び出すプロシージャ名と必要な引数に対応する変数名や定数を記述します。引数が複数あるときはそれぞれ「,」(カンマ)で区切って記述します。

Point テキストファイルをブックとして開く

データが入力されているテキストファイルもこのレッスンで解説した「OpenText」メソッドを使えばExcelのブック形式のファイルに変換して開くことができます。OpenTextメソッドはさまざまな形式のテキストファイルを読み込めるように、指定できる引数が数多く用意されています。すべての引数を理解することは難しいですが、簡単に使う方法があります。それは「マクロの記録」です。前ページのHINT!で紹介しているようにマクロの記録で実際にテキストファイルを開く操作をすれば複雑な引数の指定も自動的に記述できます。

テクニック Callステートメントでプロシージャを呼び出す

本書ではプロシージャの呼び出しに、呼び出すプロシージャ名と引数をコードの中に記述していますが、「Call」ステートメントを使ってプロシージャを呼び出すこともできます。Callステートメントを使ってプロシージャを呼び出すときは引数を「()」で囲む必要があるので注意してください。

プログラムの内容

```
1  Option Explicit
2
3  Sub MainOpenText()
4
5      Dim TxtName As Variant
6
7      TxtName = Application.GetOpenFilename("データファイル(*.txt;*.csv),*.txt;*.csv")
8
9      If TxtName = False Then
10         Exit Sub
11     End If
12
13     Workbooks.OpenText FileName:=TxtName, _
14         Origin:=932, _
15         StartRow:=1, _
16         DataType:=xlDelimited, _
17         Comma:=True, _
18         FieldInfo:=Array(Array(1, 5), Array(2, 1), Array(3, 1), Array(4, 1))
19
20     Call FormatDataSheet(ActiveWorkbook)
21
22     Call Savebook(ActiveWorkbook)
23
24 End Sub
```

●Callステートメントの構文

```
Sub プロシージャ名
    Call 呼び出すプロシージャ名（引数）
End Sub
```

Callステートメントはプロシージャを呼び出すとき使用するステートメントです。空白を空けてから呼び出すプロシージャ名を記述します。引数が必要なときは引数を「()」で括ります。なお、Callステートメントは省略可能なステートメントです。

レッスン
32 ワークシートに項目名を挿入するには
行の挿入

前のレッスンで読み込んだテキストファイルの先頭に項目行を挿入して列の項目名を入力しましょう。このレッスンでは引数があるプロシージャを宣言します。

このレッスンのフローチャート

●見出し行を追加して書式を整える

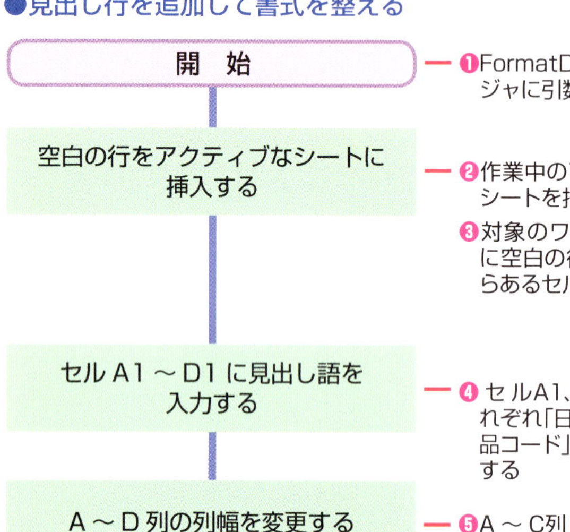

❶FormatDataSheetプロシージャに引数を指定する

❷作業中のアクティブなワークシートを指定する

❸対象のワークシートの1行目に空白の行を挿入する。元からあるセルは下方向にずらす

❹セルA1、B1、C1、D1にそれぞれ「日付」「店舗コード」「商品コード」「販売数量」と入力する

❺A ～ C列の列幅を「11」、D列の列幅を「10」に変更する

▶キーワード

VBA	p.236
オブジェクト	p.238
コード	p.239
ステートメント	p.241
プロパティ	p.246
メソッド	p.246

レッスンで使う練習用ファイル

行の挿入.xlsm

▶使用するモジュール

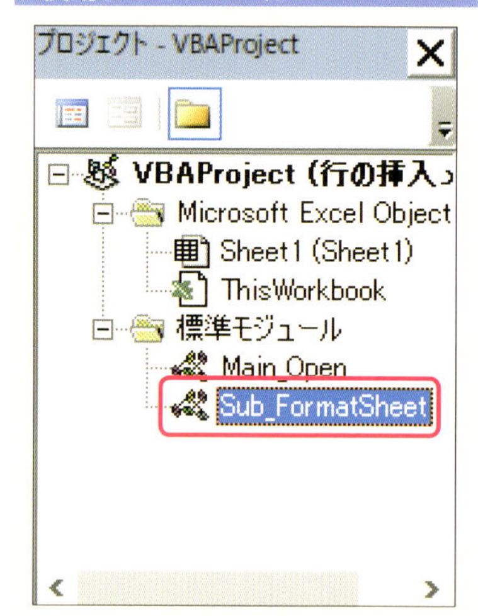

Column オブジェクトの種類

Excelの代表的なオブジェクトは4種類に分類され図のように階層構造になっています。それぞれ下位の階層のオブジェクトは上位の階層のオブジェクトがプロパティとして持っています。例えば「Book1.xlsx」ブックのワークシート「Sheet1」のセルA1は正確に表現すると「Application.Workbooks("Book1.xlsx").Worksheets("Sheet1").Range("A1")」になります。 なお、最上位のApplicationオブジェクトは通常省略して記述します。

Applicationオブジェクト（Excel全体）

Workbookオブジェクト（ブック）

Worksheetオブジェクト（ワークシート）

Rangeオブジェクト（セル）

プログラムの内容

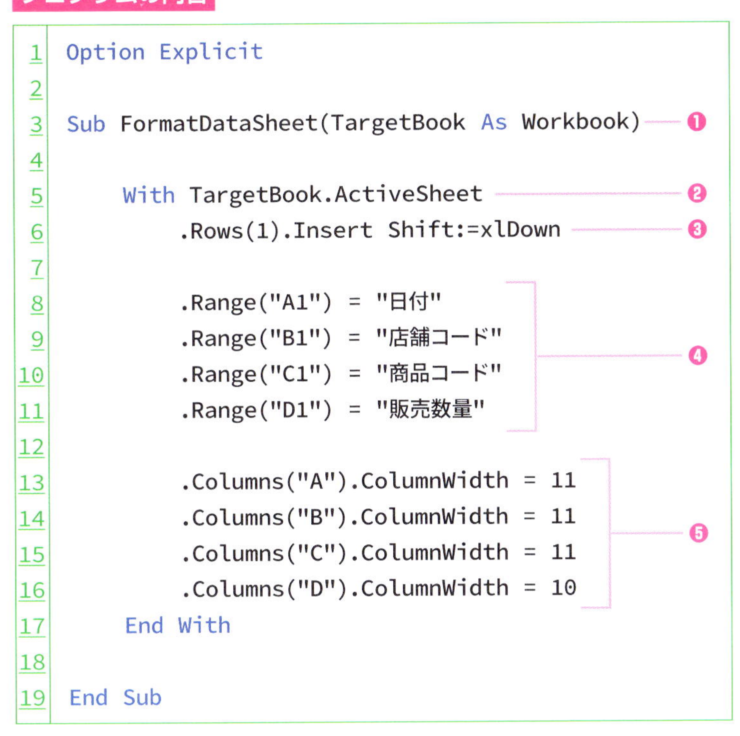

```
 1  Option Explicit
 2
 3  Sub FormatDataSheet(TargetBook As Workbook) ―❶
 4
 5      With TargetBook.ActiveSheet ―❷
 6          .Rows(1).Insert Shift:=xlDown ―❸
 7
 8          .Range("A1") = "日付"       ┐
 9          .Range("B1") = "店舗コード"  │
10          .Range("C1") = "商品コード"  ├❹
11          .Range("D1") = "販売数量"    ┘
12
13          .Columns("A").ColumnWidth = 11 ┐
14          .Columns("B").ColumnWidth = 11 │
15          .Columns("C").ColumnWidth = 11 ├❺
16          .Columns("D").ColumnWidth = 10 ┘
17      End With
18
19  End Sub
```

呼び出し元のプロシージャに戻り値を渡す

プロシージャに値を渡すときは引数を使いますが、プロシージャで処理した結果を呼び出し元に「戻り値」として返すこともできます。戻り値を返すプロシージャを作るには「Function」ステートメントを使ってFunctionプロシージャを宣言します。Functionプロシージャの作成手順は、この後のレッスン㊴で詳しく解説します。

▶コード解説

1 FormatDatasheetプロシージャの引数を設定する

```
3  Sub FormatDataSheet(TargetBook As Workbook)
```

FormatDatasheet プロシージャの宣言で、プロシージャの処理で対象とするWorkbook オブジェクトを仮引数に指定し、プロシージャ名の後ろの「()」の中にプロシージャ内で使用する変数名（仮引数）TargetBook を Workbook オブジェクト型で宣言します。仮引数にはプロシージャを呼び出すときに渡された引数の値が格納されます。

2 ワークシートに空白の行を挿入する

```
5      With TargetBook.ActiveSheet
6          .Rows(1).Insert Shift:=xlDown
```

手順 1 で引数として受け取った Workbook オブジェクトのアクティブシートオブジェクトの処理を実行します。ここでは Rows プロパティで 1 行目を指定して、その位置に新しい行を挿入しています。そのときに、既存の行は下に移動しています。

●Withステートメントの構文

```
With 省略するオブジェクト名
    ⋮
End With
```

同じオブジェクトに対して一連の処理を実行するときにオブジェクト名を省略するために使用するステートメントです。End Withと対にして記述します。WithからEnd Withまでの間にあるステートメントでオブジェクト名の記述を省略できますが、異なるオブジェクトを同時に省略はできません。

●Insertメソッドの構文

```
Rangeオブジェクト.Insert [セルの移動方向], [書式のコピー元]
```

Rangeオブジェクトで指定したセル範囲に空白のセルを挿入するときに使用するRangeオブジェクトのメソッドです。挿入したセル範囲の周囲のセルは移動されます。オプションの引数でセルの移動方向と、挿入したセルに適用する書式のコピー元を指定できます。

●XlDirection列挙

名前	説明
xlDown	下へ
xlToLeft	左へ
xlToRight	右へ
xlUp	上へ

●書式のコピー元

定数	説明
xlFormatFromLeftOrAbove	左または上方向のセルの書式をコピー
xlFormatFromRightOrBelow	右または下方向のセルの書式をコピー

HINT!

ファイルの読み込みでよく使われるプロパティ

このレッスンではセルの幅を指定する「ColumnWidth」プロパティを使っていますが、これ以外にもRangeオブジェクトには多くのプロパティがあります。よく使われるプロパティには値の取得と設定に使う「Value」プロパティがあります。

仮引数って何？

関数やプロシージャに渡す値を「引数」と呼びますが、プロシージャを作っているときは実際の値が決まっていないので仮に宣言する引数という意味で「仮引数」と呼んでいます。またプロシージャに渡す引数を実際の値が入った引数という意味で「実引数」と呼んでいます。

3 挿入した行に項目名を入力する

```
8           .Range("A1") = "日付"
9           .Range("B1") = "店舗コード"
10          .Range("C1") = "商品コード"
11          .Range("D1") = "販売数量"
```

手順２で新しく挿入した１行目のＡ列からＤ列の各列のRangeオブジェクトのValueプロパティに項目名の文字列を設定します。ここではＡ列に「日付」、Ｂ列に「店舗コード」、Ｃ列に「商品コード」、Ｄ列に「販売数量」をそれぞれ入力しています。

4 見出し語それぞれの列幅を調整する

```
13          .Columns("A").ColumnWidth = 11
14          .Columns("B").ColumnWidth = 11
15          .Columns("C").ColumnWidth = 11
16          .Columns("D").ColumnWidth = 10
17      End With
```

手順３で新しく挿入した１行目のＡ列からＤ列の項目名に合わせてそれぞれの列幅をColumnWidthプロパティで設定します。なお、各列の幅は事前にサンプルデータを入力して適切な値を確認して決めます。

●ColumnWidthプロパティの構文

```
Rangeオブジェクト.ColumnWidth = 値
```

Rangeオブジェクトで指定したセル範囲のすべての列の列幅を設定するときに使用するRangeオブジェクトのプロパティです。列幅の設定と設定されている列幅の確認ができます。列幅の単位は、標準スタイルの1文字分の文字幅が「1」になります。

セルに塗りつぶしを設定できる

このレッスンではセルの書式設定でセル幅を設定しましたが、Interiorオブジェクトの Colorプロパティを使うと塗りつぶしの設定ができます。セルの塗りつぶしの色は以下の値か定数で指定します。

●Colorプロパティの設定例

色	値	VBA 定数
黒	0	vbBlack
赤	255	vbRed
緑	65280	vbGreen
黄	65535	vbYellow
青	16711680	vbBlue
マゼンタ	16711935	vbMagenta
シアン	16776960	vbCyan
白	16777215	vbWhite

Point

Withステートメントでオブジェクト名が省略できる

Withステートメントを使ってもプログラムの実行結果は変わりません。実行時にオブジェクトを参照する回数が減るので処理が高速化されます。またWithステートメントを使うと、見やすいコードになり、コードを入力する手間も省けます。長いコードになったときほど、効果も大きく便利です。省略できる部分は、できるだけWithステートメントを使うようにしましょう。なお、WithとEnd Withの間のブロックはインデントしておきます。Withステートメントで省略された個所がより分かりやすくなります。

レッスン 33

Excelブックとして保存するには

ブックの保存

前のレッスンで読み込んだテキストファイルの体裁が整いました。ここでは最後に今後の処理で使いやすいようにExcelのブック形式のファイルとして保存します。

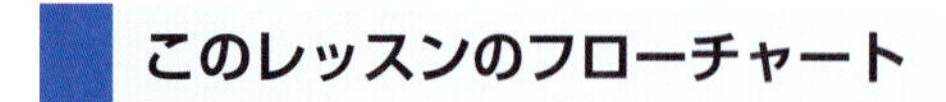

このレッスンのフローチャート

●処理中のブックをExcelブックとして保存する

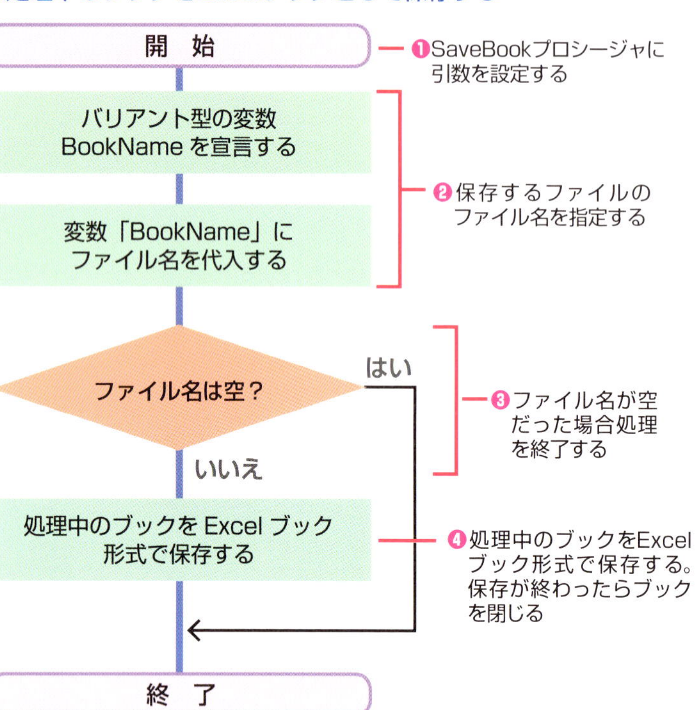

▶キーワード

VBA	p.236
コード	p.239
引数	p.244
メソッド	p.246
ワイルドカード	p.247

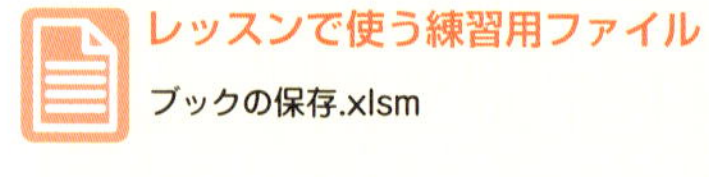

レッスンで使う練習用ファイル
ブックの保存.xlsm

▶使用するモジュール

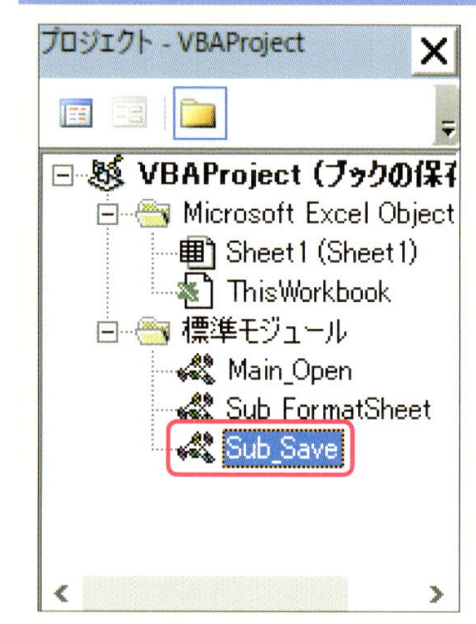

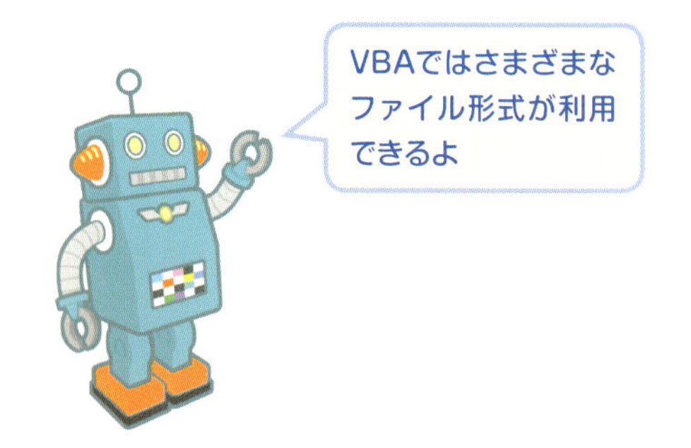

プログラムの内容

```
1  Option Explicit
2
3  Sub SaveBook(TargetBook As Workbook, Optional NewBookName As String = "")  ❶
4
5      Dim BookName As Variant
6                                                                           ❷
7      BookName = Application.GetSaveAsFilename(NewBookName, "Excelブック(*.xlsx),*.xlsx")
8
9      If BookName = False Then
10         Exit Sub                     ❸
11     End If
12
13     With TargetBook
14         .SaveAs FileName:=BookName, FileFormat:=xlOpenXMLWorkbook     ❹
15         .Close
16     End With
17
18 End Sub
```


▶コード解説

SaveBookプロシージャの引数を設定する

```
3  Sub SaveBook(TargetBook As Workbook, Optional NewBookName As String = "")
```

SaveBookプロシージャの宣言で、プロシージャの処理で対象となるWorkbookオブジェクトとファイル名の初期値を仮引数に指定します。プロシージャ名の後ろの「()」の中にプロシージャ内で使用する変数名（仮引数）TargetBookをWorkbookオブジェクト型、NewBookNameを「Optional」キーワードを付けて文字列型、規定値は「""」（空白）で宣言します。「Optional」キーワードを付けて宣言した仮引数はオプション引数になり、呼び出すときに省略でき、また省略したときの初期値も指定できます。

●Optionalキーワードの構文解説

```
Sub プロシージャ名(Optional 仮引数 = 既定値)
```

プロシージャの引数をオプションとして省略可能な引数とするときに使うキーワードです。また引数が省略されたときの既定値を指定することができます。既定値が指定されていると引数が省略されたときに仮引数の値は既定値になります。既定値の指定がないときはプロシージャ内でIsMissing関数を使って引数が省略されたかを調べることができます。なお、Optionalキーワードを指定した場合はそれ以降の引数も省略可能でなければならず、すべてOptionalを付ける必要があります。

次のページに続く

 ファイルフィルターにExcelブックを指定してファイルを開く

```
5    Dim BookName As Variant
6
7    BookName = Application.GetSaveAsFilename(NewBookName, "Excelブック(*.xlsx),*.xlsx")
```

Application オブジェクトの GetSaveAsFilename メソッドは Variant 型を返すのでテキストファイル名を格納する変数 BookName を Variant 型で宣言しておきます。引数にファイル名の既定値が入力されている「NewBookName」変数とファイルフィルターに Excel ブック形式を表す文字列「"Excel ブック(*.xlsx),*.xlsx"」を指定して Application オブジェクトの GetSaveAsFilename メソッドを実行し、ファイル名として戻り値を変数 BookName で受け取ります。

●GetSaveAsFilenameメソッドの構文

```
Applicationオブジェクト.GetSaveAsFilename([ファイル名の既定値],[ファイルフィルター文字列],[フィルターインデックス],[タイトル])
```

[名前を付けて保存] ダイアログボックスを開いて、保存するファイルの名前を取得するときに使用するApplicationオブジェクトのメソッドです。実際に保存はされずにダイアログボックスで入力したファイル名のファイルパスの文字列が返されます。[キャンセル] がクリックされると論理値の「False」が返されます。主な引数は、ファイル名の入力欄に表示する既定のファイル名と、ファイルリストに表示するファイルの候補を指定するファイルフィルター文字列です。ファイルフィルター文字列にはワイルドカードが使用できます。

ワイルドカードって何？

ワイルドカードとは文字列のパターンマッチングで使用する特殊な文字のことです。GetSaveAsFilenameメソッドのファイルフィルター文字列を指定する引数では「*」と「?」が使用できます。「*」は0文字以上の任意の文字、「?」は任意の1文字に対応します。例えば「sample.xlsx」、「sample1.xlsx」、「sample2.xlsx」の3つのファイルがあった時、「*.xlsx」とすると3つとも一致します。「sample?.xlsx」だと「sample1.xlsx」と「sample2.xlsx」が一致します。

3 変数BookNameが空の場合プロシージャを終了する

```
9     If BookName = False Then
10        Exit Sub
11    End If
```

Application オブジェクトの GetOpenFilename メソッドで開いた [名前を付けて保存] ダイアログボックスで [キャンセル] ボタンがクリックされると、変数 BookName に偽（False）が返されるので If 文で確認します。もし変数 BookName が偽（False）と等しければ直ちにプロシージャが終了します。

Excelブック形式で保存する

```
13      With TargetBook
14          .SaveAs FileName:=BookName, FileFormat:=xlOpenXMLWorkbook
15          .Close
16      End With
17
```

手順 1 で SaveBook プロシージャの引数として受け取った Workbook オブジェクトに手順 2 から GetSaveAsFilename メソッドで受け取った保存ファイル名を付けて Excel ブック形式で保存します。最後にブックを閉じます。

●SaveAsメソッドの構文

```
WorkBookオブジェクト.SaveAs [ファイル名], [ファイル形式]
```

ブックに別の名前を付けて保存するときに使用するWorkbookオブジェクトのメソッドです。主な引数は保存するブックに付けるファイル名と保存するファイルの形式です。ファイル名にはファイルパスを含めて指定できます。ファイルパスの指定がない時はファイルと同じ場所に保存されます。ファイル名、ファイル形式ともに省略できます。ファイル名を省略すると現在のブック名で保存されます。ファイル形式を省略すると既存のファイルのときは同じ形式、新しいブックの場合は実行しているExcelのバージョンの形式で保存されます。ファイル形式の主なものは以下です。

ファイル形式	引数の値
Excel ブック形式	xlOpenXMLWorkbook
Excel マクロ有効ブック形式	xlOpenXMLTemplateMacroEnabled
Excel97/95 形式	xlExcel9795
CSV 形式	xlCSV

●Closeメソッドの構文

```
WorkBookオブジェクト.Close
```

開いているブックを閉じるときに使用するWorkbookオブジェクトのメソッドです。ブックが変更されてから一度も保存されていないときは保存を確認するダイアログボックスが表示されます。新しいブックで保存されていないときに確認ダイアログボックスで保存することを選択すると［名前を付けて保存］ダイアログボックスが表示されます。

Saveメソッドの種類

このレッスンではブックに別の名前を付けて保存するために「SaveAs」メソッドを使いましたが他にもブックを保存するメソッドには「Save」メソッドと「SaveCopyAs」メソッドがあります。「Save」メソッドはブックを保存します。新しいブックのときは［名前を付けて保存］ダイアログボックスが開きます。「SaveCopyAs」メソッドはブックのコピーに名前を付けて保存するメソッドです。現在のブックの名前は変わりません。

Point

ブックを保存するときにファイル形式を指定する

これまでのレッスンでテキストファイルを開いて体裁を整えたデータを「SaveAs」メソッドで名前を付けてExcelのブック形式で保存しました。ブックに名前を付けて保存するときに「SaveAs」メソッドを使用しますが、オプションの引数「FileFormat」を使えばブックをほかの形式に変更して保存できます。このレッスンではテキストファイルをExcelのブック形式にして保存しましたがほかにもマクロ有効ブック形式や旧バージョンExcelブック形式にも変更できます。またテキスト形式やCSV形式にも変更できます。目的に応じて使い分けましょう。

レッスン
34 データの取り込みを確認するには

マクロの実行

完成した最初の機能モジュール「データ変換モジュール」が目的通り正しく動作するか確認してみましょう。ファイルの取り込みを確認するのが重要です。

処理を確認しながらマクロを実行する

完成したモジュールを実行したとき、処理の途中でエラーが発生してプログラムが止まってしまったり、正常に終了したのに作成されるはずのExcelブックができていなかったなど、どこかにバグが潜んでいることがあります。動作状態を確認しようとしても完成したモジュールを実行すると一瞬で処理が終わってしまい、正しく処理が実行されているか確認はできません。この章ではデータファイルの取り込みやデータの加工など、確認すべき処理がいくつかあります。このようなときは第4章で紹介したブレークポイントを使えば動作状況を詳しく確認できます。

▶キーワード

デバッグ	p.243
ブレークポイント	p.245

レッスンで使う練習用ファイル
マクロの実行.xlsm

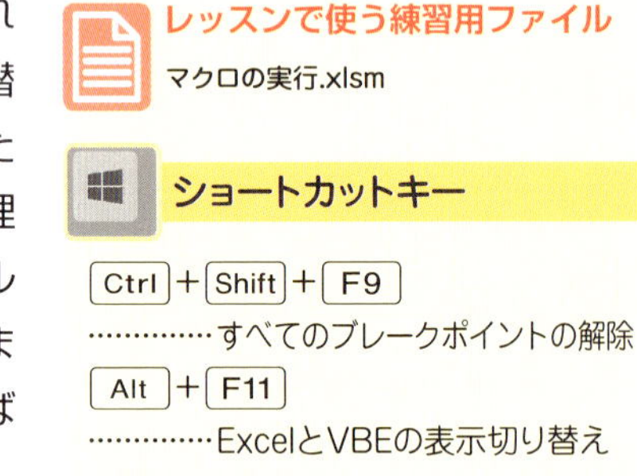

ショートカットキー

Ctrl + Shift + F9
……………すべてのブレークポイントの解除

Alt + F11
……………ExcelとVBEの表示切り替え

▶使用するモジュール

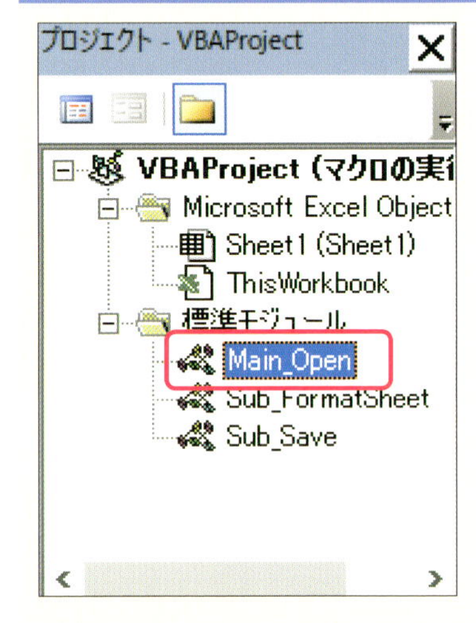

1 ブレークポイントを設定する

VBEで[Main_Open]モジュールを表示しておく

[FormatDataSheet]プロシージャの直前までマクロを実行する

1 「FormatDataSheet ActiveWorkbook」の行をクリック

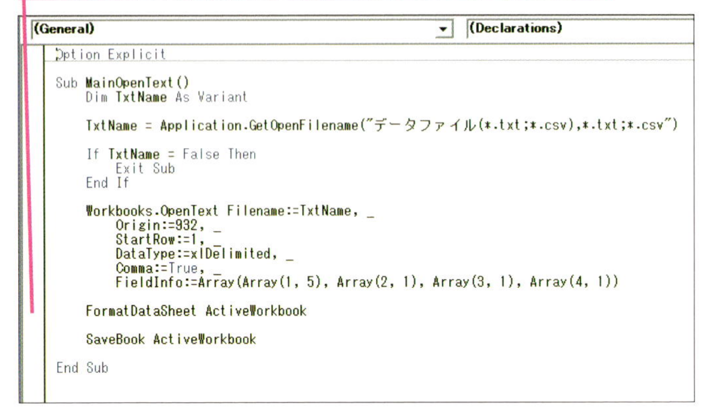
```
(General)                                  (Declarations)
Option Explicit

Sub MainOpenText()
    Dim TxtName As Variant

    TxtName = Application.GetOpenFilename("データファイル(*.txt;*.csv),*.txt;*.csv")

    If TxtName = False Then
        Exit Sub
    End If

    Workbooks.OpenText Filename:=TxtName, _
        Origin:=932, _
        StartRow:=1, _
        DataType:=xlDelimited, _
        Comma:=True, _
        FieldInfo:=Array(Array(1, 5), Array(2, 1), Array(3, 1), Array(4, 1))

    FormatDataSheet ActiveWorkbook

    SaveBook ActiveWorkbook

End Sub
```

処理は行単位で実行される

ステップ実行は行を単位として実行されます。レッスン⓭で解説した長い行を行継続文字の「 _」(空白とアンダースコアの組み合わせ)を使って複数行に折り返していてもVBAにとっては1行に記述されているものとされます。ステップ実行やブレークポイントを折り返している途中の行で実行したり設定することはできません。

2 [マクロ] ダイアログボックスを表示する

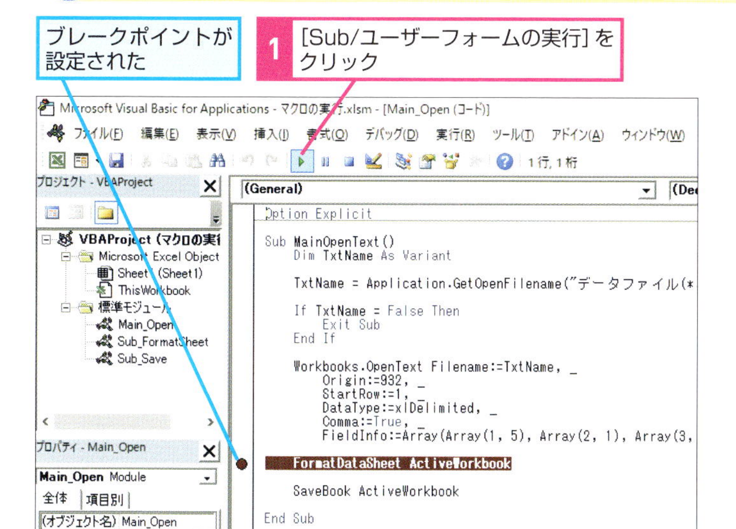

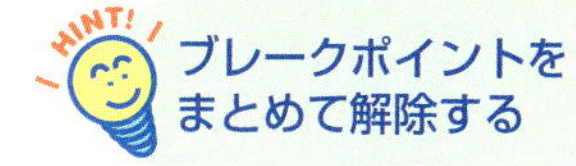

ブレークポイントをまとめて解除する

いくつものプロシージャに多くのブレークポイントを設定しているとき、すべてのブレークポイントをまとめて解除することができます。[デバッグ] メニューの [すべてのブレークポイントの解除] を選択するかショートカットキーの Ctrl + Shift + F9 キーを使います。

3 マクロを実行する

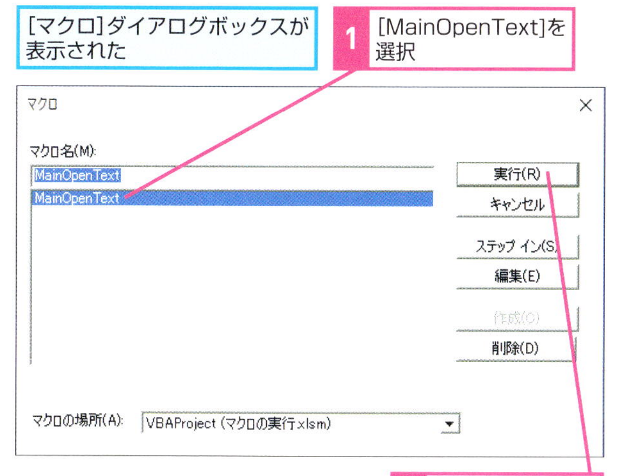

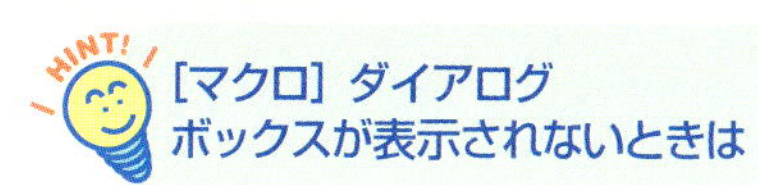

[マクロ] ダイアログボックスが表示されないときは

[Sub/ユーザーフォームの実行] ボタンをクリックしたとき [マクロ] ダイアログボックスが開かないでマクロが実行されることがあります。コードウィンドウのプロシージャ内にカーソルがあると、そのプロシージャが実行されるようになっているためです。[Sub/ユーザーフォームの実行] ボタンをクリックするときは特定のプロシージャ内にカーソルがないか確認しましょう。

次のページに続く

4 テキストファイルを取り込む

[ファイルを開く]ダイアログボックスが表示された

1 [20181201.txt]を選択

2 [開く]をクリック

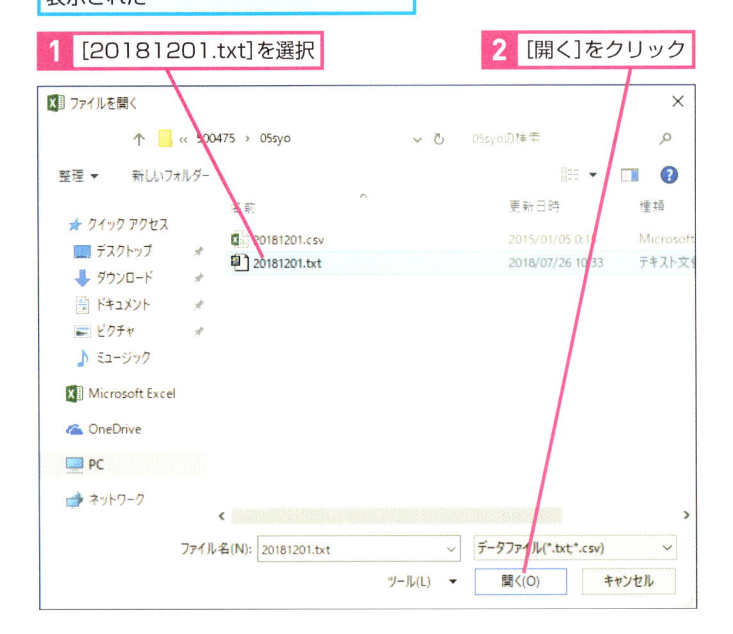

「マクロの場所」って何？

[マクロ]ダイアログボックスにある[マクロの場所]は、Excelの[マクロ]ダイアログボックスにある[マクロの保存先]と同じものを表していて、VBAのプログラムが保存されているブックを指しています。

プログラムが保存されているブックが表示される

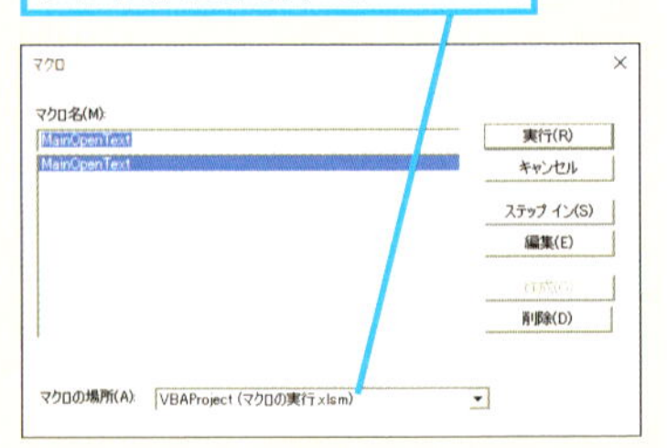

5 取り込み結果を確認する

Excelの画面を表示しておく

[20181201.txt] がワークシートに取り込まれた

1 Alt + F11 キーを押す

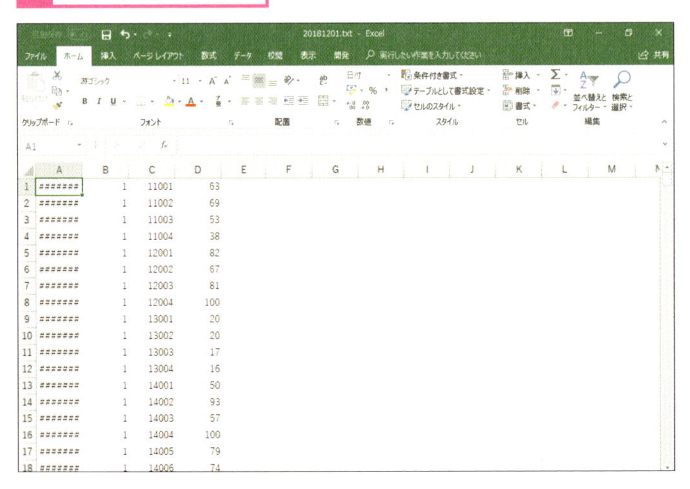

	A	B	C	D
1	#######	1	11001	63
2	#######	1	11002	69
3	#######	1	11003	53
4	#######	1	11004	38
5	#######	1	12001	82
6	#######	1	12002	67
7	#######	1	12003	81
8	#######	1	12004	100
9	#######	1	13001	20
10	#######	1	13002	20
11	#######	1	13003	17
12	#######	1	13004	16
13	#######	1	14001	50
14	#######	1	14002	93
15	#######	1	14003	57
16	#######	1	14004	100
17	#######	1	14005	79
18	#######	1	14006	74

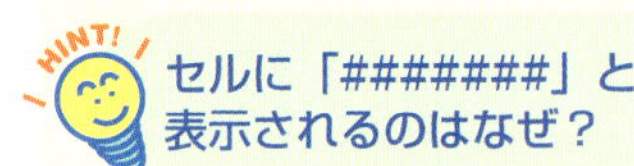

セルに「#######」と表示されるのはなぜ？

手順5で取り込まれた結果を見るとA列が「#######」と表示されています。セルのデータが日付や数値の場合、表示するデータよりも列幅が狭いと「#」が表示されます。入力データの表示幅に合わせて列幅を広げれば正しく表示されます。なお、文字の場合は列幅に合わせてデータの途中まで表示されます。

6 続きの処理を実行する

VBEが表示された

[FormatDataSheet]プロシージャの直後までマクロを継続する

1 「SaveBook ActiveWorkbook」の行をクリック

2 [継続]をクリック

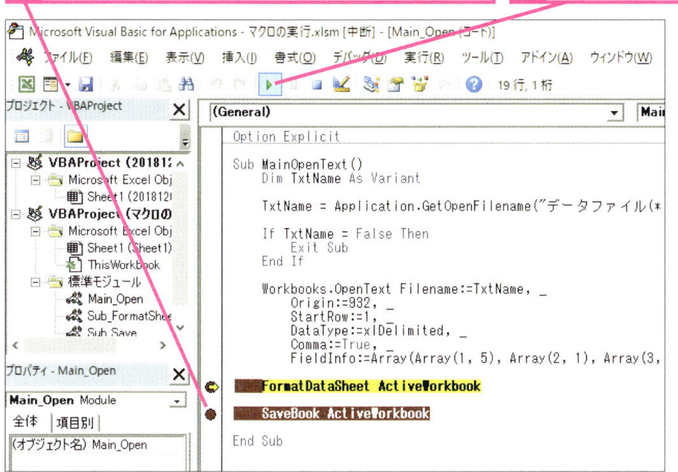

7 見出し行の挿入を確認する

Excelの画面を表示しておく

[FormatDataSheet]プロシージャが実行され、見出し行が挿入された

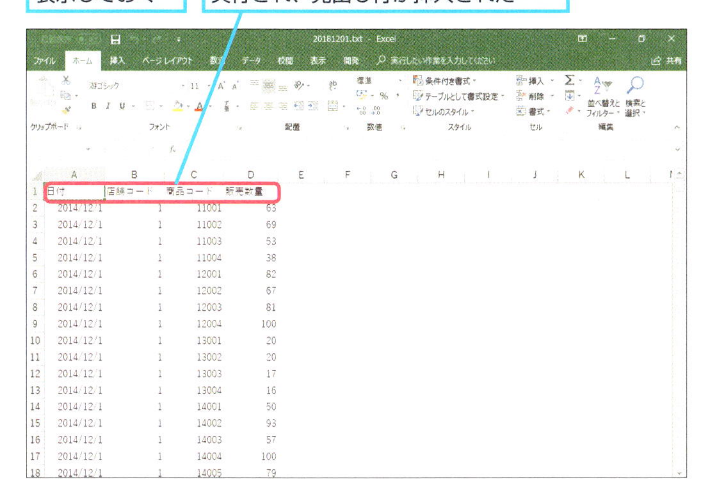

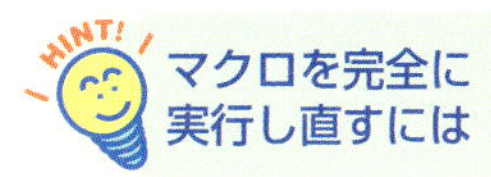

マクロを完全に実行し直すには

ブレークポイントで停止したプログラムを継続実行したりステップ実行しているときは、変数の値は実行中に変更された状態が維持されています。すべてをリセットして最初から実行し直すには［リセット］ボタンをクリックします。

Point

VBEのデバッグ機能を上手に使おう

このレッスンではでき上がったプログラムの動作確認の方法を解説しました。プログラムを作るとき、設計段階で十分に検証しているつもりでも見落としがあったり、コードを書くときにうっかり書き間違えてしまうことはよくあります。そのようなプログラムは一見正常に動作しているようでも結果が正しくなかったり、特定の条件で動作しなくなることがあります。そのようなときはVBEのデバッグ機能を使ってプログラムの処理を確認しながら問題点を探し出します。ブレークポイントやステップ実行などを上手に使って確認しましょう。

この章のまとめ

●テキストファイルをExcelブックとして開く

この章では、本書で作成する「売上集計プログラム」を「データ変換モジュール」「自動転記モジュール」「データ並べ替えモジュール」「売上集計モジュール」の4つの機能モジュールに分割しました。大きなプログラムも機能ごとのモジュールに分けることで、それぞれの機能が明確になり、プログラミングも楽になります。
また最初の機能モジュールとなる「データ変換モジュール」を3つの処理に分けてプロシージャを作成しました。処理の内容は、テキストファイルをExcelブックとして開く処理とシートの体裁を整える処理、最後にExcelブック形式で保存する処理です。このように単純な内容の処理にすればプログラミングは更に簡単になります。
このようにプログラムを作るときは大きな機能のまとまりに分けて、さらに1つ1つの機能も単純な処理に分けていくことが大切です。単純な処理であればコードの記述も簡単ですし、バグなどの問題が発生しても修正が簡単になります。

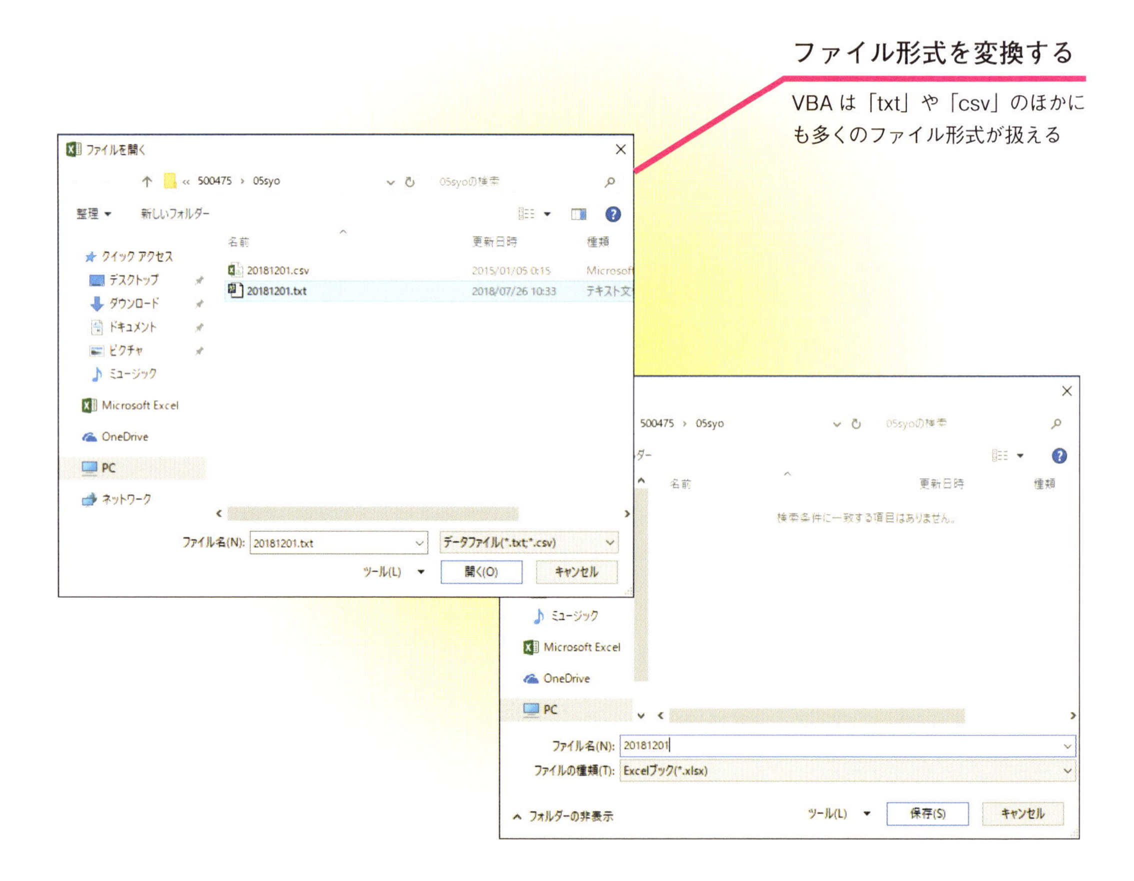

練習問題

1

サンプルファイルの「第5章_練習問題1.xlsm」を開いて、データファイルの1行目の見出し行の背景色を黄色にしてください。

●ヒント　背景色の設定は選択範囲を表すRangeオブジェクトのInteriorプロパティで取得したInteriorオブジェクトのColorプロパティに色の値を設定します。黄色の値は「65535」です。

見出し行に背景色を設定する

	A	B	C	D	E	F	G	H
1	日付	店舗コード	商品コード	販売数量				
2	2018/12/1	1	11001	63				
3	2018/12/1	1	11002	69				
4	2018/12/1	1	11003	53				
5	2018/12/1	1	11004	38				
6	2018/12/1	1	12001	82				
7	2018/12/1	1	12002	67				
8	2018/12/1	1	12003	81				
9	2018/12/1	1	12004	100				
10	2018/12/1	1	13001	20				
11	2018/12/1	1	13002	20				
12	2018/12/1	1	13003	17				
13	2018/12/1	1	13004	16				
14	2018/12/1	1	14001	50				
15	2018/12/1	1	14002	93				
16	2018/12/1	1	14003	57				
17	2018/12/1	1	14004	100				
18	2018/12/1	1	14005	79				

2

サンプルファイルの「第5章_練習問題2.xlsm」を開いて、保存するファイル名をCSV形式のテキストファイルで指定してCSV形式で保存してください。

●ヒント　GetSaveAsFilenameメソッドのファイルフィルター文字列は「CSVファイル (*.csv), *.csv」です。

Excelマクロ有効ブック形式でファイルを保存する

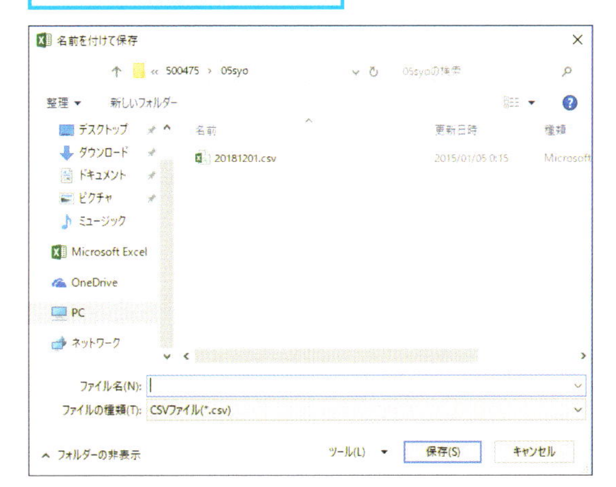

解答

練習用ファイル［第5章_練習問題1.xlsm］をExcelで開いておく

1 ここにマウスポインターを合わせる

2 Enterキーを押す

```
.Range("A1") = "日付"
.Range("B1") = "店舗コード"
.Range("C1") = "商品コード"
.Range("D1") = "販売数量"
```

セルA1～D1の背景色を黄色に設定する

```
.Range("A1") = "日付"
.Range("B1") = "店舗コード"
.Range("C1") = "商品コード"
.Range("D1") = "販売数量"
.Range("A1:D1").Interior.Color = 65535
```

3 「.Range("A1:D1").Interior.Color = 65535」と入力

左の手順のように項目名を入力し、背景色を設定するセル範囲をRangeオブジェクトの塗りつぶしを表す「Interior」プロパティにInteriorオブジェクトの塗りつぶしの色を表す「Color」プロパティで黄色の値「65535」を指定します。

練習用ファイル［第5章_練習問題2.xlsm］をExcelで開いておく

1 ここにマウスポインターを合わせる

2 ここまでドラッグ

```
Dim BookName As Variant
BookName = Application.GetSaveAsFilename(NewBookName, "Excelブック(*.xlsx),*.xlsx")
If BookName = False Then
    Exit Sub
End If
```

3 Deleteキーを押す

GetSaveAsFilenameメソッドにファイルフィルター文字列を設定する

```
Dim BookName As Variant
BookName = Application.GetSaveAsFilename(NewBookName, "CSVファイル(*.csv),*.csv")
If BookName = False Then
    Exit Sub
End If
```

4 「CSVファイル(*.csv), *.csv」と入力

手順のようにGetSaveAsFilenameメソッドのファイルフィルターに「CSVファイル(*.csv), *.csv」を記述します。SaveAsメソッドの引数「FileFormat」に「xlCSV」を指定します。

5 ここにマウスポインターを合わせる

6 ここまでドラッグ

```
    With TargetBook
        .SaveAs Filename:=BookName, FileFormat:=xlOpenXMLWorkbook
        .Close
    End With

End Sub
```

7 Deleteキーを押す

保存するファイル形式をExcelマクロ有効ブックに設定する

```
    With TargetBook
        .SaveAs Filename:=BookName, FileFormat:=xlCSV
        .Close
    End With

End Sub
```

8 「xlCSV」と入力

自動転記プログラムを作成しよう

ブック間でデータのやり取りを行う処理を解説します。前の章で作成したデータファイルに対して、この章では商品マスターから必要な情報を転記するプログラムを作成します。転記するときには、データを検索する処理も合わせて行います。

●この章の内容

レッスン
35
データをブック間で自動的に転記するには
複数ブックの操作

ここではこの章で作成するブック間でデータの転記をするモジュールの概要を解説します。ブック間でデータの転記をするためには同時に2つのブックを操作します。

ブック間でデータを転記するには

この章で作成するモジュールは「自動転記モジュール」です。第5章の「データ変換モジュール」で作成した売上データに、商品マスターから商品名などの情報を転記します。プロシージャに分割できるように細分化すると下のフローチャートのようになります。最初の処理は転記元の商品マスターと転記先の売上データの2つのブックを開きます。次に転記先のシートに新しい項目を追加するために列を挿入します。そして準備が整ったら商品マスターを検索してデータを転記します。最後に転記先の売上データのブックを保存します。

●この章で学ぶプログラムの概要

▶キーワード

VBA	p.236
フローチャート	p.245
プロシージャ	p.245
モジュール	p.247
ロジック	p.247

レッスンで使う練習用ファイル
このレッスンには、
練習用ファイルがありません

HINT!
データは重複して持たない

この章では売上データに商品マスターから情報を転記していますが、最初から商品情報があれば必要ない処理です。しかし、売上データは日々増えるデータです。月単位、年単位でしかも複数店舗分を保存するには膨大なデータ量になってしまいます。そのためデータファイルのデータ量が少なくなるように正規化を行って、重複データを持たないようにします。例えば売上データファイルには商品コードだけにして、必要に応じて商品マスターから商品情報を取得するように設計すれば売上データのデータ量を減らせます。

各処理で実行される操作

●転記元と転記先のファイルを開く

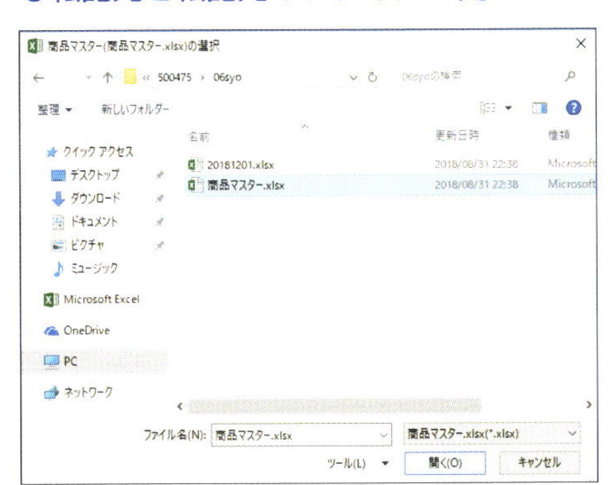

転記元の商品マスターと転記先の売上データファイルを開きます。

→レッスン㊱で解説

●転記先のシートに列を追加する

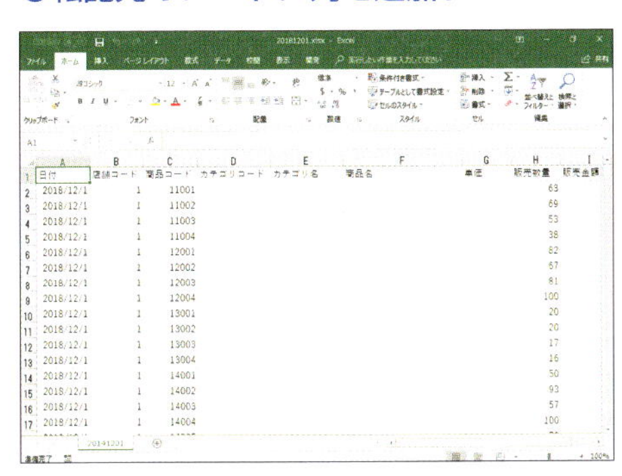

転記先の売上データファイルに商品の詳細情報を転記できるように項目列を追加します。

→レッスン㊲で解説

●データを転記する

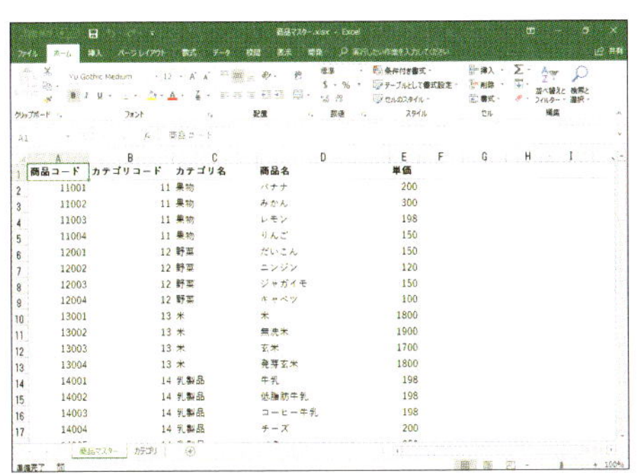

売上データファイルの商品コードを基に商品マスターファイルを検索して該当商品の詳細情報を転記します。

→レッスン㊳㊴で解説

処理対象を意識してコードを書く

この章で解説するモジュールでは複数のブックやワークシートを同時に操作します。これまでの章と違い処理の対象となるブックやワークシートのオブジェクトが増えるので、何を対象にして処理をするのかということを意識してコードを記述するのが重要です 。

Point
プロシージャは処理の単位で分割する

このレッスンでは、ブック間でデータの転記をする「自動転記モジュール」を「ファイルを開く」「転記先の準備」「データの転記」「ファイルの保存」の4つに分割しました。「データの転記」処理はさらに「商品マスター検索」と「検索結果の転記」の2つに分けました。プロシージャに分割するときは、一連の処理を単位として行いますが、コードの行数が多くなるときはさらに分割してもよいでしょう。プログラムのコードが見やすいようにモジュールはコードウィンドウの1画面で見渡せるように40～60行程度を目安にしましょう。

レッスン
36 転記元と転記先のファイルを開くには

Excelブックを開く

このレッスンでは「自動転記モジュール」のメインになるプロシージャを作ります。2つのExcelブックを開いて、続くプロシージャの呼び出しをします。

このレッスンのフローチャート

●転記元、転記先のファイルを開き、続くプロシージャを呼び出す

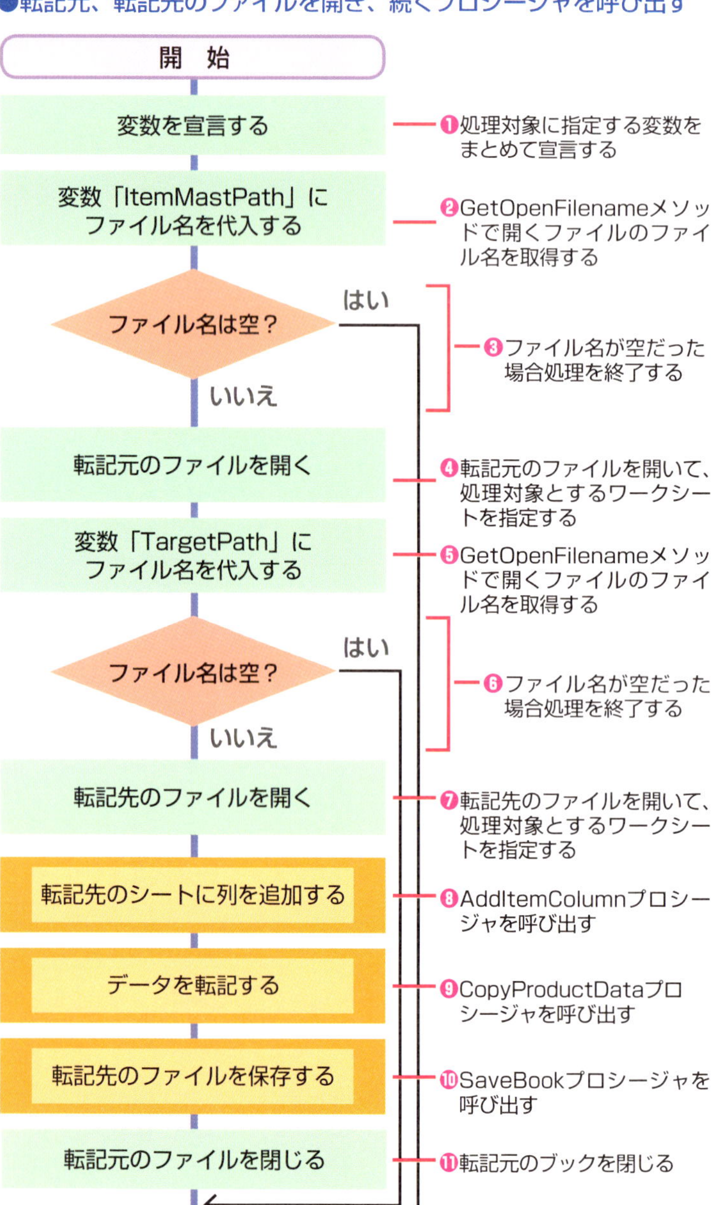

❶処理対象に指定する変数をまとめて宣言する

❷GetOpenFilenameメソッドで開くファイルのファイル名を取得する

❸ファイル名が空だった場合処理を終了する

❹転記元のファイルを開いて、処理対象とするワークシートを指定する

❺GetOpenFilenameメソッドで開くファイルのファイル名を取得する

❻ファイル名が空だった場合処理を終了する

❼転記先のファイルを開いて、処理対象とするワークシートを指定する

❽AddItemColumnプロシージャを呼び出す

❾CopyProductDataプロシージャを呼び出す

❿SaveBookプロシージャを呼び出す

⓫転記元のブックを閉じる

▶キーワード

レッスンで使う練習用ファイル

転記プログラムのプロシージャ .xlsm

▶使用するモジュール

プログラムの内容

```
1  Option Explicit
2
3  Sub MainMatch()
4
5      Dim ItemMastPath As Variant
6      Dim ItemMastBk As Workbook
7      Dim ItemMastSh As String                  ❶
8      Dim TargetPath As Variant
9      Dim DataBook As Workbook
10     Dim DataSheet As Worksheet
11
12     ItemMastPath = Application.GetOpenFilename _
13         ("商品マスター.xlsx(*.xlsx),*.xlsx", , "商品マスター(商品マスター.xlsx)の選択")   ❷
14     If ItemMastPath = False Then
15         Exit Sub                              ❸
16     End If
17     Set ItemMastBk = Workbooks.Open(ItemMastPath)
18     Set ItemMastSh = ItemMastBk.Worksheets("商品マスター")   ❹
19
20     TargetPath = Application.GetOpenFilename _
21         ("データファイル(*.xlsx),*.xlsx", , "転記先ブックの選択")   ❺
22     If TargetPath = False Then
23         Exit Sub                              ❻
24     End If
25     Set DataBook = Workbooks.Open(TargetPath)
26     Set DataSheet = DataBook.Worksheets(1)    ❼
27
28     AddItemColumn DataSheet                   ❽
29
30     CopyProductData ItemMastSh, DataSheet     ❾
31
32     SaveBook DataBook                         ❿
33
34     ItemMastBk.Close                          ⓫
35
36 End Sub
```

次のページに続く

▶コード解説

使用する変数を宣言する

```
3  Sub MainMatch()
4
5      Dim ItemMastPath As Variant
6      Dim ItemMastBk As Workbook
7      Dim ItemMastSh As Worksheet
8      Dim TargetPath As Variant
9      Dim DataBook As Workbook
10     Dim DataSheet As Worksheet
```

プロシージャ内で使用する各変数を以下のように宣言します。

- ItemMastPath‥商品マスターのファイルパスを格納する Variant 型の変数
- ItemMastBk……商品マスターの Workbook オブジェクトを格納する Workbook 型の変数、「Bk」は「Book」を略して付けています
- ItemMastSh……商品マスターの WorkSheet オブジェクトを格納する Worksheet 型の変数、「Sh」は「Sheet」を略して付けています
- TargetPath………転記先ブックのファイルパスを格納する Variant 型の変数
- DataBook…………売上データの Workbook オブジェクトを格納する Workbook 型の変数
- DataSheet………売上データの WorkSheet オブジェクトを格納する Worksheet 型の変数

Column データ型の自動変換

通常は暗黙の型変換で大丈夫ですが、特定のデータ型で処理結果を表したいときはデータ型変換関数を使用します。例えば、単精度、倍精度、または整数で計算を行うような場合に、CCur 関数を使用して通貨の演算を強制的に行います。

なお、暗黙の型変換と明示的な型変換ともに数値以外の文字列を数値へ変換したり、数値の有効範囲を超える変換を行うなど、変換ができないときは実行時エラーが発生するので注意してください。

```
Dim iNum As Integer
Dim sNum As Single

iNum = 30000
sNum = 500000

MsgBox sNum * iNum
MsgBox CCur(sNum) * CCur(iNum)
MsgBox 30000 * 500000
MsgBox CCur(30000) * CCur(500000)
```

- MsgBox sNum * iNum → 「1.5E+10」と表示される
- MsgBox CCur(sNum) * CCur(iNum) → 「15000000000」と表示される
- MsgBox 30000 * 500000 → オーバーフローエラーが発生する
- MsgBox CCur(30000) * CCur(500000) → 「15000000000」と表示される

商品マスターのExcelブックを開く

```
12    ItemMastPath = Application.GetOpenFilename _
13        ("商品マスター.xlsx(*.xlsx),*.xlsx", , "商品マスター(商品マスター.xlsx)の選択")
14    If ItemMastPath = False Then
15        Exit Sub
16    End If
17    Set ItemMastBk = Workbooks.Open(ItemMastPath)
18    Set ItemMastSh = ItemMastBk.Worksheets("商品マスター")
```

まず、Applicationオブジェクトの GetOpenFilename メソッドを実行して「商品マスター.xlsx」のファイルパスを取得します。[キャンセル]ボタンがクリックされて偽(False)が返ってきた場合は、プロシージャを終了させます。ファイルパスが取得出来たら、Workbooksオブジェクトの Open メソッドで「商品マスター.xlsx」を開いて、Open メソッドの戻り値の「商品マスター.xlsx」への参照を Workbooks オブジェクト型の変数 ItemMastBk に代入します。「商品マスター.xlsx」の「商品マスター」ワークシートの参照を Worksheet オブジェクト型の変数 ItemMastSh に代入していきます。

●Setステートメントの構文

```
Set 変数名 = 値
```

オブジェクト型の変数にオブジェクトの参照を代入するときに使用するステートメントです。左辺には右辺に指定したオブジェクトの型と同じオブジェクト型の変数か、すべてのオブジェクトを表す「Object」型変数を指定します。

変数ItemMastBkは「商品マスター.xlsx」を変数ItemMastShは[商品マスター]シートを参照している

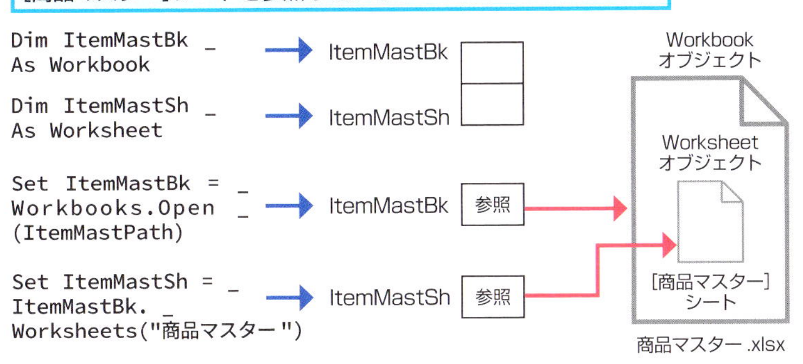

●Openメソッドの構文

```
Workbooksオブジェクト.Open (ファイル名)
```

Openメソッドはブックを開くときに使用するWorkbooksオブジェクトのメソッドです。開いたブックのWorkbookオブジェクトの参照を返します。開いたブックはアクティブブックになります。

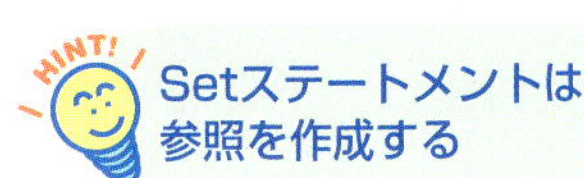

HINT! Setステートメントは参照を作成する

変数への代入は変数に値がコピーされますが、Setステートメントでオブジェクト変数に代入されるのはオブジェクトへの参照です。複数の変数に同じオブジェクトの参照を代入しているとき1つの変数が参照しているオブジェクトに変更を加えると同じオブジェクトを参照しているほかの変数にも反映されます。

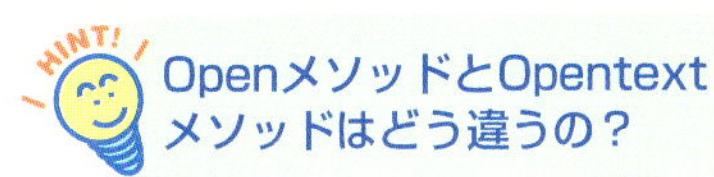

HINT! OpenメソッドとOpentextメソッドはどう違うの?

WorkbooksオブジェクトのOpenメソッドとOpenTextメソッドは開くファイルの種類が違います。OpenメソッドはExcelブックを開くメソッドですが、レッスン㉛のOpenTextメソッドはテキストファイルを開くメソッドです。

次のページに続く

3 転記先のExcelブックを開く

```
20      TargetPath = Application.GetOpenFilename _
21          ("データファイル(*.xlsx),*.xlsx", , "転記先ブックの選択")
22      If TargetPath = False Then
23          Exit Sub
24      End If
25      Set DataBook = Workbooks.Open(TargetPath)
26      Set DataSheet = DataBook.Worksheets(1)
```

Application オブジェクトの GetOpenFilename メソッドを実行して第５章で作成した転記先ブックのファイルパスを取得します。[キャンセル] ボタンがクリックされて偽（False）が返ってきたときはプロシージャを終了します。ファイルパスが取得出来たら、Workbooks オブジェクトの Open メソッドで転記先のブックを開いて、Open メソッドの戻り値となる転記先のブックへの参照を Workbooks オブジェクト型の変数 Databook に代入します。転記先のブックの左端のワークシートの参照を Worksheet オブジェクト型の変数 DataSheet に代入します。

テクニック 一時的にコードを無効にするにはコメントアウトする

プログラムのデバッグ中に特定のコードを一時的に無効にしたいときは、無効にしたいコードの行の先頭に「'」を付けてコメントアウトします。「'」を付けた行はVBAにとってはコメントになるので、実行時に無視されます。ループやIf文のブロック単位でコメントアウトするときなど複数行をまとめてコメントアウトするには下の手順で紹介している方法を使うと、選択範囲をまとめてコマントアウトしたり、復元できるので便利です。

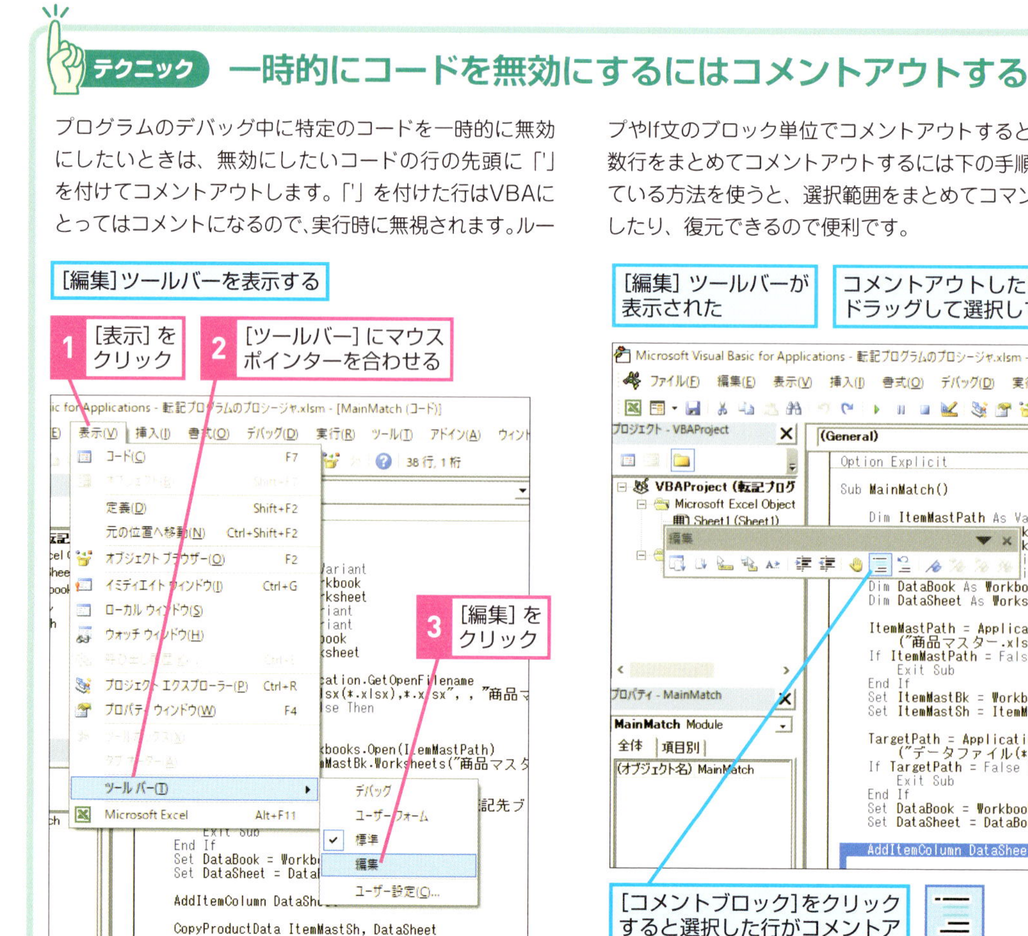

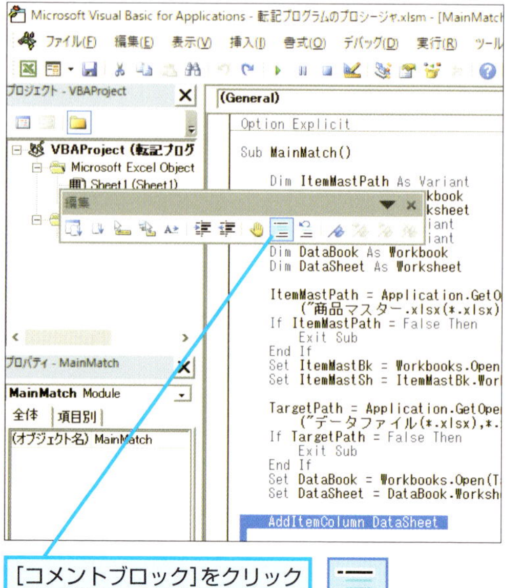

プロシージャを呼び出して商品マスターを閉じる

```
28        AddItemColumn DataSheet
29
30        CopyProductData ItemMastSh, DataSheet
31
32        SaveBook DataBook
33
34        ItemMastBk.Close
```

転記先ワークシートに項目列を追加するAddItemColumnプロシージャに転記先のワークシートWorksheetオブジェクト型の変数DataSheetを実引数に指定して呼び出します。商品マスターから商品の詳細情報を転記するCopyProductDataプロシージャに「商品マスター」のワークシートWorksheetオブジェクト型の変数ItemMastShと、転記先のワークシートWorksheetオブジェクト型の変数DataSheetを実引数に指定して呼び出します。SaveBookプロシージャを呼び出し、商品マスターを閉じます。

テクニック 変数や定数はコメントで使用目的を明確にする

プログラムをわかりやすくするためにプロシージャの先頭や処理のブロック、複雑なコードなどにはレッスン⓭で紹介したようにコメント文を記述します。同じように変数や定数を宣言するときにも使用目的が分かるようにコメント文を記述しましょう。本書で配布している練習用ファイルには詳細なコメント文を記述してあるので参考にしてください。

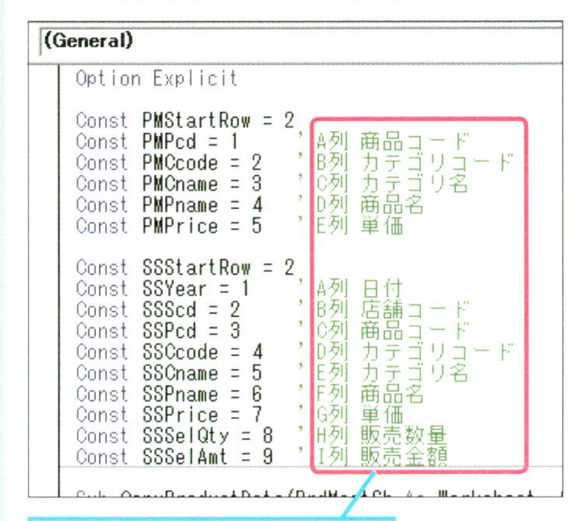

コメントを見ると変数や定数が何を示しているかすぐ分かる

Point 適切な型を利用してファイルを開く

GetOpenFilenameメソッドの戻り値はVariant型です。選択したファイルパスを受け取るつもりで文字列型の変数を使うとキャンセルのときにFalseが返るのでデータの型変換エラーになります。メソッドにはVariant型を返すものがあるので注意しましょう。また、WorkbooksオブジェクトのOpenメソッドは開いたブックのWorkbookオブジェクトへの参照を返し、Workbookオブジェクト型の変数が戻り値になります。メソッドや関数が返すデータ型を意識して適切なデータ型の変数を用意しましょう。

レッスン 37

転記先のファイルに列を挿入して表を整えるには

列の挿入

このレッスンでは「転記先の準備」として転記先の売上データシートに商品情報を転記するための列を挿入していったり、列幅を変更したりします。

このレッスンのフローチャート

●列を追加して書式を整える

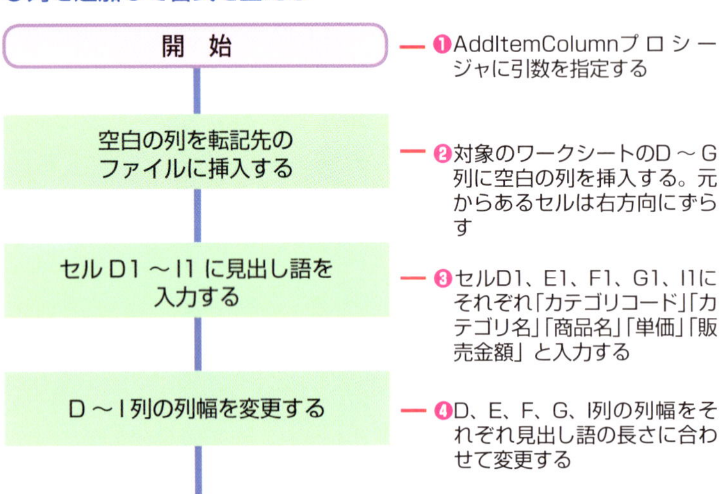

▶キーワード

VBA	p.236
コード	p.239
プログラム	p.245
プロシージャ	p.245
プロパティ	p.246
メソッド	p.246

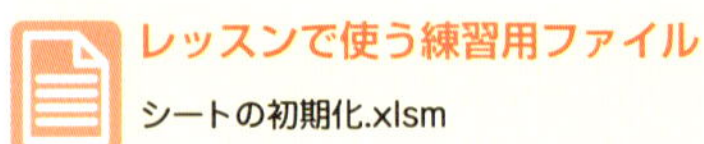

▶使用するモジュール

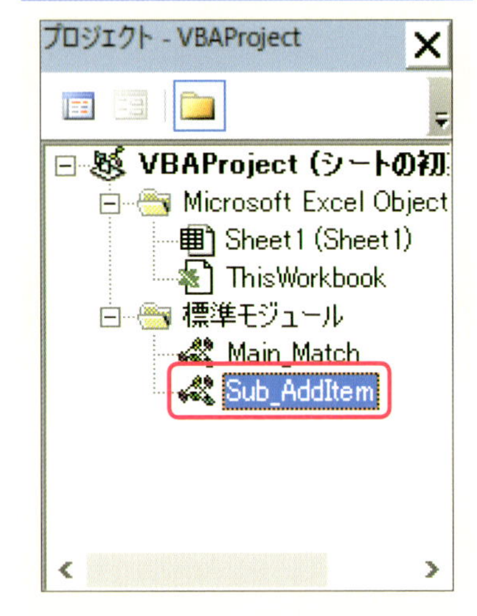

レッスン㉜では行を挿入したけれど、ここでは列を挿入するよ

テクニック モジュールを流用すると効率が良い

このレッスンで作成する「AddItemColumn」プロシージャは第5章で作成した「FormatDataSheet」プロシージャと処理内容が似ています。このようなときはレッスン㊵を参考にして、プロシージャをコピーして修正すると作業が簡単になります。

プログラムの内容

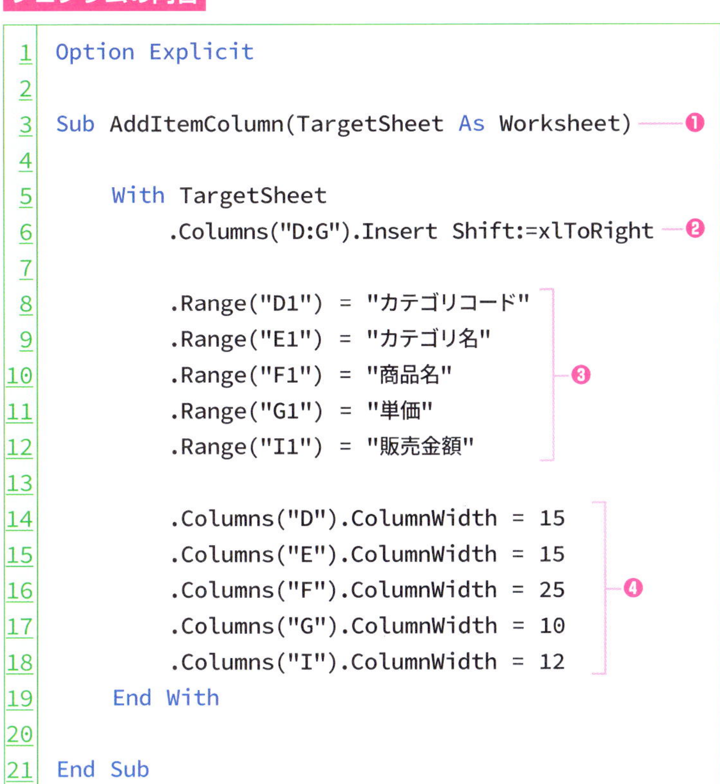

```
 1 Option Explicit
 2
 3 Sub AddItemColumn(TargetSheet As Worksheet) ―❶
 4
 5     With TargetSheet
 6         .Columns("D:G").Insert Shift:=xlToRight ―❷
 7
 8         .Range("D1") = "カテゴリコード"  ┐
 9         .Range("E1") = "カテゴリ名"      │
10         .Range("F1") = "商品名"          ├❸
11         .Range("G1") = "単価"            │
12         .Range("I1") = "販売金額"        ┘
13
14         .Columns("D").ColumnWidth = 15   ┐
15         .Columns("E").ColumnWidth = 15   │
16         .Columns("F").ColumnWidth = 25   ├❹
17         .Columns("G").ColumnWidth = 10   │
18         .Columns("I").ColumnWidth = 12   ┘
19     End With
20
21 End Sub
```

元からあったセルはどうなるの？

「転記先の準備」のプロシージャではシートに列を挿入しますが、挿入した位置に元からあったセルはレッスン㉜で解説したように自動的に移動します。移動する方向はInsertメソッドの引数「Shift」で指定します。ただし、列全体や行全体を挿入するときは列だと右、行だと下と決まっています。

●XlDirection列挙

名前	説明
xlDown	下へ
xlToLeft	左へ
xlToRight	右へ
xlUp	上へ

▶コード解説

1 AddItemColumnプロシージャの引数を設定する

```
3 Sub AddItemColumn(TargetSheet As Worksheet)
```

AddItemColumn プロシージャの宣言で、処理の対象となる Worksheet オブジェクトを引数に指定します。プロシージャ名の後ろの「()」の中にプロシージャ内で使用する変数名（仮引数）TargetSheet を Worksheet オブジェクト型で宣言しましょう。

2 ワークシートに空白の列を挿入する

```
5     With TargetSheet
6         .Columns("D:G").Insert Shift:=xlToRight
```

手順 1 から引数で受け取った Worksheet オブジェクトの D ～ G 列の範囲に列を挿入します。ここでは元の列は Insert メソッドの引数に「xlToRight」を指定して右方向に移動させます。

次のページに続く

3 挿入した列に見出し語を入力する

```
8           .Range("D1") = "カテゴリコード"
9           .Range("E1") = "カテゴリ名"
10          .Range("F1") = "商品名"
11          .Range("G1") = "単価"
12          .Range("I1") = "販売金額"
```

手順２で挿入したＤ列からＧ列の１行目にそれぞれ項目名の文字列を入力します。ここではセルD1に「カテゴリコード」、セルE1に「カテゴリ名」、セルF1に「商品名」、セルG1に「単価」、セルI1に「販売金額」としています。

4 見出し語それぞれの列幅を調整する

```
14          .Columns("D").ColumnWidth = 15
15          .Columns("E").ColumnWidth = 15
16          .Columns("F").ColumnWidth = 25
17          .Columns("G").ColumnWidth = 10
18          .Columns("I").ColumnWidth = 12
19      End With
```

挿入したＤ～Ｇ列の項目に合わせてそれぞれの列幅を「ColumnWidth」プロパティに設定します。列幅を設定する際は、それぞれのセルに入力される数値や文字列の長さを目安にします。

Point

転記先のワークシートを整える

このレッスンでは次の「データの転記」を行うために売上データのワークシートに項目列と項目名を追加しました。さらに項目の内容に合わせて列幅を設定しました。しかし、設定する幅はプロシージャを作成している段階ではデータが空なので分かりません。このようなときは事前に参考になるデータを入力して適切な列幅を確認しておきます。列幅や行の高さ、文字のフォントなど設定値に迷う場面では参考にするサンプルデータを用意して、確認しながら決めるとよいでしょう。

Column プロシージャの関係を考えて引数を指定する

このレッスンで作成する「AddItemColumn」プロシージャと第5章で作成した「FormatDataSheet」プロシージャは処理手順が似ていますがプロシージャの引数の型が違います。「AddItemColumn」プロシージャはWorksheetオブジェクトを引数にしていますが、「FormatDataSheet」プロシージャはWorkbookオブジェクトです。プロシージャの処理手順を考えるときは、どのような引数を受け取れば手順が作りやすいか検討します。また呼び出し側でどのような引数を渡せるかを考えておくことも必要です。

テクニック AutoFitメソッドで高さや幅を自動調整する

手順4ではセルの列幅を変えるためにRangeオブジェクトのColumnWidthプロパティに列幅の値を設定しました。値を設定するのが面倒なときは、RangeオブジェクトのAutoFitメソッドを使いましょう。指定した範囲の列幅や行の高さを、セルの内容に合わせて自動で調整できます。列幅を自動で調整するときは下のサンプルプログラムの14行目のようにRangeオブジェクトのColumnsプロパティで列を指定して使用します。

プログラムの内容

```
1  Option Explicit
2
3  Sub AddItemColumn(TargetSheet As Worksheet)
4
5      With TargetSheet
6          .Columns("D:G").Insert Shift:=xlToRight
7
8          .Range("D1") = "カテゴリコード"
9          .Range("E1") = "カテゴリ名"
10         .Range("F1") = "商品名"
11         .Range("G1") = "単価"
12         .Range("I1") = "販売金額"
13
14         .Columns("D:I").AutoFit
15     End With
16
17 End Sub
```

●AutoFitメソッドの構文

```
Rangeオブジェクト.AutoFit
```

Rangeオブジェクトで指定したセル範囲の列幅や行の高さをセルの内容に合わせて自動で調整するときに使うメソッドです。RangeオブジェクトのColumnsプロパティかRowsプロパティで列幅、行の高さのどちらを調整するか指定します。

レッスン
38 商品マスターからデータを転記するにはⅠ

定数

データの転記をするときはブック間でさまざまな列を操作します。コードの中に列番号がたくさん記述されているとわかりにくいので、列番号に名前を付けるのが重要です。

このレッスンのフローチャート

●転記先ファイルにデータを転記する

開始

定数を宣言する — ❶処理対象に指定する定数をまとめて宣言する

転記先の行番号に 2 を指定する — ❷変数「SumSaleRow」に定数「SSStartRow」を代入する

ループ セルの値が空でなければ繰り返す — ❸指定したセル（日付列）の値が空になるまで繰り返す

ステータスバーに処理中の行番号を表示する — ❹ステータスバーに変数「SumSaleRow」の値を表示する

商品マスターを検索する — ❺関数「GetPrdMastData」を呼び出して商品マスターを検索する

0 より大きいか
- はい：商品マスターから転記する
- いいえ：転記先をクリアする

❻関数「GetPrdMastData」の処理結果が0より大きければ商品マスターから取得したデータを転記先ファイルに転記する。0以下であれば転記先に空のデータ（""）を入力する

転記先の行番号を 1 つ増やす — ❼変数「SumSaleRow」に1を加える

ループ ループの最初に戻る — ❽❸ループの最初に戻る

ステータスバーの表示を元に戻す — ❾ステータスバーに表示された値を非表示にする

終　了

▶キーワード

レッスンで使う練習用ファイル
転記処理.xlsm

▶使用するモジュール

Boolean値を活用する

繰り返し処理や判断処理の条件には真偽値を返す論理式を使います。論理式には比較演算子を使って左辺と右辺を比較して真偽を判断しますが、これ以外にBoolean型の値を返す関数なども条件に使えます。Boolean型とは論理値のデータ型のことで、例えば引数の値が空か判定する「IsEmpty関数」は引数の値が空だと真を返します。ExcelのVBAでは引数にRangeオブジェクトを指定して、セルが空であるか判定するときによく使います。

プロシージャをネストする

このレッスンでは商品マスターからデータを転記する「CopyProductData」プロシージャを作成します。このプロシージャは「自動転記モジュール」のメインとなる「MainMatch」プロシージャから呼び出されていますが、さらに商品マスターを検索する「GetPrdMastData」プロシージャを呼び出します。これはデータ転記として1つのプロシージャに記述すると、コードが長くなって可読性が落ちるからです。プロシージャの呼び出しはいくつでも入れ子（ネスト）にできるので、プロシージャの処理手順がさらに分割できるときは、別のプロシージャに分けるようにしましょう。

適切なデータ型で引数を渡す

プロシージャに引数を渡すときは目的のデータ型を渡しているか確認しましょう。Workbookオブジェクトや Worksheetオブジェクトを引数で渡すときは目的のブックやシートへの参照になっているか十分注意しましょう。

プログラムの内容

```
1  Option Explicit
2
3  Const PMStartRow = 2
4  Const PMPcd = 1
5  Const PMCcode = 2
6  Const PMCname = 3
7  Const PMPname = 4
8  Const PMPrice = 5
9
10 Const SSStartRow = 2
11 Const SSYear = 1          ❶
12 Const SSScd = 2
13 Const SSPcd = 3
14 Const SSCcode = 4
15 Const SSCname = 5
16 Const SSPname = 6
17 Const SSPrice = 7
18 Const SSSelQty = 8
19 Const SSSelAmt = 9
20
21 Sub CopyProductData(PrdMastSh As Worksheet, SumSaleSh As Worksheet)
22
23     Dim PrdMastRow As Integer
24     Dim SumSaleRow As Integer
```

次のページに続く

```
26      SumSaleRow = SSStartRow ─────────────── ❷
27
28      Do Until IsEmpty(SumSaleSh.Cells(SumSaleRow, SSYear)) ── ❸
29
30          Application.StatusBar = SumSaleRow ────────── ❹
31
32          PrdMastRow = GetPrdMastData(PrdMastSh, SumSaleSh.Cells(SumSaleRow, SSPcd)) ── ❺
33
34          If PrdMastRow > 0 Then
35              SumSaleSh.Cells(SumSaleRow, SSPname) = PrdMastSh.Cells(PrdMastRow, PMPname)
36              SumSaleSh.Cells(SumSaleRow, SSCcode) = PrdMastSh.Cells(PrdMastRow, PMCcode)
37              SumSaleSh.Cells(SumSaleRow, SSCname) = PrdMastSh.Cells(PrdMastRow, PMCname)
38              SumSaleSh.Cells(SumSaleRow, SSPrice) = PrdMastSh.Cells(PrdMastRow, PMPrice)
39              SumSaleSh.Cells(SumSaleRow, SSSelAmt) _
40                  = SumSaleSh.Cells(SumSaleRow, SSPrice) * SumSaleSh.Cells(SumSaleRow, SSSelQty) ── ❻
41          Else
42              SumSaleSh.Cells(SumSaleRow, SSPname) = ""
43              SumSaleSh.Cells(SumSaleRow, SSCcode) = ""
44              SumSaleSh.Cells(SumSaleRow, SSCname) = ""
45              SumSaleSh.Cells(SumSaleRow, SSPrice) = ""
46              SumSaleSh.Cells(SumSaleRow, SSSelAmt) = ""
47          End If
48
49          SumSaleRow = SumSaleRow + 1 ──────────────── ❼
50      Loop ─────────────────────────────────── ❽
51
52      Application.StatusBar = False ─────────────── ❾
53
54  End Sub
```

定数を設定する理由

商品マスターから売上データに情報を転記するときはそれぞれのシートの複数の列を操作します。Cellsプロパティの列は数値で指定しますが、数値ではどの列を操作しているのかがわかりにくくなります。そこで「CopyProduct Data」プロシージャでは、Constステートメントを使って、列番号を定数にして名前で指定できるようにしています。もちろん変数でも同じように名前で管理できますが、定数はプログラムの中で値を変更することはできません。コードを書くときに間違って定数を書き換える操作を記述すると事前にエラーとなるので間違いに気付けるので安心です。商品マスターや売上データにあるデータの項目列は実行中に変わることがありません。このようなワークシートを操作するときは定数を使用すると便利です。

1 定数を宣言する

```
 3 Const PMStartRow = 2
 4 Const PMPcd = 1
 5 Const PMCcode = 2
 6 Const PMCname = 3
 7 Const PMPname = 4
 8 Const PMPrice = 5
 9
10 Const SSStartRow = 2
11 Const SSYear = 1
12 Const SSScd = 2
13 Const SSPcd = 3
14 Const SSCcode = 4
15 Const SSCname = 5
16 Const SSPname = 6
17 Const SSPrice = 7
18 Const SSSelQty = 8
19 Const SSSelAmt = 9
```

商品マスターと売上データのデータ開始行番号（「PMStartRow」「SSStartRow」）とデータ項目の列番号を定数で宣言します。ここではそれぞれ以下のように宣言しています。

●定数と項目名の対応

商品マスター	PMPcd	A列 商品コード
	PMCcode	B列 カテゴリコード
	PMCname	C列 カテゴリ名
	PMPname	D列 商品名
	PMPrice	E列 単価

売上データ	SSYear	A列 日付
	SSScd	B列 店舗コード
	SSPcd	C列 商品コード
	SSCcode	D列 カテゴリコード
	SSCname	E列 カテゴリ名
	SSPname	F列 商品名
	SSPrice	G列 単価
	SSSelQty	H列 販売数量
	SSSelAmt	I列 販売金額

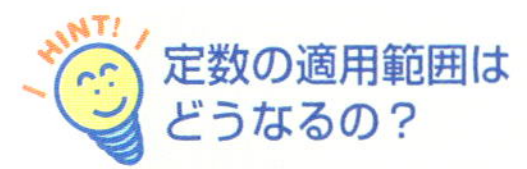

定数の適用範囲はどうなるの？

定数も変数と同じようにスコープ（有効範囲）があります。プロシージャ内で宣言した定数は宣言したプロシージャ内でしか使用することができません。モジュールの先頭で宣言した定数はそのモジュール内のプロシージャで使用できます。

●定数宣言の構文

```
Const 定数名 = 値
```

定数を宣言するときはConstステートメントを使って定数名と定数の値を指定します。定数の型は指定した値から自動的に判断されますが変数宣言と同じようにAsキーワードを使って指定することもできます。

次のページに続く

2 CopyProductDataの引数を設定する

```
21 Sub CopyProductData(PrdMastSh As Worksheet, SumSaleSh As Worksheet)
22
23     Dim PrdMastRow As Integer
24     Dim SumSaleRow As Integer
25
26     SumSaleRow = SSStartRow
```

CopyProductDataプロシージャの宣言で、転記元と転記先のWorksheetオブジェクトを引数に指定します。プロシージャ名の後ろの「()」の中にプロシージャ内で使用する転記元の変数名（仮引数）PrdMastShと転記先の変数名（仮引数）SumSaleShをWorksheetオブジェクトで宣言します。

3 転記処理をループさせる

```
28   Do Until IsEmpty(SumSaleSh.Cells(SumSaleRow, SSYear))
29
30       Application.StatusBar = SumSaleRow
31
32        PrdMastRow = GetPrdMastData(PrdMastSh, SumSaleSh.Cells(SumSaleRow, SSPcd))
```

```
47       End If
48
49       SumSaleRow = SumSaleRow + 1
50    Loop
51
52    Application.StatusBar = False
```

Do Until ～ LoopステートメントΑを使い、SumSaleShオブジェクトのA列が空になるまで処理を繰り返します。処理の間、実行状態を表示するためにStatusBarプロパティで、ステータスバーに現在の処理行を表示しておきます。
GetPrdMastDataプロシージャでは現在の行の商品コードを実引数で渡して商品マスターを検索し、検索結果を変数PrdMastRowとして受け取るようにします。現在の処理行を「1」増やし、処理を繰り返して、ループが終了したらステータスバーをシステム状態に戻します。

●IsEmpty関数の構文

```
IsEmpty(値)
```

引数で渡した変数が空である場合にTrueを返すVBAの関数です。引数には変数名や単一のセルの値を表すRangeオブジェクトのValueプロパティが使えます。IsEmpty関数を使うとセルの内容が空であるか確認できます。ここでは現在行（変数「SumSaleRow」）のA列（定数「SSYear」）が空になっていないかを確認しています。

4 条件分岐して転記処理を実行する

```
34      If PrdMastRow > 0 Then
35          SumSaleSh.Cells(SumSaleRow, SSPname) = PrdMastSh.Cells(PrdMastRow, PMPname)
36          SumSaleSh.Cells(SumSaleRow, SSCcode) = PrdMastSh.Cells(PrdMastRow, PMCcode)
37          SumSaleSh.Cells(SumSaleRow, SSCname) = PrdMastSh.Cells(PrdMastRow, PMCname)
38          SumSaleSh.Cells(SumSaleRow, SSPrice) = PrdMastSh.Cells(PrdMastRow, PMPrice)
39          SumSaleSh.Cells(SumSaleRow, SSSelAmt) _
40              = SumSaleSh.Cells(SumSaleRow, SSPrice) * SumSaleSh.Cells(SumSaleRow, SSSelQty)
41      Else
42          SumSaleSh.Cells(SumSaleRow, SSPname) = ""
43          SumSaleSh.Cells(SumSaleRow, SSCcode) = ""
44          SumSaleSh.Cells(SumSaleRow, SSCname) = ""
45          SumSaleSh.Cells(SumSaleRow, SSPrice) = ""
46          SumSaleSh.Cells(SumSaleRow, SSSelAmt) = ""
47      End If
```

If ～ Then ステートメントを使って、商品マスターの検索結果で該当商品が見つかったときは商品マスターの詳細情報を売上データファイルの該当するセルにそれぞれ代入します。逆に見つからなかったときはすべてのセルに「""」（空白）が代入されます。

変数や定数名が何を意味しているかしっかり把握しながらプログラミングしよう

Point

繰り返し処理の中も分けて考えると分かりやすい

データ転記処理の手順は繰り返しの中で商品情報を検索して転記を行っています。実際の手順は繰り返しと検索プロシージャの呼び出し、検索結果による転記となってますが、このレッスンでは繰り返し部分と転記部分の手順を分けて解説しました。これは、売上データに情報を転記する処理が長いため、繰り返し処理の大枠と繰り返しの中で行う処理を分けて考えたほうが理解しやすいからです。繰り返しの中に長い処理があるとき、手順を分けて考えると間違いが少なくなります。コードを記述するときも最初に繰り返しの部分の大枠を先に記述してから中の詳細手順を記述すれば、ループカウンターの加算処理を記述し忘れることがなくなるので安心です。

レッスン 39

商品マスターからデータを転記するにはⅡ

Functionプロシージャ

商品マスターを検索して、結果を呼び出し元に返す「Function」プロシージャを解説します。処理結果を呼び出し元に返すのでしっかり理解しましょう。

このレッスンのフローチャート

●商品マスターを検索する関数

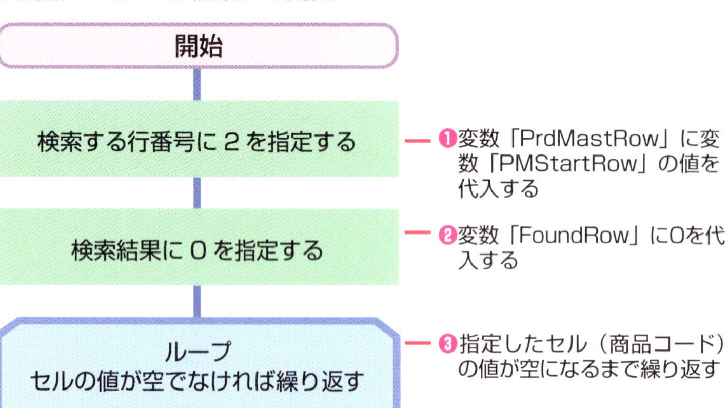

商品コードが見つかるか

はい → 検索結果に行番号を代入

いいえ

❹指定したセル(商品コード）が見つかった場合、変数「FoundRow」に変数「PrdMastRow」の値を代入し、ループを抜ける

行番号を1つ増やす

❺変数「PrdMastRow」に1を加える

ループ
ループの最初に戻る

❻❸ループの最初に戻る

検索結果を返す

❼変数「FoundRow」の値を戻り値としてCopyProductDataプロシージャに返す

終　了

▶キーワード

VBA	p.236
繰り返し処理	p.239
コード	p.239
判断処理	p.244
プログラム	p.245
プロシージャ	p.245
モジュール	p.247
戻り値	p.247

▶使用するモジュール

第6章 自動転記プログラムを作成しよう

コードの内容

```
1  Option Explicit
2
3  Const PMStartRow = 2
4  Const PMPcd = 1
5  Const PMCcode = 2

56
57 Function GetPrdMastData(PrdMastSh As Worksheet, PrdCode As String) As Integer
58
59     Dim PrdMastRow As Integer
60     Dim FoundRow As Integer
61
62     PrdMastRow = PMStartRow ───── ❶
63     FoundRow = 0 ───── ❷
64
65     Do Until IsEmpty(PrdMastSh.Cells(PrdMastRow, PMPcd)) ───── ❸
66         If PrdMastSh.Cells(PrdMastRow, PMPcd) = PrdCode Then ┐
67             FoundRow = PrdMastRow                            ├ ❹
68             Exit Do                                          ┘
69         End If
70
71         PrdMastRow = PrdMastRow + 1 ───── ❺
72     Loop ───── ❻
73
74     GetPrdMastData = FoundRow ───── ❼
75
76 End Function
```

2つのプロシージャをまとめて書くのはなぜ？

これまで紹介してきたプログラムではプロシージャごとにモジュールを記述していました。機能モジュール単位で1つのモジュールにプロシージャをまとめることもできますが、コード全体を確認しにくいこととブックごとに機能モジュールを分割できていたので、細かくモジュールに分けていました。このレッスンでは前のレッスンに続けて、1つのモジュールにプロシージャを追記しています。前のレッスンとこのレッスンのプロシージャは「自動転記モジュール」を細分化したときに1つの処理としていたので同じモジュールに記述してあればモジュールの先頭で宣言している定数を共通で使えるのです。

次のページに続く

コード解説

1 GetPrdMastDataプロシージャに引数を指定する

```
57 Function GetPrdMastData(PrdMastSh As Worksheet, PrdCode As String) As Integer
58 
59     Dim PrdMastRow As Integer
60     Dim FoundRow As Integer
61 
62     PrdMastRow = PMStartRow
63     FoundRow = 0
```

ここではレッスン㊳に続けて、GetPrdMastDataプロシージャを宣言し、検索の対象となるWorksheetオブジェクトと検索のキーになる商品コードを引数に指定します。プロシージャ名の後ろの「()」の中にプロシージャ内で使用する変数名(仮引数)PrdMastShをWorksheetオブジェクト、PrdCodeを文字列型(String)で宣言し、Functionプロシージャの処理結果を返す戻り値の型を整数型で宣言しましょう。

●Functionプロシージャの構文

```
Function プロシージャ名(引数) As データ型
        処理①
        処理②
        ⋮
        プロシージャ名 = 戻り値
End Function
```

プロシージャの処理結果を呼び出し元に返すときはFunctionステートメントを使用しプロシージャを宣言します。また、Functionプロシージャが返す戻り値のデータ型をAsキーワードで指定し、戻り値を返すにはプロシージャ名に戻り値を代入します。

商品マスターを検索してデータが見つかったときに変数「FoundRow」に行番号を代入してループを抜けます。最後まで探して見つからなかったときは変数「FoundRow」に何も代入されないので、あらかじめ見つからなかったときの値として「0」を代入しておきます。こうしておけば毎回該当しないときの処理を省くことができます。

検索処理を実行して戻り値を返す

```
65      Do Until IsEmpty(PrdMastSh.Cells(PrdMastRow, PMPcd))
66          If PrdMastSh.Cells(PrdMastRow, PMPcd) = PrdCode Then
67              FoundRow = PrdMastRow
68              Exit Do
69          End If
70
71          PrdMastRow = PrdMastRow + 1
72      Loop
73
74      GetPrdMastData = FoundRow
75
76  End Function
```

Do Until ～ Loop ステートメントを使い、PrdMastSh オブジェクトの PrdMastRow 行の商品コード列 PMPcd（A 列）が空になるまで処理を繰り返します。PrdMastSh オブジェクトの PrdMastRow 行の商品コード列 PMPcd（A 列）にある商品コードと仮引数 PrdCode が同じ場合は、商品が見つかったことになるので行番号 PrdMastRow を変数「FoundRow」に代入して繰り返しを終わります。現在の処理行 PrdMastRow を「1」増やして、処理を繰り返します。ループが終了したら変数「FoundRow」の値を戻り値として呼び出し元に返すために、Function プロシージャ名「GetPrdMastData」に代入します。

Point
検索結果の変数は見つからなかったときの値を設定しておく

このレッスンでは商品マスターを検索して、見つかったときは商品マスターの行番号、見つからなかったときは、行番号としてはありえない「0」を返しています。処理手順としては繰り返し処理の中で商品マスターを1行ずつ確認して、見つかったらそのときの行番号を変数に代入し、繰り返しを強制的に抜けています。商品マスターの最後まで検索しても見つからなかったときは見つからなかったということになりますが、変数には何も代入されないまま終わってしまいます。繰り返し処理で検索する処理では、検索結果を返す変数には最初に見つからなかったときの値を設定しておくことが重要です。

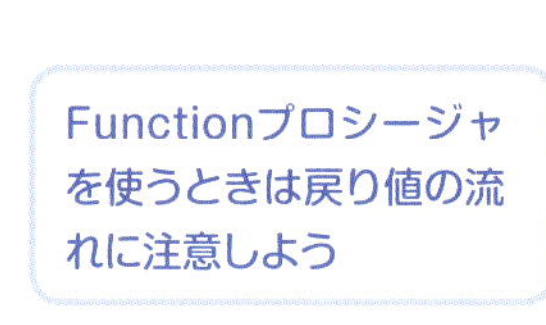

レッスン 40

標準モジュールをコピーするには

モジュールのコピー

モジュールはほかのブックにコピーすることができます。別のブックで同じプロシージャを使いたいときはモジュールをコピーすれば簡単です。

モジュールをコピーして転用する

プログラムを作るときは、別のプログラムでも使えるように汎用性を高めて設計しておくと、VBAの関数やメソッドのように使えて便利です。また、転用して一部書き換えれば、別のプログラムにもなります。作成済みのプロシージャを別のブックで使いたいときや同じような手順のプロシージャを作るときのひな型として使いたいときは、モジュールをコピーして転用すると効率的です。このレッスンでは転記処理の最後のブックの保存処理を、第5章で作成したブックからコピーして転用する方法を解説します。

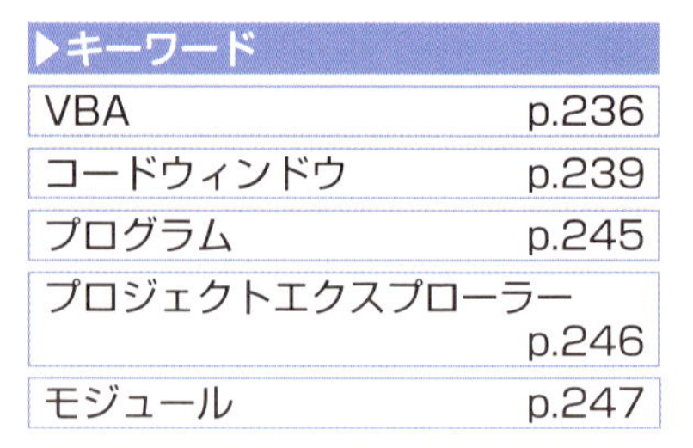

▶キーワード

VBA	p.236
コードウィンドウ	p.239
プログラム	p.245
プロジェクトエクスプローラー	p.246
モジュール	p.247

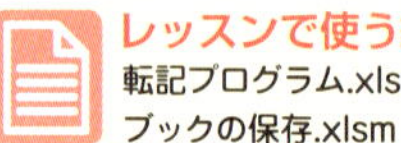

レッスンで使う練習用ファイル
転記プログラム.xlsm
ブックの保存.xlsm

1 コピーするモジュールを選択する

ここでは［転記プログラム.xlsm］に第5章で作成した［Sub_Save］モジュールをコピーする

［転記プログラム.xlsm］と［ブックの保存.xlsm］を開いておく

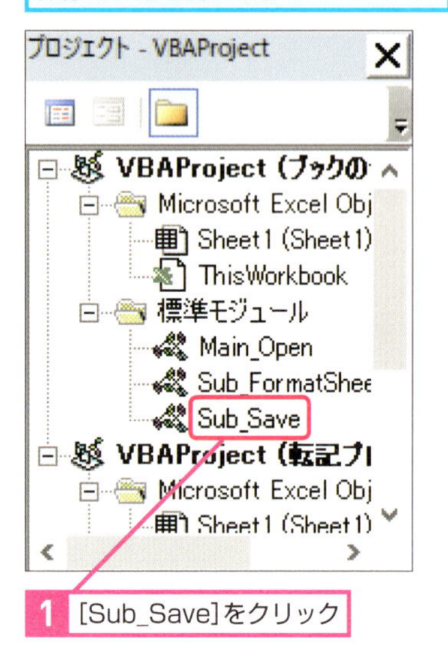

1 ［Sub_Save］をクリック

HINT! モジュール名を変更するには

新規のモジュールを追加すると「Module1」という名前のモジュールになります。モジュール名はいつでも変更できるので、どのような機能モジュールか分かるような名前に変更しましょう。モジュール名を変更するには、コードウィンドウでモジュールを選択するか左上にあるプロジェクトエクスプローラーでモジュール名をクリックします。左下のプロパティウィンドウのオブジェクト名に名前が表示されるので、この名前を変更するとモジュール名が変更できます。

HINT! 同名のモジュールがコピー先にあったときは

モジュールをコピーしたとき、コピー先に同じ名前のモジュールがすでに存在しているときは、コピー元のモジュール名の後ろに連番が付いてコピーされます。例えば「Sub_Save」モジュールがすでにあるとき、同じ名前のモジュールをコピーするとコピーしたモジュールの名前は「Sub_Save1」になります。

2 モジュールをコピーする

[Sub_Save] モジュールを [転記プログラム] プロジェクトにコピーする

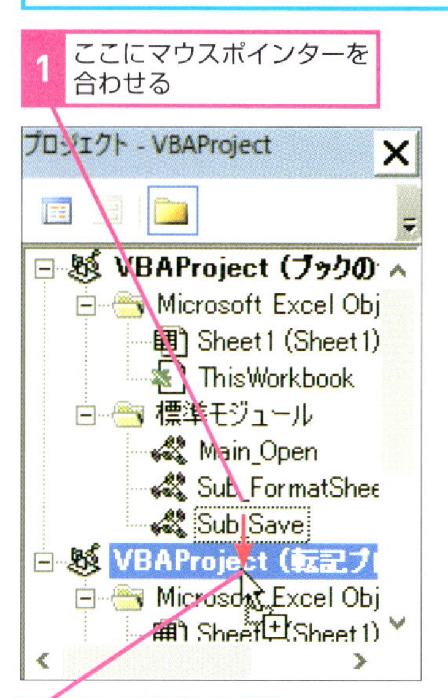

3 モジュールがコピーされた

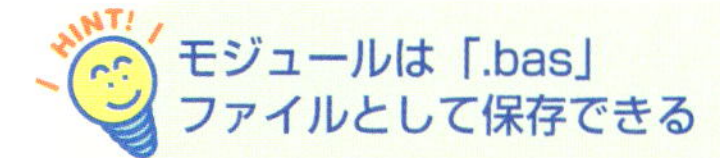

モジュールは「.bas」ファイルとして保存できる

モジュールはテキストファイルとして保存することができます。プロジェクトエクスプローラーで保存したいモジュールを選択後、右クリックして［ファイルのエクスポート］をクリックするか［ファイル］メニューの［ファイルのエクスポート］をクリックすると［ファイルのエクスポート］ダイアログボックスが開いて保存先を選択できます。保存されるファイル名の既定値はモジュール名に拡張子「.bas」が付きます。

Point

既存のモジュールをコピーすれば簡単に転用できる

この章で作成した「自動転記モジュール」の最後の処理はブックの保存です。この処理はすでに第5章の「データ変換モジュール」で作成しています。同じ処理をもう1度記述するのは面倒なうえ、記述ミスなどエラーの原因にもなります。すでに動作確認が完了して完成したモジュールがあれば、部品として再利用したほうが安心で正確です。このレッスンでは第5章の「データ変換モジュール」で作成した処理をコピーすることで、最後のブック保存処理を新たに作る手間を省きました。モジュールの機能やプロシージャの詳細な処理を設計するときは、部品として転用できるようにしておくと使い回しができるので便利です。

この章のまとめ

● Function プロシージャは処理結果を返す

この章では、機能モジュールの「自動転記モジュール」を作成しました。このモジュールは 2 つのブックのワークシート間でデータの商品コードを照合して該当するデータの転記を行います。転記元と転記先のたくさんの列を操作するので列番号でコードが書いてあるとプログラムを見ても何をしているかが分かりにくくなってしまいます。そこで、列番号に名前を付けて分かりやすくするために定数を使いました。定数を使っていれば、間違ったコードを記述して値を書き換えようとすると、エラーが発生してバグを未然に防ぐことができます。また、機能モジュールを詳細化したデータを転記する処理はさらに 2 つのプロシージャに分けて作成しました。これは、転記処理の手順にはデータの転記処理と、転記するデータを探す処理の 2 つの処理が含まれているからです。1 つにまとめてもよいのですが、プログラムが長くなり見通しが悪くなるのを防ぐ目的があります。このように機能モジュールを処理単位にプロシージャに分けた後も、さらに処理を詳細化したときに分割できるときは、より簡単なものへと分けていきましょう。

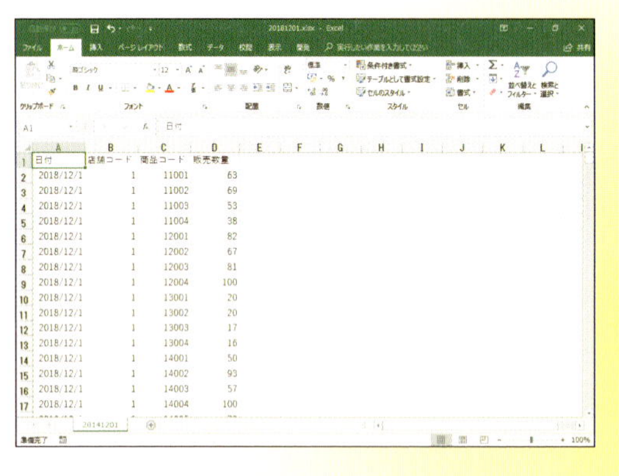

	A	B	C	D
1	日付	店舗コード	商品コード	販売数量
2	2018/12/1	1	11001	63
3	2018/12/1	1	11002	69
4	2018/12/1	1	11003	53
5	2018/12/1	1	11004	38
6	2018/12/1	1	12001	82
7	2018/12/1	1	12002	67
8	2018/12/1	1	12003	81
9	2018/12/1	1	12004	100
10	2018/12/1	1	13001	20
11	2018/12/1	1	13002	20
12	2018/12/1	1	13003	17
13	2018/12/1	1	13004	16
14	2018/12/1	1	14001	50
15	2018/12/1	1	14002	93
16	2018/12/1	1	14003	57
17	2018/12/1	1	14004	100

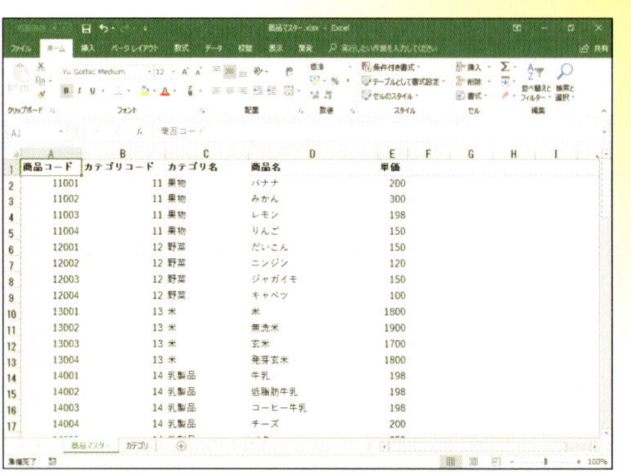

	A	B	C	D	E
1	商品コード	カテゴリコード	カテゴリ名	商品名	単価
2	11001	11	果物	バナナ	200
3	11002	11	果物	みかん	300
4	11003	11	果物	レモン	198
5	11004	11	果物	りんご	150
6	12001	12	野菜	だいこん	150
7	12002	12	野菜	ニンジン	120
8	12003	12	野菜	ジャガイモ	150
9	12004	12	野菜	キャベツ	100
10	13001	13	米	米	1800
11	13002	13	米	無洗米	1900
12	13003	13	米	玄米	1700
13	13004	13	米	発芽玄米	1800
14	14001	14	乳製品	牛乳	198
15	14002	14	乳製品	低脂肪牛乳	198
16	14003	14	乳製品	コーヒー牛乳	198
17	14004	14	乳製品	チーズ	200

処理の内容を考えてプログラムを組み合わせる

プログラムを組み合わせるときは、処理の内容をよく考えよう

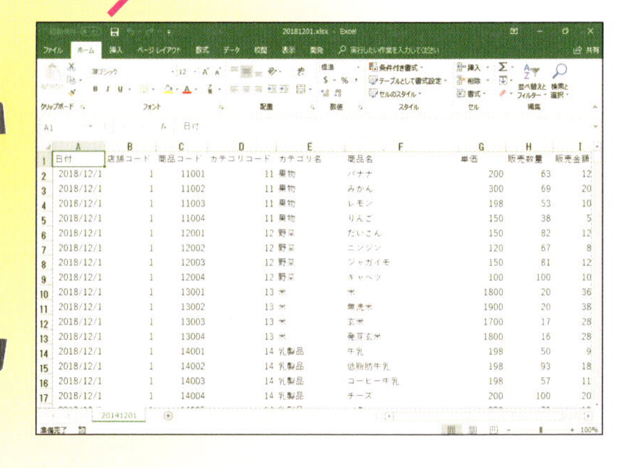

	A	B	C	D	E	F	G	H	I
1	日付	店舗コード	商品コード	カテゴリコード	カテゴリ名	商品名	単価	販売数量	販売金額
2	2018/12/1	1	11001	11	果物	バナナ	200	63	12
3	2018/12/1	1	11002	11	果物	みかん	300	69	20
4	2018/12/1	1	11003	11	果物	レモン	198	53	10
5	2018/12/1	1	11004	11	果物	りんご	150	38	5
6	2018/12/1	1	12001	12	野菜	だいこん	150	82	12
7	2018/12/1	1	12002	12	野菜	ニンジン	120	67	8
8	2018/12/1	1	12003	12	野菜	ジャガイモ	150	81	12
9	2018/12/1	1	12004	12	野菜	キャベツ	100	100	10
10	2018/12/1	1	13001	13	米	米	1800	20	36
11	2018/12/1	1	13002	13	米	無洗米	1900	20	38
12	2018/12/1	1	13003	13	米	玄米	1700	17	28
13	2018/12/1	1	13004	13	米	発芽玄米	1800	16	28
14	2018/12/1	1	14001	14	乳製品	牛乳	198	50	9
15	2018/12/1	1	14002	14	乳製品	低脂肪牛乳	198	93	18
16	2018/12/1	1	14003	14	乳製品	コーヒー牛乳	198	57	11
17	2018/12/1	1	14004	14	乳製品	チーズ	200	100	20

練習問題

1

サンプルファイルの「第６章＿練習問題」を開いて、データを転記するときに転記先に販売利益の列を追加して、売上額の0.6を掛けた値を入力してください。

●ヒント　消費税額列は「SSSelPft」という定数に「10」を設定します。

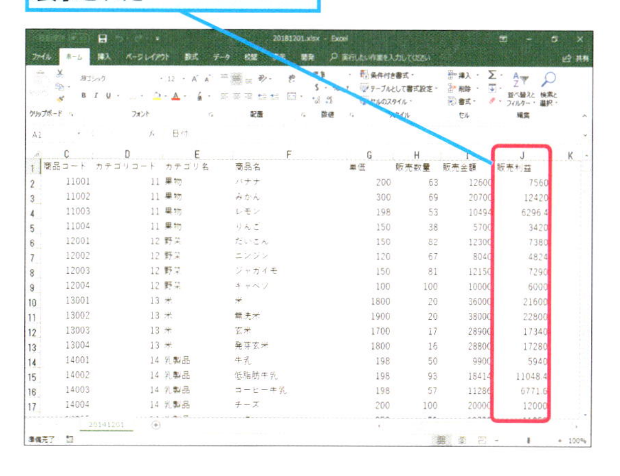

解　答

1

[Sub_AddItem］モジュールのAddItemColumnプロパティに操作1～6のように項目列の追加と列幅の設定を行うコードを追加します。[Sub_MatchItem］モジュールには操作7～9を参考に定数を追加します。[Sub_MatchItem］モジュールのCopyProductDataプロシージャに操作10～16を参考に販売利益を計算して、入力するコードを追加します。

練習用ファイル［第6章_練習問題.xlsm］をExcelで開いておく

[Sub_AddItem］モジュールを表示しておく

1 ここにマウスポインターを合わせる

```
Option Explicit

Sub AddItemColumn(TargetSheet As Worksheet)

    With TargetSheet
        .Columns("D:G").Insert Shift:=xlToRight

        .Range("D1") = "カテゴリコード"
        .Range("E1") = "カテゴリ名"
        .Range("F1") = "商品名"
        .Range("G1") = "単価"
        .Range("I1") = "販売金額"

        .Columns("D").ColumnWidth = 15
        .Columns("E").ColumnWidth = 15
        .Columns("F").ColumnWidth = 25
        .Columns("G").ColumnWidth = 10
        .Columns("I").ColumnWidth = 12
    End With

End Sub
```

2 Enterキーを押す

J列に見出し語を追加する

3 「.Range("J1") = "販売利益"」と入力

```
        .Range("D1") = "カテゴリコード"
        .Range("E1") = "カテゴリ名"
        .Range("F1") = "商品名"
        .Range("G1") = "単価"
        .Range("I1") = "販売金額"
        .Range("J1") = "販売利益"
```

J列の列幅を指定する

4 ここにマウスポインターを合わせる

5 Enterキーを押す

```
        .Columns("D").ColumnWidth = 15
        .Columns("E").ColumnWidth = 15
        .Columns("F").ColumnWidth = 25
        .Columns("G").ColumnWidth = 10
        .Columns("I").ColumnWidth = 12
    End With
```

6 「.Columns("J").ColumnWidth = 12」と入力

```
        .Columns("D").ColumnWidth = 15
        .Columns("E").ColumnWidth = 15
        .Columns("F").ColumnWidth = 25
        .Columns("G").ColumnWidth = 10
        .Columns("I").ColumnWidth = 12
        .Columns("J").ColumnWidth = 12
    End With
```

[Sub_MatchItem］モジュールを表示しておく

7 ここにマウスポインターを合わせる

```
Const SSStartRow = 2
Const SSYear = 1        ' A列 日付
Const SSScd = 2         ' B列 店舗コード
Const SSPcd = 3         ' C列 商品コード
Const SSCcode = 4       ' D列 カテゴリコード
Const SSCname = 5       ' E列 カテゴリ名
Const SSPname = 6       ' F列 商品名
Const SSPrice = 7       ' G列 単価
Const SSSelQty = 8      ' H列 販売数量
Const SSSelAmt = 9      ' I列 販売金額
```

8 Enterキーを押す

販売利益を示す定数を宣言する

9 「Const SSSelPft = 10」と入力

```
Const SSStartRow = 2
Const SSYear = 1        ' A列 日付
Const SSScd = 2         ' B列 店舗コード
Const SSPcd = 3         ' C列 商品コード
Const SSCcode = 4       ' D列 カテゴリコード
Const SSCname = 5       ' E列 カテゴリ名
Const SSPname = 6       ' F列 商品名
Const SSPrice = 7       ' G列 単価
Const SSSelQty = 8      ' H列 販売数量
Const SSSelAmt = 9      ' I列 販売金額
Const SSSelPft = 10
```

転記ループにJ列への処理を追加する

10 ここにマウスポインターを合わせる

```
        If PrdMastRow > 0 Then
            SumSaleSh.Cells(SumSaleRow, SSPname) = PrdMastSh.Cells(PrdMastRow, PMPname)
            SumSaleSh.Cells(SumSaleRow, SSCcode) = PrdMastSh.Cells(PrdMastRow, PMCcode)
            SumSaleSh.Cells(SumSaleRow, SSCname) = PrdMastSh.Cells(PrdMastRow, PMCname)
            SumSaleSh.Cells(SumSaleRow, SSPrice) = PrdMastSh.Cells(PrdMastRow, PMPrice)
            SumSaleSh.Cells(SumSaleRow, SSSelAmt)
                = SumSaleSh.Cells(SumSaleRow, SSPrice) * SumSaleSh.Cells(SumSaleRow, SSSelQty)
        Else
            SumSaleSh.Cells(SumSaleRow, SSPname) = ""
            SumSaleSh.Cells(SumSaleRow, SSCcode) = ""
            SumSaleSh.Cells(SumSaleRow, SSCname) = ""
            SumSaleSh.Cells(SumSaleRow, SSPrice) = ""
            SumSaleSh.Cells(SumSaleRow, SSSelAmt) = ""
        End If

        SumSaleRow = SumSaleRow + 1
    Loop
```

11 Enterキーを押す

12 Back spaceキーを押す

13 「SumSaleSh.Cells(SumSaleRow, SSSelPft) _」と入力

```
        If PrdMastRow > 0 Then
            SumSaleSh.Cells(SumSaleRow, SSPname) = PrdMastSh.Cells(PrdMastRow, PMPname)
            SumSaleSh.Cells(SumSaleRow, SSCcode) = PrdMastSh.Cells(PrdMastRow, PMCcode)
            SumSaleSh.Cells(SumSaleRow, SSCname) = PrdMastSh.Cells(PrdMastRow, PMCname)
            SumSaleSh.Cells(SumSaleRow, SSPrice) = PrdMastSh.Cells(PrdMastRow, PMPrice)
            SumSaleSh.Cells(SumSaleRow, SSSelAmt)
                = SumSaleSh.Cells(SumSaleRow, SSPrice) * SumSaleSh.Cells(SumSaleRow, SSSelQty)
            SumSaleSh.Cells(SumSaleRow, SSSelPft) _
        Else
            SumSaleSh.Cells(SumSaleRow, SSPname) = ""
            SumSaleSh.Cells(SumSaleRow, SSCcode) = ""
            SumSaleSh.Cells(SumSaleRow, SSCname) = ""
            SumSaleSh.Cells(SumSaleRow, SSPrice) = ""
            SumSaleSh.Cells(SumSaleRow, SSSelAmt) = ""
        End If
```

14 Enterキーを押す

15 Tabキーを押す

```
        If PrdMastRow > 0 Then
            SumSaleSh.Cells(SumSaleRow, SSPname) = PrdMastSh.Cells(PrdMastRow, PMPname)
            SumSaleSh.Cells(SumSaleRow, SSCcode) = PrdMastSh.Cells(PrdMastRow, PMCcode)
            SumSaleSh.Cells(SumSaleRow, SSCname) = PrdMastSh.Cells(PrdMastRow, PMCname)
            SumSaleSh.Cells(SumSaleRow, SSPrice) = PrdMastSh.Cells(PrdMastRow, PMPrice)
            SumSaleSh.Cells(SumSaleRow, SSSelAmt)
                = SumSaleSh.Cells(SumSaleRow, SSPrice) * SumSaleSh.Cells(SumSaleRow, SSSelQty)
            SumSaleSh.Cells(SumSaleRow, SSSelPft)
                = SumSaleSh.Cells(SumSaleRow, SSSelAmt) * 0.6
        Else
            SumSaleSh.Cells(SumSaleRow, SSPname) = ""
            SumSaleSh.Cells(SumSaleRow, SSCcode) = ""
            SumSaleSh.Cells(SumSaleRow, SSCname) = ""
            SumSaleSh.Cells(SumSaleRow, SSPrice) = ""
            SumSaleSh.Cells(SumSaleRow, SSSelAmt) = ""
        End If
```

16 「= SumSaleSh.Cells(SumSaleRow, SSSelAmt) * 0.6」と入力

第7章

データ並べ替えプログラムを作成しよう

データの並べ替えはExcelの操作でも簡単に実行できます。この章ではVBAのプログラムで並べ替え処理を自動化する手順を解説します。

●この章の内容

レッスン 41

データを並べ替えて別ファイルに保存するには

データのソート

このレッスンではこの章で作成するデータの並べ替えをするモジュールの概要を解説します。キーボードから並べ替えのキーを入力するのがポイントです。

任意の列のデータを並べ替えるには

この章で作成する機能モジュールは「データ並べ替えモジュール」です。第6章の「自動転記モジュール」で作成した商品の詳細情報が転記された売上データで任意の列を指定して並べ替えを行います。プロシージャに分割できるように詳細化すると下のフローチャートのようになります。最初の処理は並べ替えをする売上データのブックを開き、並べ替えの項目を受け取ります。次に並べ替えの処理です。最後に並べ替え済みの売上データのブックを保存します。

●この章で学ぶプログラムの概要

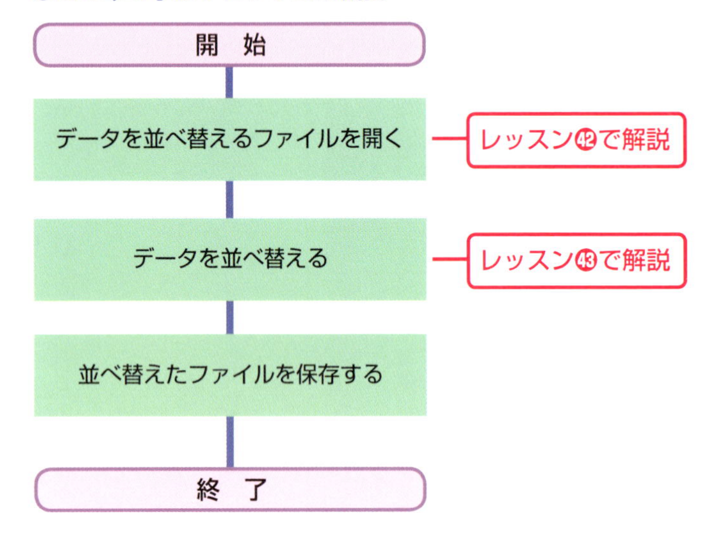

▶キーワード

セル範囲	p.242
ソートキー	p.242
プログラム	p.245
モジュール	p.247

レッスンで使う練習用ファイル
このレッスンには、
練習用ファイルがありません

VBAで並べ替えをするメリット

データの並べ替えはExcelを使えば簡単にできますが、Excelに慣れていないと誰でも簡単にとはいきません。VBAで自動化してあれば誰でも簡単に、かつ正確に並べ替えを実行できるようになります。また、Excelの表を操作するプログラムでは並べ替えの処理をよく使います。この章ではExcelで行っている並べ替えをプロシージャにするとどのような内容になるのかを解説しているので、どのようなコードを記述するのかしっかりと理解して応用してください。

コピーしたモジュールを使用する

第6章最後の処理の「ブックの保存」は第5章の「データ変換モジュール」で作成したモジュールをコピーして、新たに作る手間を省きました。この章でも同じように最後のブックの保存処理はモジュールをコピーして使用します。このようにモジュールやプロシージャは部品として転用できるようになっていると便利です。

各処理で実行される操作

●データを並べ替えるファイルを開く

A1 日付

	A	B	C	D	E
1	日付	店舗コード	商品コード	カテゴリコード	カテゴリ名
2	2018/12/1	1	11001	11	果物
3	2018/12/1	1	11002	11	果物
4	2018/12/1	1	11003	11	果物
5	2018/12/1	1	11004	11	果物
6	2018/12/1	1	12001	12	野菜
7	2018/12/1	1	12002	12	野菜
8	2018/12/1	1	12003	12	野菜
9	2018/12/1	1	12004	12	野菜
10	2018/12/1	1	13001	13	米
11	2018/12/1	1	13002	13	米
12	2018/12/1	1	13003	13	米
13	2018/12/1	1	13004	13	米

ソートキーの指定

並べ替える列番号を数字で入力

OK

キャンセル

3

並べ替えの対象になるブックを選択して開きます。続けて、並べ替えのキーになる項目をキーボードから指定します。

→レッスン㊷で解説

●データを並べ替える

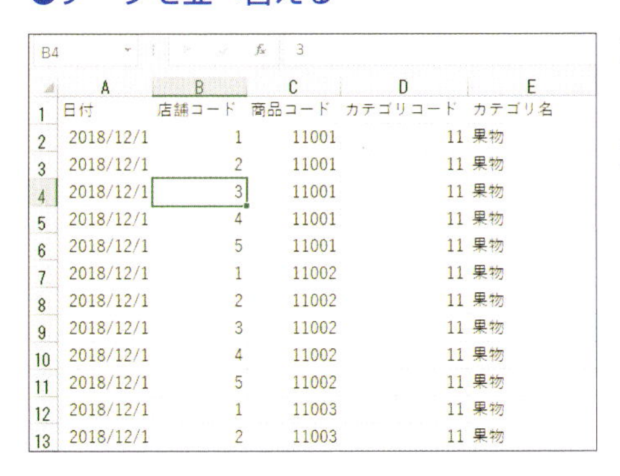

B4 3

	A	B	C	D	E
1	日付	店舗コード	商品コード	カテゴリコード	カテゴリ名
2	2018/12/1	1	11001	11	果物
3	2018/12/1	2	11001	11	果物
4	2018/12/1	3	11001	11	果物
5	2018/12/1	4	11001	11	果物
6	2018/12/1	5	11001	11	果物
7	2018/12/1	1	11002	11	果物
8	2018/12/1	2	11002	11	果物
9	2018/12/1	3	11002	11	果物
10	2018/12/1	4	11002	11	果物
11	2018/12/1	5	11002	11	果物
12	2018/12/1	1	11003	11	果物
13	2018/12/1	2	11003	11	果物

並べ替えの範囲を選択して、指定されたキー項目で並べ替えを実行します。

→レッスン㊸で解説

並べ替えると内容が
一目で分かるね

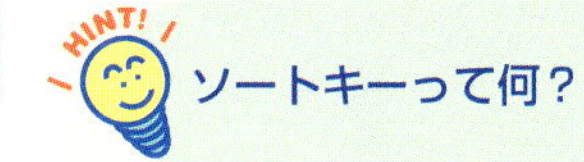

ソートキーって何？

データを並べ替えるときに並べ替えの順序の基準になる項目を「キー」と呼び、並べ替える項目のキーとなる項目なので「キー項目」と呼ぶこともあります。また、並べ替えのことは「ソート」と呼ぶので、ソートするキーを「ソートキー」と呼んでいます。

Point

並べ替えのコードは使う場面が多い

この章ではワークシートのデータを並べ替えるモジュールを作成します。Excelを使えばデータの並べ替えは簡単にできます。複数のキー項目での並べ替えも簡単なので、Excelの作業で並べ替えを行う場面は多いでしょう。そのため、VBAを使ってExcelの操作をプログラミングするときは、並べ替えの手順がどのようなコードになるのか理解しておくことが必要になります。これまでの処理とは違う新しいオブジェクトの操作が必要になります。しっかりと覚えておきましょう。

レッスン
42 データを並べ替える準備をするには

ソートキーの指定

このレッスンでは「データ並べ替えモジュール」のメインになるプロシージャを作ります。ブックを開いてソートキーの指定後に続くプロシージャの呼び出しをします。

このレッスンのフローチャート

●ソートキーを指定して続く処理のプロシージャを呼び出す

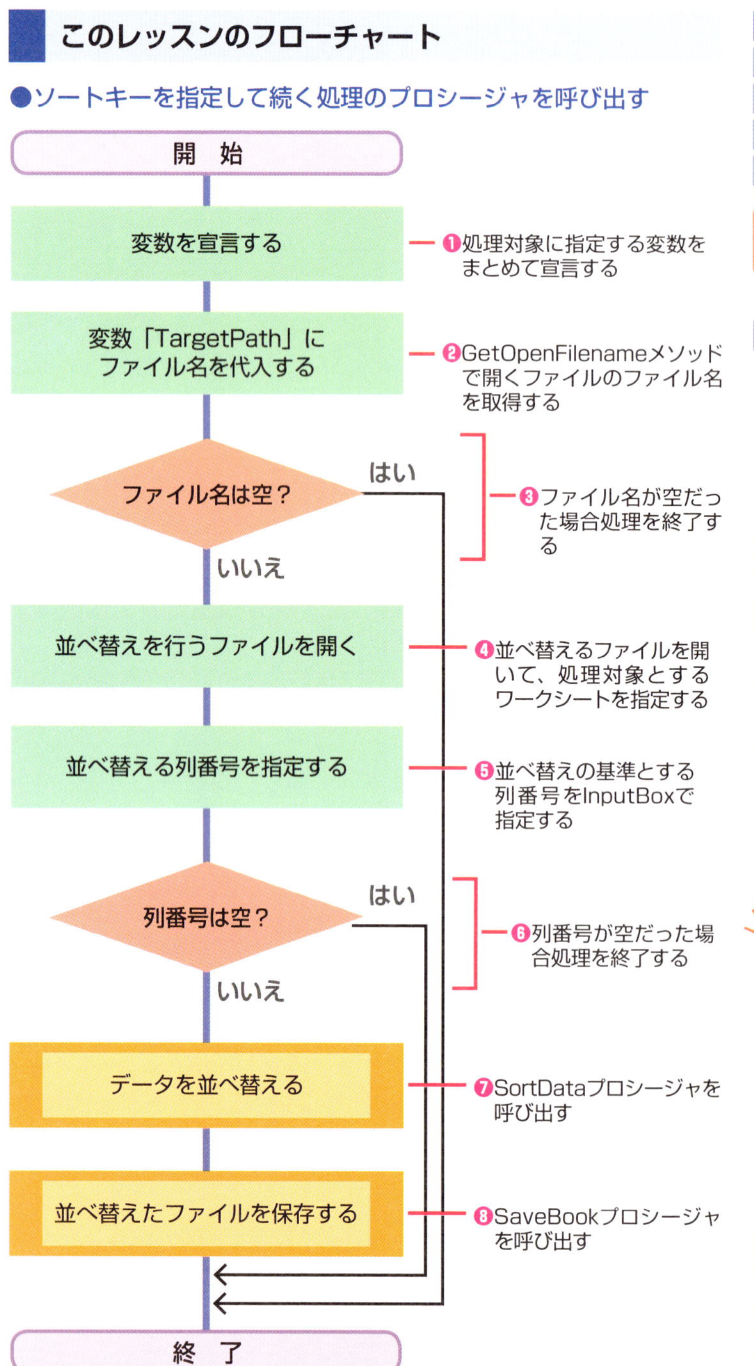

▶キーワード

VBA	p.236
コード	p.239
ソートキー	p.242
判断処理	p.244

レッスンで使う練習用ファイル
並べ替えプログラムのプロシージャ.xlsm

▶使用するモジュール

変数に変数を代入すると

練習用ファイルの24行目で整数型（Integer）の変数「SortCol」に文字列型（String）の変数「SortKey」を代入しています。数値型に文字列型を代入するとレッスン㊱のコラムで紹介した「暗黙の型変換」が行われます。20行目のInputBox関数は戻り値が文字列なので文字列型の変数で受け取る必要があります。しかし、ソートキーは列番号なので数値が必要です。そのため、ここで文字列から数値に変換しています。

データ並べ替えプログラムを作成しよう
第7章

プログラムの内容

```
1  Option Explicit
2
3  Sub MainSort()
4
5      Dim TargetPath As Variant
6      Dim DataBook As Workbook
7      Dim DataSheet As Worksheet               ❶
8      Dim SortKey As String
9      Dim SortCol As Integer
10
11     TargetPath = Application.GetOpenFilename _
12         ("データファイル(*.xlsx),*.xlsx", , "ソートするブックの選択")   ❷
13     If TargetPath = False Then
14         Exit Sub                             ❸
15     End If
16
17     Set DataBook = Workbooks.Open(TargetPath)
18     Set DataSheet = DataBook.Worksheets(1)   ❹
19
20     SortKey = InputBox("並べ替える列番号を数字で入力", "ソートキーの指定")   ❺
21     If SortKey = "" Then
22         Exit Sub                             ❻
23     End If
24     SortCol = SortKey
25                                              ❼
26     SortData DataSheet, SortCol
27
28     SaveBook DataBook                        ❽
29
30 End Sub
```


次のページに続く

▶コード解説

使用する変数を宣言する

```
3  Sub MainSort()
4
5      Dim TargetPath As Variant
6      Dim DataBook As Workbook
7      Dim DataSheet As Worksheet
8      Dim SortKey As String
9      Dim SortCol As Integer
```

プロシージャ内で使用する各変数を以下のように宣言します。

- TargetPath…並べ替えるブックのファイルパスを格納する Variant 型の変数
- DataBook……並べ替え対象のブックの Workbook オブジェクトを格納する Workbook 型の変数
- DataSheet…並べ替え対象のワークシートの WorkSheet オブジェクトを格納する Worksheet 型の変数
- SortKey………InputBox 関数で入力された文字列のソートキーを格納する String 型の変数
- SortCol………ソートキーを数値で格納する Integer 型の変数

2 並べ替えるExcelブックを開く

```
11     TargetPath = Application.GetOpenFilename _
12         ("データファイル(*.xlsx),*.xlsx", , "ソートするブックの選択")
13     If TargetPath = False Then
14         Exit Sub
15     End If
16
17     Set DataBook = Workbooks.Open(TargetPath)
18     Set DataSheet = DataBook.Worksheets(1)
```

Application オブジェクトの GetOpenFilename メソッドを実行して、ソートするデータファイルのブック「データファイル (*.xlsx)」のファイルパスを取得します。このとき、[キャンセル] ボタンがクリックされて偽 (False) が返ってきたらプロシージャを終了します。ファイルパスが取得できたら、Workbooks オブジェクトの Open メソッドでそのブックを開き、Open メソッドの戻り値を Workbook オブジェクト型の変数 DataBook に代入します。変数 DataBook が参照している Workbook オブジェクトの Worksheets プロパティに「1」を指定してブック内の左端のワークシートの参照を取り出し、Worksheet オブジェクト型の変数 DataSheet に代入する。

3 並べ替えの基準とする列番号を指定する

```
20      SortKey = InputBox("並べ替える列番号を数字で入力", "ソートキーの指定")
21      If SortKey = "" Then
22          Exit Sub
23      End If
```

InputBox関数で［ソートキーの指定］ダイアログボックスとメッセージを表示させます。キーボードから入力された番号を、ソートのキーになる項目番号として文字列で取得します。［キャンセル］ボタンがクリックされて「""」（空白）が返されたときはプロシージャを終了させます。

4 プロシージャを呼び出して並べ替えを実行する

```
24      SortCol = SortKey
25
26      SortData DataSheet, SortCol
27
28      SaveBook DataBook
```

手順3で文字列として取得したソートキーを整数型変数「SortCol」に代入します。並べ替える対象となるWorksheetオブジェクトに数値型のソートキーを実引数に設定して「並べ替え」プロシージャ「SortData」を呼び出し、ブックを保存するプロシージャ「SaveBook」を呼び出します。

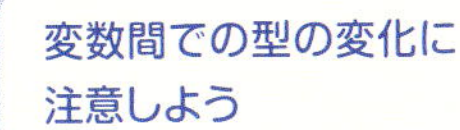

Point

数値の文字列を数値型に変換するときは注意する

このレッスンでは並べ替えの準備として、InputBox関数を使ってキーボードからソートキーを入力しています。InputBox関数の戻り値は文字列型ですがソートキーは数値型の値が必要なので、これまでのレッスンで解説した「暗黙の型変換」を利用して数値に変換しました。便利な機能ですが、文字列に数値に変換できない文字が含まれていると実行時にエラーが発生します。入力時に数値以外を入力しないようにするなど注意しましょう。

レッスン 43

データの並べ替えを行うには

昇順でのソート

このレッスンはVBAのコードで並べ替えの手順を記述する方法を解説します。並べ替えを行うにはSortオブジェクトとSortFieldsオブジェクトを使用します。

このレッスンのフローチャート

●データを昇順に並べ替える

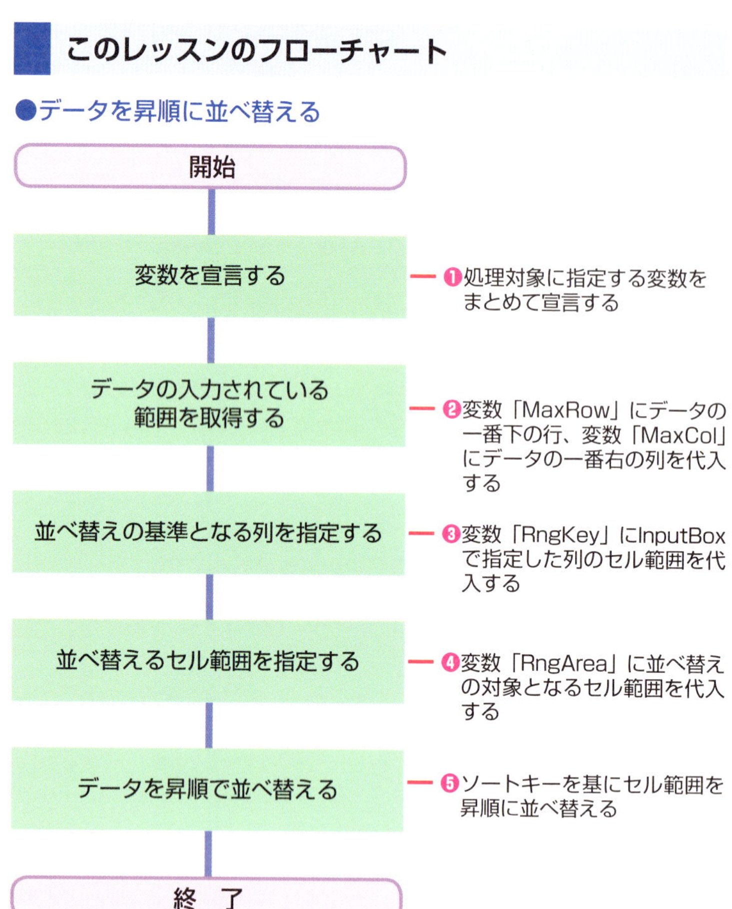

▶キーワード

VBA	p.236
コード	p.239
コレクション	p.239

レッスンで使う練習用ファイル

並べ替え.xlsm

▶使用するモジュール

Range型の変数を使う

これまでのレッスンで、ブックやワークシートのオブジェクトはオブジェクト型の変数を使って操作しました。同じようにセルやセル範囲のオブジェクトもオブジェクト型の変数で操作できます。セルやセル範囲はRangeオブジェクトなので、参照を格納するときはRangeオブジェクト型の変数を使います。このレッスンでは並べ替えのセル範囲やソートキーの列をRangeオブジェクト型変数で扱います。

プログラムの内容

```
1  Option Explicit
2
3  Sub SortData(TgSh As Worksheet, KeyCol As Integer)
4
5      Dim RngKey As Range                  ┐
6      Dim RngArea As Range                 │ ❶
7      Dim MaxRow As Integer                │
8      Dim MaxCol As Integer                ┘
9
10     With TgSh
11         MaxRow = Range("A1").End(xlDown).Row          ┐ ❷
12         MaxCol = Range("A1").End(xlToRight).Column    ┘
13         Set RngKey = Range(.Cells(2, KeyCol), Cells(MaxRow, KeyCol)) ― ❸
14         Set RngArea = Range(.Cells(2, 1), Cells(MaxRow, MaxCol)) ― ❹
15
16         With .Sort
17             .SortFields.Clear                                          ┐
18             .SortFields.Add Key:=RngKey, Order:=xlAscending            │ ❺
19             .SetRange RngArea                                          │
20             .Apply                                                     ┘
21         End With
22     End With
23
24 End Sub
```

▶コード解説

1 引数を設定して変数を宣言する

```
3  Sub SortData(TgSh As Worksheet, KeyCol As Integer)
4
5      Dim RngKey As Range
6      Dim RngArea As Range
7      Dim MaxRow As Integer
8      Dim MaxCol As Integer
```

並べ替え処理を行うSortDataプロシージャの宣言で、処理対象のWorksheetオブジェクト型仮引数「TgSh」とソートキーの列番号を受け取る整数型仮引数「KeyCol」を指定します。また、以下の変数を宣言します。

- RngKey………ソートキーになる列範囲を格納するRange型の変数
- RngArea………並べ替えるセル範囲を格納するRange型の変数
- MaxRow………並べ替えるセル範囲の最大行番号を格納するInteger型の変数
- MaxCol ………並べ替えるセル範囲の最大列番号を格納するInteger型の変数

次のページに続く

2 基準列と並べ替えるセル範囲を設定する

```
10      With TgSh
11          MaxRow = Range("A1").End(xlDown).Row
12          MaxCol = Range("A1").End(xlToRight).Column
13          Set RngKey = Range(.Cells(2, KeyCol), Cells(MaxRow, KeyCol))
14          Set RngArea = Range(.Cells(2, 1), Cells(MaxRow, MaxCol))
```

セルA1を基準にRangeオブジェクトのEndプロパティでデータ入力範囲の下端の行と右端の列を取得しましょう。End(xlDown)プロパティで下端のRangeオブジェクトを取得しRowプロパティでそのRangeオブジェクトの行番号を取得してMaxRowに代入します。End(xlToRight)で右端のRangeオブジェクトを取得しColumnプロパティでそのRangeオブジェクトの列番号を取得してMaxColに代入します。ソートキーのRangeオブジェクトと並べ替え範囲のRangeオブジェクト型を生成します。ソートキーを格納するRangeオブジェクト型変数「RngKey」に仮引数KeyCol列の2行目から下端の行MaxRowのセル範囲のRangeオブジェクトを生成してその参照を代入します。並べ替え範囲を格納するRangeオブジェクト型変数「RngArea」に2行目の1列目から下端MaxRow行の右端MaxCol列のセル範囲のRangeオブジェクトを生成してその参照を代入します。

●Endプロパティの構文

```
Rangeオブジェクト.End(方向)
```

Rangeオブジェクトの範囲内の左上を起点にして連続してデータが入力されている範囲の終端のRangeオブジェクトを返すプロパティです。以下の定数で上下左右の終端を指定します。

●XlDirection列挙

名前	終端の方向
xlDown	下端
xlToLeft	左端
xlToRight	右端
xlUp	上端

コレクションって何？

コレクションとは同じオブジェクトの集まりのことです。例えばExcelは同時に複数のブックを開くことができます。ブックはWorkbookオブジェクトなので、同時に複数のWorkbookオブジェクトが存在します。特定のワークブックはWorkbookオブジェクトですが、ExcelのすべてのブックはWorkbookオブジェクトのコレクションWorkbooksオブジェクトになります。同じようにブックにある特定のワークシートはWorksheetオブジェクトですが、ブックのすべてのワークシートはWorksheetオブジェクトのコレクションWorksheetsオブジェクトになります。WorkSheetオブジェクトを指定するときはWorksheetsオブジェクトのWorksheets(index)プロパティを使います。引数のindexにはワークシート名やワークシートの先頭からの番号を指定します。

Sortメソッドで並べ替えを実行する

```
16          With .Sort
17              .SortFields.Clear
18              .SortFields.Add Key:=RngKey, Order:=xlAscending
19              .SetRange RngArea
20              .Apply
21          End With
22      End With
```

Worksheet オブジェクトが持っている Sort オブジェクトに対して、現在のソートキー情報を持っている SortField オブジェクトをコレクションの SortFields オブジェクトからすべてクリアします。次に Sort Fields コレクションに新しいソートキー情報を持った SortField オブジェクトを追加し、Sort オブジェクトの SetRange メソッドで並べ替えのセル範囲を設定します。最後に Sort オブジェクトの Apply メソッドで並べ替えを実行します。

●Sortオブジェクトの構文

Sortオブジェクトはデータの並べ替えを管理するオブジェクトで、ここでは以下のメソッドを利用しました。

【利用したメソッド】

SetRange…並べ替えの範囲設定をするメソッド

Apply…………並べ替えを実行するメソッド

●SortFieldsオブジェクトの構文

SortFieldsオブジェクトは並べ替えの情報を持つSortFieldオブジェクトのコレクションで､ここでは以下のメソッドを利用しました。

【利用したメソッド】

Add…………………新しいSortFieldオブジェクトをコレクションに追加する

Clear………………コレクションのすべてのSortFieldオブジェクトをクリアする

●SortFieldオブジェクトの構文

18行目の「.SortFields.Add」によって追加されるSortFieldオブジェクトは並べ替えの情報を持つオブジェクトで、ここでは以下のプロパティを利用しました。

【利用したプロパティ】

Key…………………並べ替えのキーになるRangeオブジェクトを持つプロパティ

Order………………並べ替えの順序を持つプロパティ

HINT! 降順で並べ替えるには

Sortオブジェクトを使って並べ替えを行うときはSortFieldオブジェクトのKeyプロパティとOrderプロパティに条件を設定します。このレッスンでは並べ替えを昇順で行うためにSort Fieldオブジェクトの Orderプロパティに xlAscendingを指定しました。並べ替えを降順にするときはxlDescendingを指定します。

Point 並べ替えはSortオブジェクトとSortFieldオブジェクトを使う

VBAで並べ替えを行うときはSortオブジェクトとSortFieldオブジェクトの2つのオブジェクトを使用します。Sortオブジェクトは並べ替えの処理を管理するオブジェクトです。並べ替えの情報はソートキーごとにSortFieldオブジェクトが持っています。新たに設定するときはコレクションのSortFieldsオブジェクトにSortFieldオブジェクトを追加して行います。なお、あらかじめSortFieldsオブジェクトからすべてのSortFieldオブジェクトをクリアしておかないと、以前の情報が残っていて思わぬ結果になることがありますので注意してください。

この章のまとめ

● Excelの並べ替えは専用のオブジェクトを操作する

この章では、機能モジュールの「データ並べ替えモジュール」を作成しました。前の第6章で作成した「自動転記モジュール」で商品の詳細情報が転記された売上データを任意の列を指定して並べ替えるモジュールです。並べ替えはExcelが得意とする便利な機能ですから、VBAからもその便利な機能をすべて利用することができます。VBAで並べ替えをするときはSortオブジェクトとSortFieldオブジェクトの2つのオブジェクトを使います。Sortオブジェクトは並べ替えの範囲設定や並べ替えの実行など、並べ替えの基本的な情報を管理するオブジェクトです。SortFieldオブジェクトは並べ替えのキーとなる列や並べ替えの方法などの設定情報を管理するオブジェクトでソートキーごとに1つずつ必要なオブジェクトになります。並べ替えの手順を理解するにはこの2つのオブジェクトの使い方を覚えておくことが大切です。

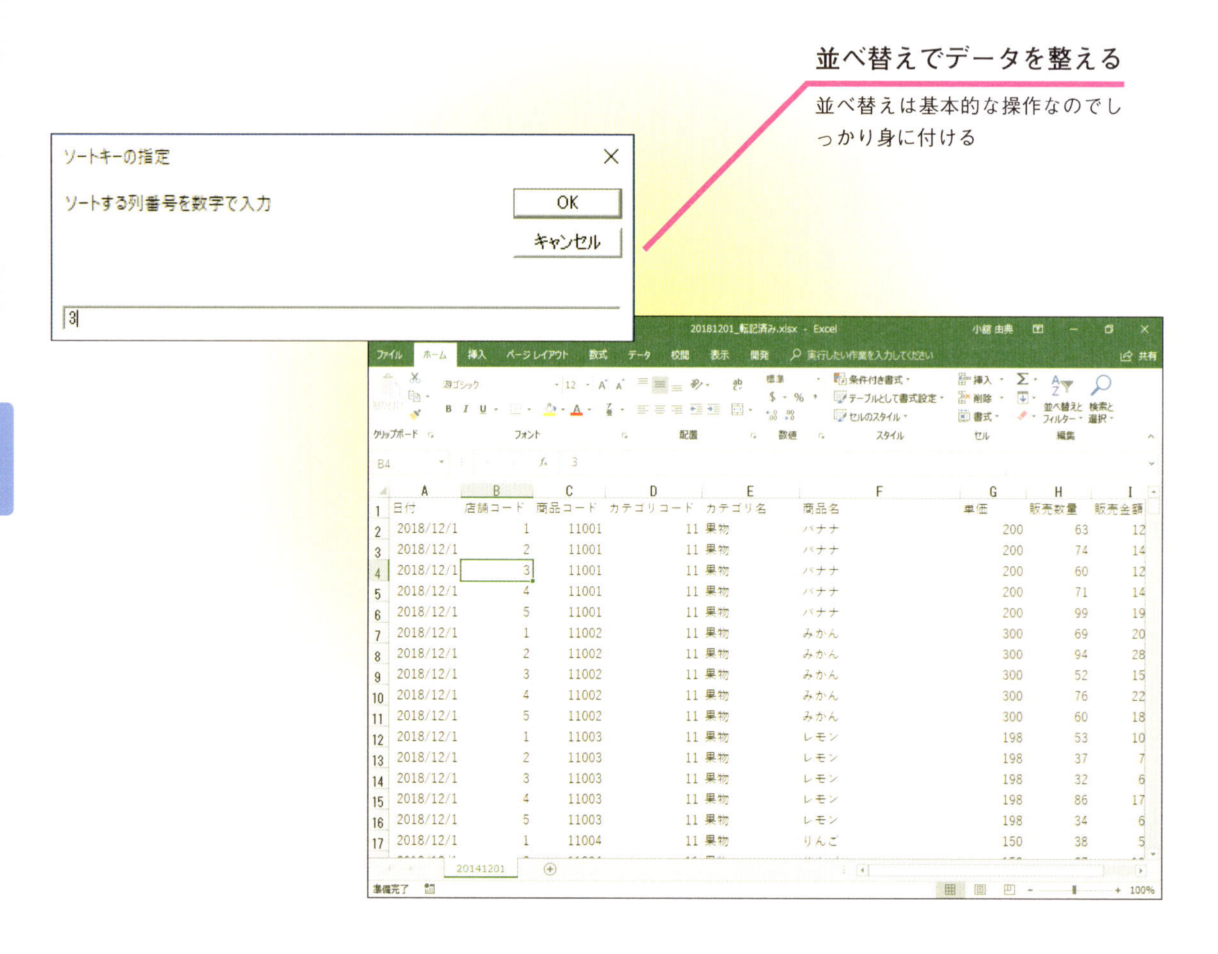

練習問題

1

サンプルファイルの「第７章＿練習問題.xlsm」を開いて、並べ替えの順番を昇順から降順に変更してください。なお実行時はＧ列（７列目）を選択して単価を指定してください。

●ヒント　並べ替えの順序はSortFieldオブジェクトの「Order」プロパティに「xlDescending」を設定します。実行するには「20181201＿転記済み.xlsx」も開いておく必要があります。

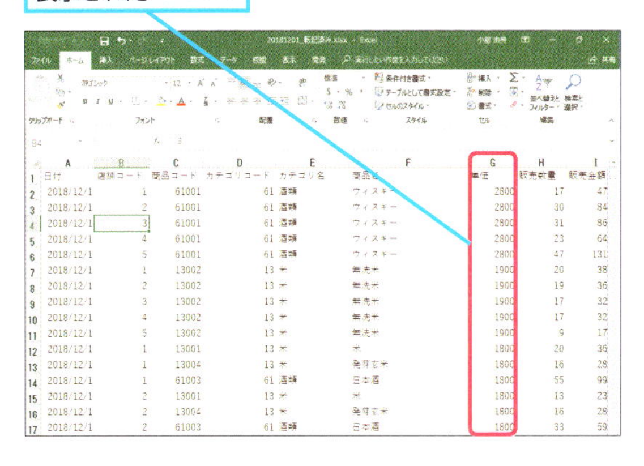

SortFieldオブジェクトはレッスン㊸で解説したよ。分からないときは読み返してみよう

解答

1

練習用ファイル[第7章_練習問題.xlsm]を開いておく

[Sub_Sort] モジュールを表示しておく

1 ここにマウスポインターを合わせる

```
        With .Sort
            .SortFields.Clear
            .SortFields.Add Key:=RngKey, Order:=xlAscending
            .SetRange RngArea
            .Apply
        End With
    End With

End Sub
```

2 ここまでドラッグする

3 Delete キーを押す

4 「xlDescending」と入力

```
        With .Sort
            .SortFields.Clear
            .SortFields.Add Key:=RngKey, Order:=xlDescending
            .SetRange RngArea
            .Apply
        End With
    End With

End Sub
```

レッスン㉞を参考に「MainSort」マクロを実行する

[ソートするブックの選択] ダイアログボックスが表示された

5 「20181201_転記済み.xlsx」を選択

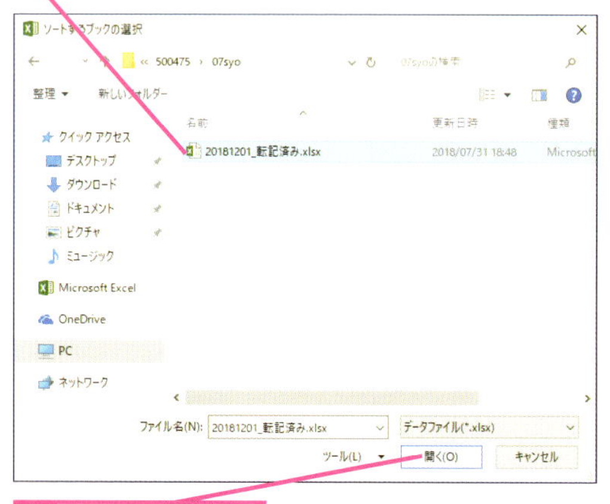

6 [開く]をクリック

並べ替えの設定はSortFieldオブジェクトのOrderプロパティで設定します。昇順は「xlAscending」、降順は「xlDescending」です。[Sub_Sort] モジュールのSortDataプロシージャでSortFieldオブジェクトのコレクションSortFieldsオブジェクトに新しいSortFieldオブジェクトを追加するコード「.SortFields.Add」の「Order」プロパティの値を「xlDescending」に書き換えます。

[ソートキーの指定] ダイアログボックスが表示された

7 「7」と入力

8 [OK]をクリック

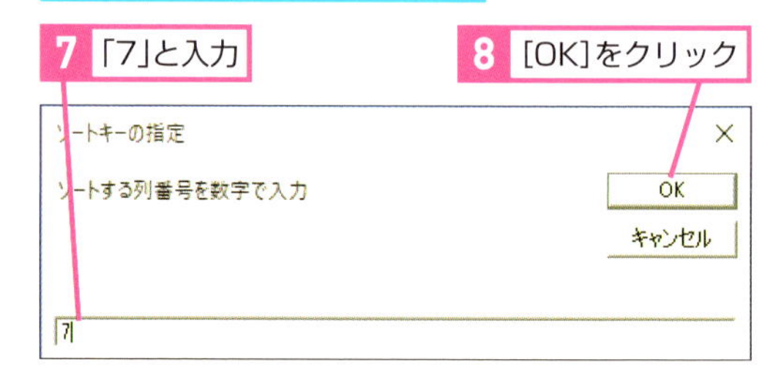

単価が降順で並べ替えられる

第8章

自動集計プログラムを作成しよう

この章ではこれまで整えてきた売上データを基に集計機能を作成します。最後に、これまで第5章から作ってきた機能モジュールを1つにまとめて1つのプログラムとして完成させます。

●この章の内容

レッスン
44 売上を自動的に集計するには

データの集計

このレッスンではこの章で作成する売上データを集計する機能モジュールの概要を解説します。このモジュールが売上集計プログラムの中核になる機能です。

カテゴリごとに集計処理を実行するには

この章で作成する機能モジュールは「売上集計モジュール」です。このモジュールでは売上データを商品カテゴリごとに集計して新しいブックに結果を転記します。処理をプロシージャに分割できるように詳細化すると、下のフローチャートのようになります。最初の処理は集計するデータが保存されているブックを開く処理と、集計先の新しいブックの作成です。次に集計データが見やすいように新規ブックのワークシートの体裁を整えます。続いてカテゴリごとに集計して、新しいブックに転記する集計処理を行います。最後に集計結果が転記された新しいブックに名前を付けて保存します。

●この章で学ぶプログラムの概要

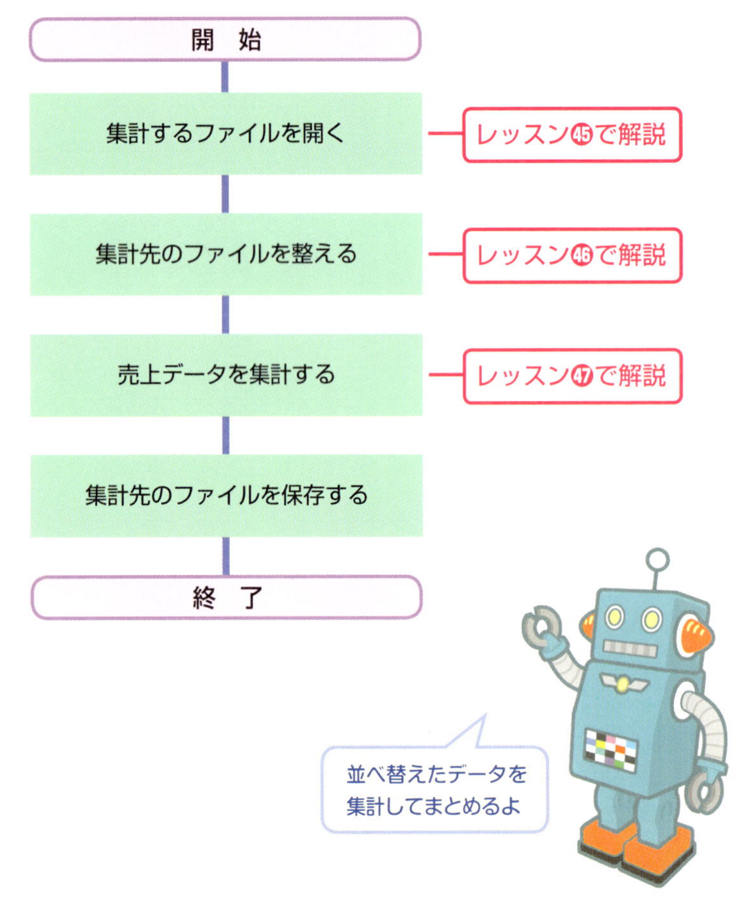

▶キーワード

オブジェクト	p.238
ブック	p.245
プログラム	p.245
モジュール	p.247

レッスンで使う練習用ファイル
このレッスンには、
練習用ファイルがありません

常に目的を意識してプログラミングする

この章で作成する集計処理は商品のカテゴリごとに売上を集計しています。集計処理のプログラミングを行うときは、どのような結果が得たいのか目的を意識して設計することが大切です。今回はカテゴリ別の集計ですが、店舗ごととか、さらに店舗単位でカテゴリごとに集計するなど、目的が変われば対象にする項目も変わってきます。何が目的なのかをしっかり把握してプログラミングしましょう。

各処理で実行される操作

●集計するファイルを開く

	A	B	C	D	E
1	日付	店舗コード	商品コード	カテゴリコード	カテゴリ名
2	2018/12/1	1	11001	11	果物
3	2018/12/1	2	11001	11	果物
4	2018/12/1	3	11001	11	果物
5	2018/12/1	4	11001	11	果物
6	2018/12/1	5	11001	11	果物
7	2018/12/1	1	11002	11	果物
8	2018/12/1	2	11002	11	果物
9	2018/12/1	3	11002	11	果物
10	2018/12/1	4	11002	11	果物
11	2018/12/1	5	11002	11	果物
12	2018/12/1	1	11003	11	果物
13	2018/12/1	2	11003	11	果物

集計元の売上データのブックを開き、続けて集計結果を格納する転記先の新しいブックを作成します。「売上集計モジュール」のメインになるプロシージャです。

→レッスン㊺で解説

●集計先のファイルを整える

	A	B	C	D	E	F
1	カテゴリ	合計金額				

新しく作ったブックのワークシートを集計結果のデータが見やすいように体裁を整えます。

→レッスン㊻で解説

●売上データを集計する

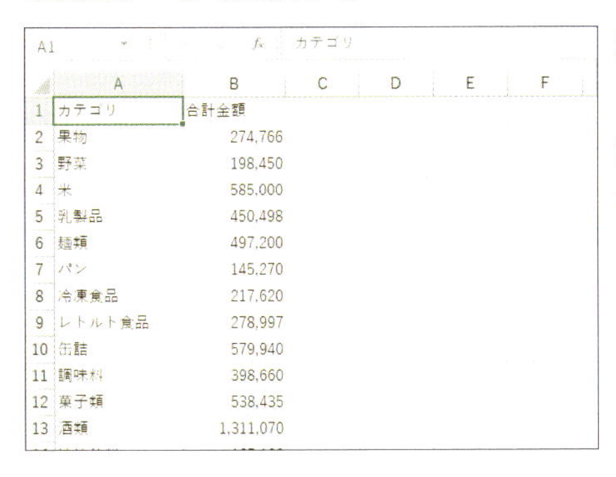

	A	B
1	カテゴリ	合計金額
2	果物	274,766
3	野菜	198,450
4	米	585,000
5	乳製品	450,498
6	麺類	497,200
7	パン	145,270
8	冷凍食品	217,620
9	レトルト食品	278,997
10	缶詰	579,940
11	調味料	398,660
12	菓子類	538,435
13	酒類	1,311,070

売上データのカテゴリごとに売上を合計して、転記先のブックに転記します。

→レッスン㊼で解説

集計前にデータをソートする

この章で作成する集計処理では、処理を効率的に行うために、あらかじめ並べ替え、集計元のデータは集計する項目をキーにして並べ替えておくことが必要です。第7章で作成したデータの並べ替え機能は、このために用意したといっても過言ではありません。今回の集計プログラムではカテゴリごとに集計するので、事前にカテゴリの項目列を指定して並べ替えを行っておきます。

Point

効率的に集計処理を行うにはデータの事前準備が重要

この章で作成する集計処理を行うときにはHINT!で解説したように事前に集計元のデータを集計する項目で並べ替えておきます。集計する項目に3種類のカテゴリがある場合、並べ替えていないと集計するカテゴリごとに先頭から最後まで同じカテゴリを探します。3種類なので結果としてすべてのデータを3回検索することになります。事前に並べ替えてあれば、データがカテゴリごとに並んでいることで、カテゴリが変わるごとに集計すればよくなるのでデータの検索は1回だけになって処理の効率が良くなります。必ず事前に並べ替えを行っておきましょう。

レッスン
45 集計するファイルを開くには
新規Excelブックの作成

このレッスンでは「売上集計モジュール」のメインになるプロシージャを作ります。今回は新規のExcelブックを作成する処理があります。

このレッスンのフローチャート

●集計元ファイル、新規ブックを開いて、続く処理のプロシージャを呼び出す

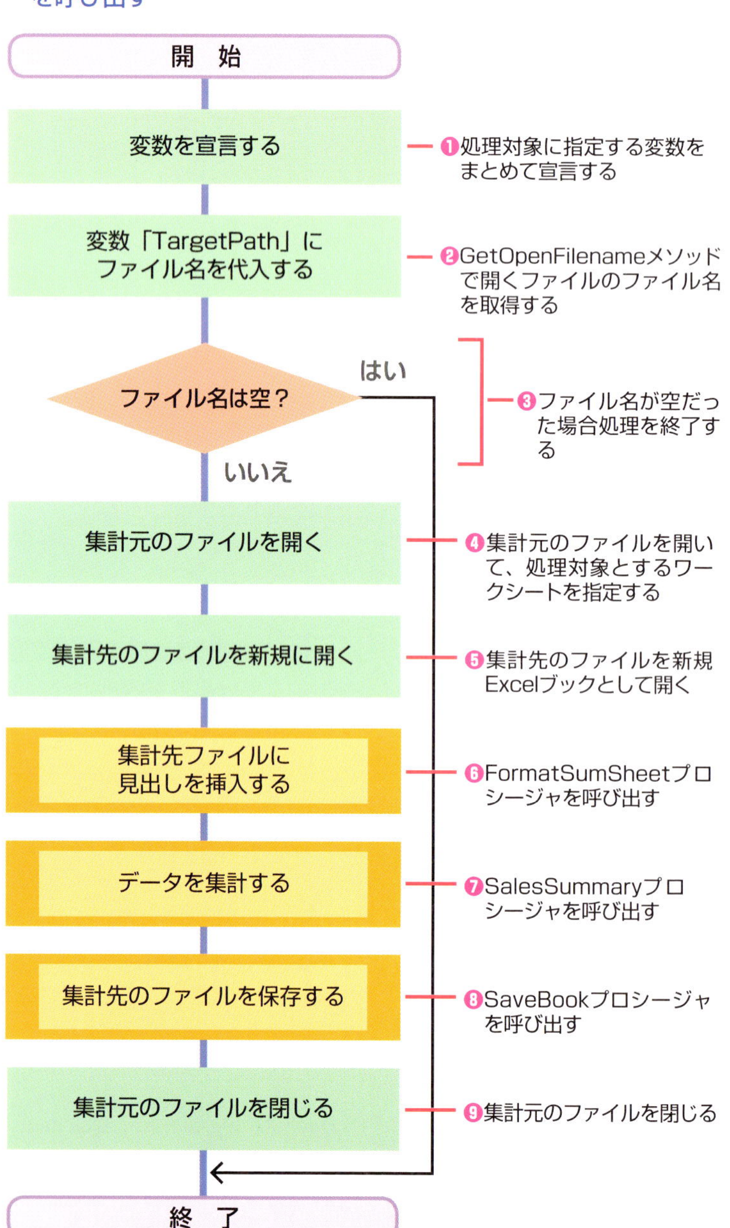

▶キーワード

VBA	p.236
コード	p.239
判断処理	p.244
ブック	p.245

レッスンで使う練習用ファイル
集計プログラムのプロシージャ.xlsm

▶使用するモジュール

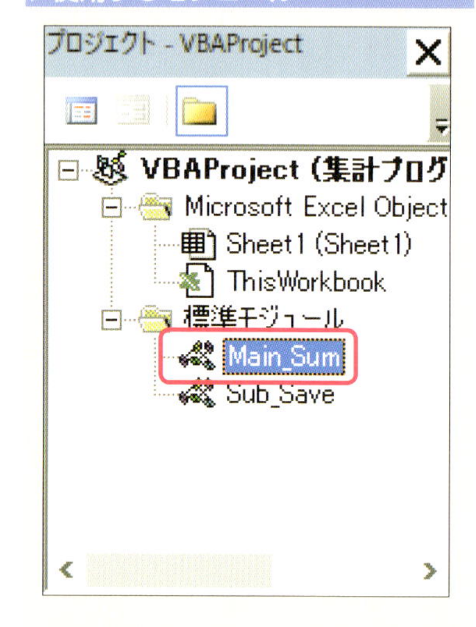

プログラムの内容

```
1  Option Explicit
2
3  Sub MainSummary()
4
5      Dim TargetPath As Variant
6      Dim SumBook As Workbook
7      Dim SumSheet As Worksheet
8      Dim DataBook As Workbook
9      Dim DataSheet As Worksheet
10
11     TargetPath = Application.GetOpenFilename _
12         ("データファイル(*.xlsx),*.xlsx", , "集計するブックの選択")
13     If TargetPath = False Then
14         Exit Sub
15     End If
16     Set DataBook = Workbooks.Open(TargetPath)
17     Set DataSheet = DataBook.Worksheets(1)
18
19     Set SumBook = Workbooks.Add
20     Set SumSheet = SumBook.Worksheets(1)
21
22     FormatSumSheet SumSheet
23
24     SalesSummary DataSheet, SumSheet
25
26     SaveBook SumBook
27
28     DataBook.Close
29
30 End Sub
31
```

❶ (5〜9行目) ❷ (11〜12行目) ❸ (13〜15行目) ❹ (16〜17行目) ❺ (19〜20行目) ❻ (22行目) ❼ (24行目) ❽ (26行目) ❾ (28行目)

次のページに続く

▶コード解説

1 使用する変数を宣言する

```
3  Sub MainSummary()
4  
5      Dim TargetPath As Variant
6      Dim SumBook As Workbook
7      Dim SumSheet As Worksheet
8      Dim DataBook As Workbook
9      Dim DataSheet As Worksheet
```

MainSummaryプロシージャ内で使用する各変数を、以下のように宣言します。

- TargetPath……集計元ブックのファイルパスを格納するVariant型の変数
- SumBook………集計元ブックのWorkbookオブジェクトを格納するWorkbook型の変数
- SumSheet………集計元のワークシートのWorkSheetオブジェクトを格納するWorksheet型の変数
- DataBook………集計先ブックのWorkbookオブジェクトを格納するWorkbook型の変数
- DataSheet………集計先のワークシートのWorkSheetオブジェクトを格納するWorksheet型の変数

2 集計元のExcelブックを開く

```
11     TargetPath = Application.GetOpenFilename _
12         ("データファイル(*.xlsx),*.xlsx", , "集計するブックの選択")
13     If TargetPath = False Then
14         Exit Sub
15     End If
16     Set DataBook = Workbooks.Open(TargetPath)
17     Set DataSheet = DataBook.Worksheets(1)
```

ApplicationオブジェクトのGetOpenFilenameメソッドを実行して集計元のブック「データファイル(*.xlsx)」のファイルパスを取得します。[キャンセル]ボタンがクリックされて偽（False）が返ってきたらプロシージャを終了させます。ファイルパスが取得できたら、WorkbooksオブジェクトのOpenメソッドでブックを開き、Openメソッドの戻り値をWorkbookオブジェクト型の変数DataBookに代入しておきます。WorkbookオブジェクトDataBookのWorksheetsプロパティに「1」を指定してブック内の左端のワークシートの参照を取り出し、Worksheetオブジェクト型の変数DataSheetに代入します。

集計先の新規Excelブックを開く

```
19      Set SumBook = Workbooks.Add
20      Set SumSheet = SumBook.Worksheets(1)
```

Workbooks オブジェクトの Add メソッドで集計先の新規 Excel ブックを作成して、Open メソッドの戻り値を Workbook オブジェクト型の変数 Sum Book に代入しておきます。手順 2 と同様に Work book オブジェクト SumBook の Worksheets プロパティに「1」を指定してブック内の左端のワークシートの参照を取り出し、Worksheet オブジェクト型の変数 DataSheet に代入します。

●Addメソッドの構文

```
Workbooksオブジェクト.Add [ブックの作成方法]
```

新規ブックを作成するときはWorkbooksオブジェクトのAddメソッドを使用します。Addメソッドは作成した新規ブックWorkbookオブジェクトの参照を返します。新規ブックがアクティブブックになります。テンプレートを基に新規ブックを作成したいときはオプションの引数で指定することができます。

4 プロシージャを呼び出して集計元のExcelブックを閉じる

```
22      FormatSumSheet SumSheet
23
24      SalesSummary DataSheet, SumSheet
25
26      SaveBook SumBook
27
28      DataBook.Close
```

新規 Excel ブックの体裁を整える FormatSumSheet プロシージャに転記先の Worksheet オブジェクト型の変数 SumSheet を実引数に指定して呼び出します。集計処理を行う SalesSummary プロシージャに集計元のワークシート Workbooks オブジェクトの Worksheet オブジェクト型の変数 DataSheet と転記先の Worksheet オブジェクト型の変数 SumSheet を実引数に指定して呼び出します。ブックを保存する SaveBook プロシージャに集計先の新規 Excel ブック Workbook オブジェクト型の変数 SumBook を実引数に指定して呼び出し、集計元の Workbook オブジェクト型の変数 DataBook を閉じます。

Point

Addメソッドは作成したブックの参照を返す

新しいExcelブックを作成するときはWorkbooksオブジェクトのAddメソッドを使用します。作成したブックがアクティブブックになるので、ApplicationオブジェクトのActiveWorkbookプロパティを使えば参照を取得できますが、Addメソッドは作成した新規ブックの参照を返すので戻り値を代入するほうが簡単です。

レッスン
46

集計先のファイルを整えるには

シートの初期化処理

このレッスンでは新規に作成した集計先ワークシートに項目名と列幅の設定、セルの書式設定などをして体裁を整えます。書式設定は初めて行う処理です。

このレッスンのフローチャート

●見出し語を入力して書式を整える

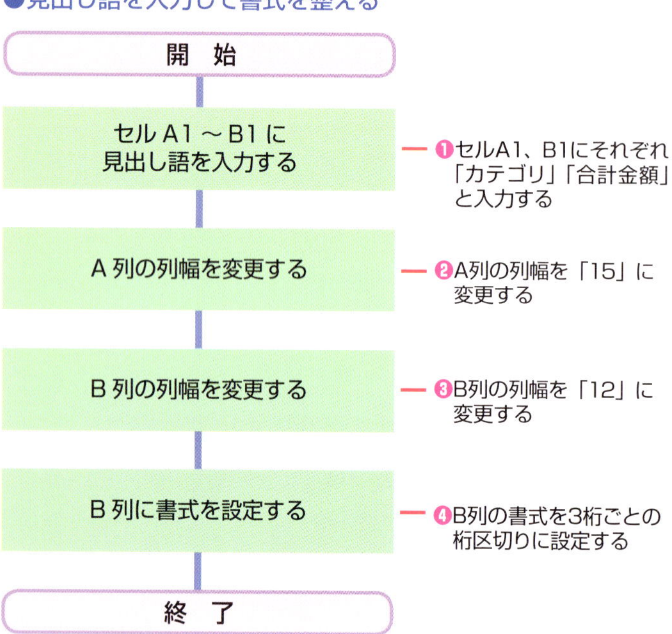

▶キーワード

VBA	p.236
コード	p.239
書式	p.240
セルの書式設定	p.242

レッスンで使う練習用ファイル
集計シートの初期化.xlsm

▶使用するモジュール

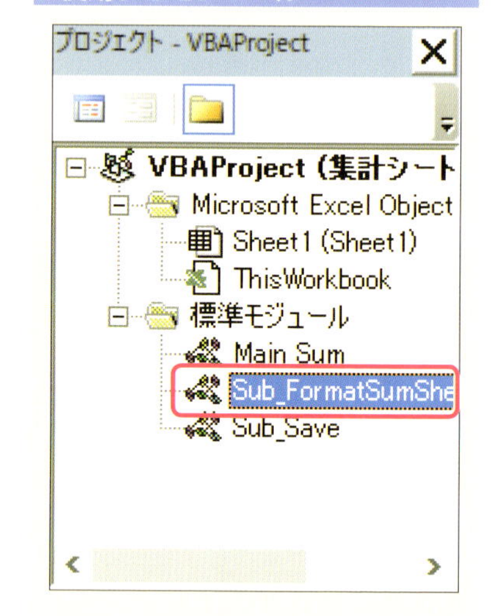

HINT!
セルの入力内容を確認する

このレッスンでは新規に作成したワークシートの体裁を整えています。新しいワークシートの体裁を整えるには、想定されるサンプルデータを用意して設定します。セルの列幅や書式設定、文字のフォントや大きさなど、サンプルデータを基に検討しましょう。

プログラムの内容

```
1  Option Explicit
2
3  Sub FormatSumSheet(TargetSheet As Worksheet)
4
5      With TargetSheet
6          .Range("A1") = "カテゴリ"              ❶
7          .Range("B1") = "合計金額"
8          .Columns("A").ColumnWidth = 15       ❷
9
10         With .Columns("B")
11             .ColumnWidth = 12                ❸
12             .Style = "Comma [0]"             ❹
13         End With
14     End With
15
16 End Sub
```


▶コード解説

1 空白のブックに見出し語を挿入する

```
3  Sub FormatSumSheet(TargetSheet As Worksheet)
4
5      With TargetSheet
6          .Range("A1") = "カテゴリ"
7          .Range("B1") = "合計金額"
8          .Columns("A").ColumnWidth = 15
```

FormatSumSheetプロシージャの宣言で、処理の対象となるWorksheetオブジェクトを仮引数に指定します。プロシージャ名の後ろの「()」の中にプロシージャ内で使用する変数名（仮引数）TargetSheetをWorksheetオブジェクト型で宣言します。仮引数で受け取ったTargetSheetを処理の対象にすることを指定します。処理対象オブジェクトのセルA1に"カテゴリ"を入力し、同様に処理対象オブジェクトのセルB1に"合計金額"を入力します。処理対象オブジェクトのA列の列幅は「15」に設定しておきます。

次のページに続く

2 列幅を変更して書式を設定する

```
10          With .Columns("B")
11              .ColumnWidth = 12
12              .Style = "Comma [0]"
13          End With
14      End With
```

現在の処理対象のオブジェクトのB列を対象にすることを指定します。処理対象オブジェクトの列幅を「12」に設定し、処理対象オブジェクトのセルの書式設定で表示形式を「Comma [0]」に設定します。

●Styleプロパティの構文

```
Rangeオブジェクト.Style = 設定値
```

Rangeオブジェクトで指定したセル範囲のセルの書式を設定するときに使用するプロパティ。表示形式や配置、フォント、罫線などStyleオブジェクトのプロパティで設定する。なお、よく使う書式の組み合わせは以下の表のようにあらかじめ設定されています。

●Styleプロパティでよく使われる設定値

設定値	適用される書式
"Comma [0]"	3桁ごとに「,」を入れて桁区切りにする
"Comma"	3桁ごとに「,」入れて桁区切りにする。小数を2桁まで表示する
"Percent"	セルの値をパーセントスタイルで表示する
"Currency [0]"	セルの値を通貨形式で表示する
"Currency"	セルの値を通貨形式で表示する。小数を2桁まで表示する

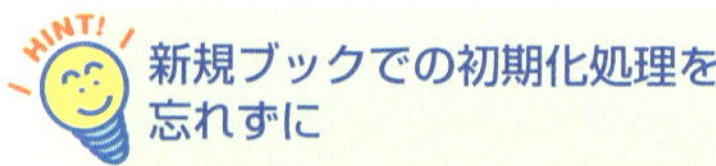

新規ブックでの初期化処理を忘れずに

Excelで新しく表を作るときは、入力するデータを想定してセルの表示形式や項目名、表題、罫線など枠組みを作っていると思います。同じようにVBAで新規ブックを作成したときはブックの初期化処理で同じようにあらかじめ表の体裁を整えておきましょう。

Point

新規ブックの書式設定はマクロの記録を活用する

このレッスンでは新規に作成したブックの体裁を整える手順を解説しました。新しく作る表の体裁は実際にデータを入力してからでないと決まらない部分があります。あらかじめサンプルデータを使って表を作っておけば実際のイメージが分かるので体裁が整えやすくなります。しかし、VBAのコードで記述するには手間がかかります。そのようなときはマクロの記録を利用すると便利です。体裁を整える手順を記録して、生成されたVBAのコードをコピーすれば面倒なプロパティの設定も簡単に行えます。

テクニック Withステートメントの一歩進んだ使い方

VBAの実行中にオブジェクトの参照があると、その参照先を解決するためにメモリの検索を行います。同じオブジェクトの参照が繰り返し続いても、その都度検索が行われます。Withステートメントを使うとVBAは最初に検索した情報をEnd Withステートメントまで保持しているので全体の処理速度が若干早くなります。Withステートメントの中でそのオブジェクトが持っているオブジェクトの参照が続けば同じように参照先を探しに行きます。Withステートメントはネストできるので Withステートメントを利用したほうがよいでしょう。また、Withステートメントを使って同じオブジェクトを対象にしていることを明確にすることで可読性もよくなります。下の例はこのレッスンと同じ処理内容ですがRangeオブジェクトのB列を2回参照しています。コードを見比べてどちらが分かりやすいか確認してみましょう。

プログラムの内容

```
1  Option Explicit
2
3  Sub FormatSumSheet(TargetSheet As Worksheet)
4
5      With TargetSheet
6          .Range("A1") = "カテゴリ"
7          .Range("B1") = "合計金額"
8          .Columns("A").ColumnWidth = 15
9          .Columns("B").ColumnWidth = 12
10         .Columns("B").Style = "Comma [0]"
11     End With
12
13 End Sub
```

VBAで設定できる書式

VBAにはExcelが持っているすべての機能を操作したり、設定したりできるようにApplicationオブジェクトを頂点にして、すべてをオブジェクトとして持っています。セルの書式設定も同様で、Excelで設定できる書式設定はすべてVBAで行えます。またStyleプロパティで解説したように、ブックにはよく使う書式の組み合わせが設定されています。この書式の組み合わせも新たに追加することができます。VBAで新しいスタイルを追加するにはStyleオブジェクトのコレクションのStylesオブジェクトのAddメソッドを使います。

レッスン
47

集計を実行するには

ループ処理の組み合わせ

ここではデータの集計処理を解説します。集計では2つのループを組み合わせて、2重ループを使います。集計処理はよく使う機能なのでしっかりと理解しましょう。

このレッスンのフローチャート

●カテゴリごとに売上の合計を求める

開　始

変数を宣言する — ❶処理対象に指定する変数をまとめて宣言して初期値を代入する

主処理ループ　セルの値が空でなければ繰り返す — ❷指定したセル（日付列）の値が空になるまで繰り返す

集計元のカテゴリーコードを変数に代入する — ❸変数「TmpCcode」にカテゴリコードを集計先の集計区分として代入する

カテゴリ名を集計先に転記する — ❹集計元のカテゴリコードが変わるたびに集計先の新しい行にカテゴリ名を転記する

集計ループ　カテゴリコードが同じでセルの値が空でなければ繰り返す — ❺カテゴリコードが同じ間、指定したセル（日付列）の値が空になるまで繰り返す

カテゴリごとの集計金額を集計先に入力する — ❻「DatRow」行に入力されている販売金額を集計先シートに加算していく

総計金額を計算する — ❼「DatRow」行に入力されている販売金額を変数「SumTotal」に加算していく

集計元の行番号を1つ増やす — ❽変数「DatRow」に1を加える

集計ループ　ループの最初に戻る — ❾❺ループの最初に戻る

集計先の行番号を1つ増やす — ❿変数「SumRow」に1を加える

主処理ループ　ループの最初に戻る — ⓫❷ループの最初に戻る

集計先の最終行に総計金額を入力する — ⓬集計元の日付列が空になるまで処理したら集計先の最終行に見出しと変数「SumTotal」の値を入力する

終　了

▶キーワード

VBA	p.236
コード	p.239
ネスト	p.244

レッスンで使う練習用ファイル
集計.xlsm

▶使用するモジュール

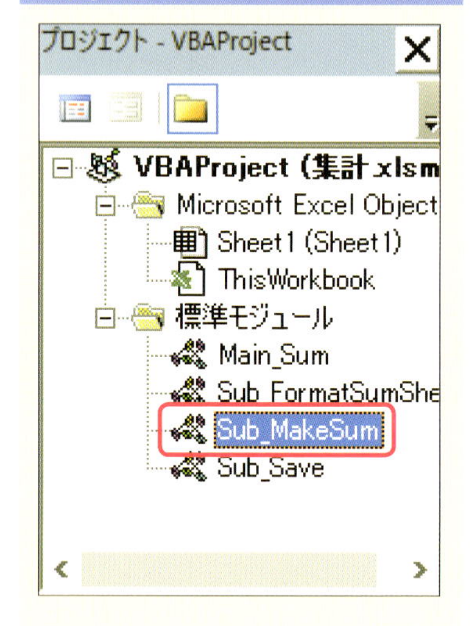

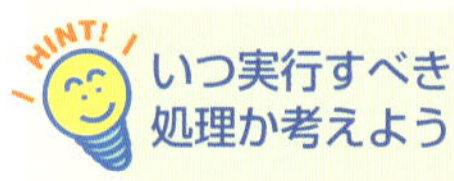

いつ実行すべき処理か考えよう

2重ループの処理ではそれぞれのループ内で実行する処理に注意が必要です。例えばループカウンターの更新はそれぞれのループを閉じる直前で行います。練習用ファイルの25行目と28行目が該当する行です。記述する位置を間違えると永久ループになって止まらなくなったり、逆に一度も実行されずに終わってしまうことがあります。考え方として、最初に外側のループを作ってループを完結します。続いて中のループを作るという手順でコードを記述すると間違いを減らせます。

プログラムの内容

```
1  Option Explicit
2
3  Sub SalesSummary(DatSh As Worksheet, SumSh As Worksheet)
4
5      Dim DatRow As Integer
6      Dim SumRow As Integer
7      Dim TmpCcode As Integer
8      Dim SumTotal As Currency                                        ❶
9
10     DatRow = 2
11     SumRow = 2
12     SumTotal = 0
13
14     Do While Not IsEmpty(DatSh.Cells(DatRow, 1))                     ❷
15         TmpCcode = DatSh.Cells(DatRow, 4)                            ❸
16         SumSh.Cells(SumRow, 1) = DatSh.Cells(DatRow, 5)              ❹
17
18         Do While TmpCcode = _
19             DatSh.Cells(DatRow, 4) And Not IsEmpty(DatSh.Cells(DatRow, 1))   ❺
20
21             SumSh.Cells(SumRow, 2) = _
22                 SumSh.Cells(SumRow, 2) + DatSh.Cells(DatRow, 9)      ❻
23             SumTotal = SumTotal + DatSh.Cells(DatRow, 9)             ❼
24
25             DatRow = DatRow + 1                                      ❽
26         Loop                                                         ❾
27
28         SumRow = SumRow + 1                                          ❿
29     Loop                                                             ⓫
30
31     SumSh.Cells(SumRow, 1) = "合計"
32     SumSh.Cells(SumRow, 2) = SumTotal                                ⓬
33
34 End Sub
```


次のページに続く

▶コード解説

1 変数を宣言して初期化する

```
3  Sub SalesSummary(DatSh As Worksheet, SumSh As Worksheet)
4
5      Dim DatRow As Integer
6      Dim SumRow As Integer
7      Dim TmpCcode As Integer
8      Dim SumTotal As Currency
9
10     DatRow = 2
11     SumRow = 2
12     SumTotal = 0
```

集計処理を行うSalesSummaryプロシージャの宣言で、転記元のWorksheetオブジェクト型仮引数「DatSh」と転記先のWorksheetオブジェクト型仮引数「SumSh」を指定します。以下の変数を宣言していきます。

- DatRow………転記元の行番号を格納するInteger型の変数
- SumRow………転記先の行番号を格納するInteger型の変数
- TmpCcode……集計中のカテゴリコードを格納するInteger型の変数
- SumTotal………総合計を格納するInteger型の変数

転記元のデータは2行目から始まるので転記元の行番号を格納する変数「DatRow」に初期値の「2」を代入します。転記先も2行目から転記を始めるので転記先の行番号を格納する変数「SumRow」にも初期値の「2」を代入します。総合計を格納する変数「SumTotal」に「0」を代入して初期化しておきます。

2 カテゴリ名を転記する

```
14     Do While Not IsEmpty(DatSh.Cells(DatRow, 1))
15         TmpCcode = DatSh.Cells(DatRow, 4)
16         SumSh.Cells(SumRow, 1) = DatSh.Cells(DatRow, 5)

27
28         SumRow = SumRow + 1
29     Loop
```

ループ名「主処理ループ」として外側のループを作ります。Do Whileループで転記元のWorksheetオブジェクトDatShのDatRow行目の1列目が「Not IsEmpty」（空でない）の間繰り返すことを条件に設定します。集計中のカテゴリコードを格納する変数「TmpCcode」に転記元のWorksheetオブジェクトDatShのDatRow行目の4列目（D列、カテゴリコード）を代入します。集計するカテゴリ名の転記処理として、転記先のWorksheetオブジェクトSumShのSumRow行目の1列目（A列、カテゴリ）に転記元のWorksheetオブジェクトDatShのDatRow行目の5列目（E列、カテゴリ名）を代入し、ループ名「主処理ループ」が終了する直前に転記先の行番号を変数「SumRow」の値に「1」を加算します。ループを閉じて「主処理ループ」の先頭に戻ります。

3 集計処理をループさせる

```
18          Do While TmpCcode = _
19              DatSh.Cells(DatRow, 4) And Not IsEmpty(DatSh.Cells(DatRow, 1))
20
21              SumSh.Cells(SumRow, 2) = _
22                  SumSh.Cells(SumRow, 2) + DatSh.Cells(DatRow, 9)
23              SumTotal = SumTotal + DatSh.Cells(DatRow, 9)
24
25              DatRow = DatRow + 1
26          Loop
```

手順２で作った外側のループに対して、ここではループ名「集計ループ」として内側のループを作っていきます。Do While ループで集計中のカテゴリコードを格納してある変数「TmpCcode」と転記元のWorksheet オブジェクト DatSh の DatRow 行目の４列目（D 列、カテゴリコード）が等しい間で、かつ転記元の Worksheet オブジェクト DatSh の DatRow 行目の１列目が「Not IsEmpty」（空でない）の間繰り返すことを条件に設定します。売上データの集計処理として、転記先の Worksheet オブジェクト SumSh の SumRow 行目の２列目（B 列、合計金額）に転記元の Worksheet オブジェクト DatSh の DatRow 行目の９列目（I 列、販売金額）を加算します。総合計の計算処理として、総合計を格納する変数「SumTotal」に転記元の Worksheet オブジェクト DatSh の DatRow 行目の９列目（I 列、販売金額）を加算します。転記元の行番号を格納する変数「DatRow」の値に「1」を加算して転記元の次の行の処理に移ります。ループを閉じて「集計ループ」の先頭に戻ります。

4 販売金額の合計を入力する

```
31      SumSh.Cells(SumRow, 1) = "合計"
32      SumSh.Cells(SumRow, 2) = SumTotal
```

外側の「主処理ループ」の条件が満たされなくなり、ループを抜けたら後処理として総合計を転記します。ループを抜けると、転記先の行番号を格納する変数「SumRow」の値は、次の空行になっているので、転記先の Worksheet オブジェクト SumSh の SumRow 行目の１列目（A 列、カテゴリ）に文字列「"合計"」を入力します。転記先の Worksheet オブジェクト SumSh の SumRow 行目の２列目（B 列、合計金額）に総合計を格納する変数「SumTotal」の値を代入します。

Point

2重ループは外側と内側の処理の対象を考える

HINT!でも解説していますが、2重ループで注意することは外側と内側のループがそれぞれ何を処理しているかを理解して手順を考えることです。このレッスンの集計処理では外側の「主処理ループ」は転記先のカテゴリごとの処理、内側の「集計ループ」では転記元の各行ごとの集計処理になっています。この違いを理解できればループカウンターの更新をどこで行えばよいかが見えてきます。

レッスン
48 売上集計プログラムを完成させる

モジュールの統合

本書の最後になるこのレッスンでは、これまで作成した各モジュールを1つにまとめて「売上集計プログラム」にします。ここではまとめるプロシージャを作成します。

作成したモジュールを1つにまとめる

このレッスンでは、第5章から作成してきた各機能モジュールをまとめて1つの「売上集計プログラム」にします。「売上集計プログラム」では、テキストファイルの変換からデータ転記、並べ替え、売上集計が一度に行えるようになります。作成するプロシージャは、これまでの各機能モジュールのメインになるプロシージャを統合したものになります。実際の作業は各モジュールから必要なコードをコピーして統合を進めていきます。

●第5章から第8章で作成したモジュールを連続して実行する

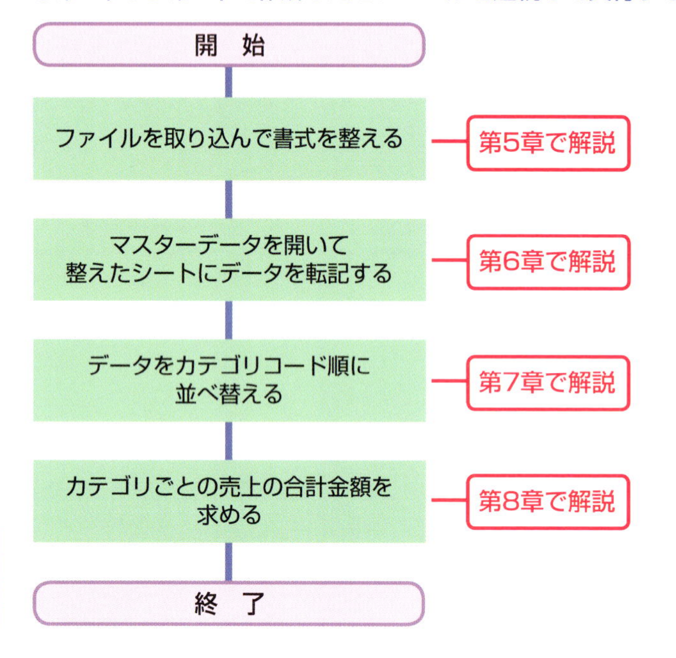

▶キーワード

レッスンで使う練習用ファイル
売上集計プログラムの
プロシージャ.xlsm

▶使用するモジュール

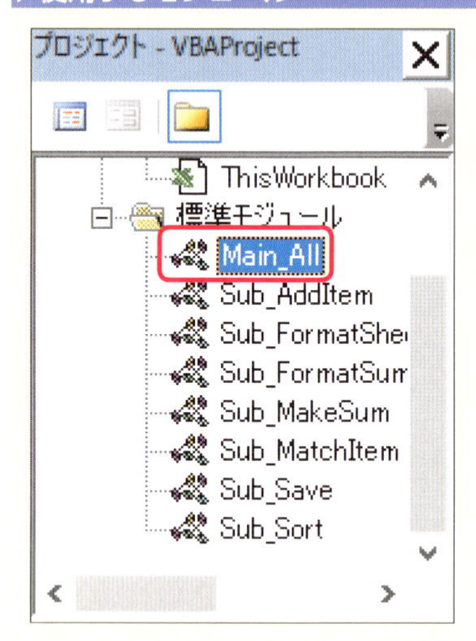

HINT!
モジュールの実行順序を意識する

このレッスンでの作業はこれまでの機能モジュールごとに作成したメインのプロシージャを1つにまとめることです。単純にそれぞれのプロシージャのコードをまとめるだけですが、処理を実行する順番を意識して作業を進めましょう。それぞれのプロシージャのどのコードが必要な処理を記述している部分なのか考えながら行うことが大切です。

自動集計プログラムを作成しよう 第8章

モジュールのまとめ方

各章で作成した機能モジュールを統合するには、初めにモジュール名に「Sub」がついているサブモジュールをコピーしてまとめます。このとき、SaveBookプロシージャなどすべてのモジュールで共通して使っているモジュールは1つだけコピーすれば大丈夫です。次に最初に実行されるメインモジュールをコピーしてから、そのほかのメインモジュールから必要なコードをコピーアンドペーストで統合します。なお、変数宣言はプロシージャの先頭にペーストするようにしましょう。

●必要なモジュールをコピーしておく

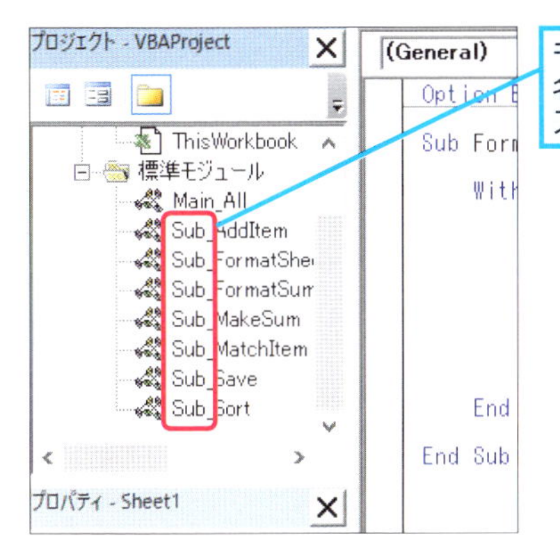

モジュール名の先頭に「Sub」と名前を付けたモジュールをレッスン㊵を参考にコピーしておく

●コピーアンドペーストしてプロシージャを作る

モジュール名の先頭に「Main」と名前を付けたモジュールのコードをコピーアンドペーストしてプログラムを作り上げる

それぞれのモジュールで重複している処理を省略していく

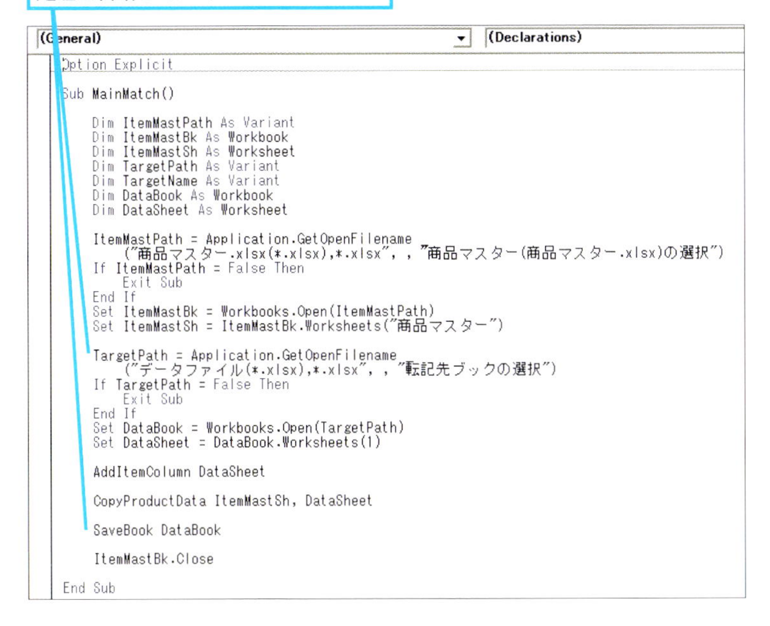

HINT!

デバッグ機能を活用する

機能モジュール単位では問題なく動作していても1つに統合すると思った通りに動かないということは、プログラムを開発している過程ではよくあることです。モジュールを統合すると問題点を見つけることが難しくなってきますが、そのようなときはレッスン㉞で解説したデバッグ機能を使います。手始めに機能モジュールごとに問題を切り分けていきます。問題がありそうなモジュールが見つかったらプロシージャごとに確認して、というように少しずつ詳細部分を確認するようにしましょう。

処理を終えたブックは閉じる

複数のブックを扱うプログラムでは一時的に必要なブックや最初から最後まで使用するブックなどさまざまなブックを開いています。プログラムが終了したときに多くのブックが開いたままにならないように閉じておきましょう。処理手順の流れで、使わなくなったブックはその都度閉じておくとよいでしょう。最後にまとめて閉じてもよいですが、実行中に不要なブックが開いてあると実行状況が分かりにくいですし、メモリの無駄にもなります。

次のページに続く

プログラムの内容

```
1  Option Explicit
2
3  Sub MainAll()
4
5      Dim TxtName As Variant
6      Dim ItemMastPath As Variant
7      Dim ItemMastBk As Workbook
8      Dim ItemMastSh As Worksheet
9      Dim SumBook As Workbook
10     Dim SumSheet As Worksheet
11     Dim DataBook As Workbook
12     Dim DataSheet As Worksheet
13     Dim SortKey As String
14     Dim SortCol As Integer
15
16     TxtName = Application.GetOpenFilename _
17         ("データファイル(*.txt;*.csv),*.txt;*.csv")
18
19     If TxtName = False Then
20         Exit Sub
21     End If
22
23     Workbooks.OpenText FileName:=TxtName, _
24         Origin:=932, _
25         StartRow:=1, _
26         DataType:=xlDelimited, _
27         Comma:=True, _
28         FieldInfo:=Array(Array(1, 5), Array(2, 1), Array(3, 1), Array(4, 1))
29
30     FormatDataSheet ActiveWorkbook
31
32     Set DataBook = ActiveWorkbook
33     Set DataSheet = DataBook.Worksheets(1)
34
35     ItemMastPath = Application.GetOpenFilename _
36         ("商品マスター.xlsx(*.xlsx),*.xlsx", , "商品マスター(商品マスター.xlsx)の選択")
37     If ItemMastPath = False Then
38         Exit Sub
39     End If
40     Set ItemMastBk = Workbooks.Open(ItemMastPath)
41     Set ItemMastSh = ItemMastBk.Worksheets("商品マスター")
42
```

- 5行目：レッスン㉛手順1からコピー
- 6～8行目：レッスン㊱手順1からコピー
- 9～10行目：レッスン㊺手順1からコピー
- 11～12行目：レッスン㊱手順1からコピー
- 13～14行目：レッスン㊷手順1からコピー
- 16～17行目：レッスン㉛手順1からコピー
- 19～21行目：レッスン㉛手順2からコピー
- 23～28行目：レッスン㉛手順3からコピー
- 30行目：レッスン㉛手順4からコピー
- 32～33行目：レッスン㊱手順3からコピー「Workbooks.Open(TargetPath)」を「ActiveWorkbook」に書き換え
- 35～41行目：レッスン㊱手順2からコピー

```
43      AddItemColumn DataSheet
44
45      CopyProductData ItemMastSh, DataSheet
46
47      ItemMastBk.Close
48
49      SortKey = InputBox("ソートする列番号を数字で入力", "ソートキーの指定")
50      If SortKey = "" Then
51          Exit Sub
52      End If
53      SortCol = SortKey
54
55      SortData DataSheet, SortCol
56
57      Set SumBook = Workbooks.Add
58      Set SumSheet = SumBook.Worksheets(1)
59
60      FormatSumSheet SumSheet
61
62      SalesSummary DataSheet, SumSheet
63
64      SaveBook SumBook
65      SaveBook DataBook
66
67  End Sub
```

レッスン㊱手順4からコピー（43〜47行目）

レッスン㊷手順3からコピー（49〜52行目）

レッスン㊺手順4からコピー（53〜55行目）

レッスン㊺手順3からコピー（57〜58行目）

レッスン㊺手順4からコピー（60〜64行目）

レッスン㊱手順4からコピー（65行目）

簡単に統合もできるけど……

以下のように、これまでの各機能モジュールにあるメインのプロシージャを順番に呼び出せば1つのプログラムとしてまとめることができます。簡単に統合できるので便利ですが、それぞれのプロシージャで変数定義が重複し、うまく動かないことがあります。また、全体の処理の流れが把握しにくいのでプログラムとしての見通しが悪くなるので、避けるべき方法といえます。

プログラムの内容

```
1  Option Explicit
2
3  Sub MainAll()
4      MainOpenText
5      MainMatch
6      MainSort
7      MainSummary
8  End Sub
```

Point

分割して作った機能を統合してプログラムを作る

本書の最後となるこのレッスンでは、機能モジュールを統合して「売上集計プログラム」としてサブモジュールをコピーして1つのブックにまとめて、メインモジュールをコピーアンドペーストで作り直しました。このように機能に分割して作った機能モジュールを統合することで1つのプログラムができ上がります。注意するのはメインモジュールを統合するときに、変数宣言や処理の重複がないか確認することです。設計するときに統合する内容をあらかじめ検討しておくと効率的に作業ができます。

レッスン 49

ボタンを配置してマクロを登録するには

ボタン（フォームコントロール）

VBAのプログラムを実行するとき、毎回［マクロ］ダイアログボックスを開くのは面倒です。ワークシート上にボタンを配置して簡単に実行する方法を解説します。

ボタン操作でマクロを呼び出す

これまでのレッスンでは作成したマクロを［マクロ］ダイアログボックスを開いて実行していました。追加したマクロもダイアログボックスから選択すれば実行できますが使い勝手がよくありません。またExcelの操作に不慣れな人にとっては大変使いにくいものです。完成したマクロは誰でも簡単に使えるようになっていれば便利です。そこで登場するのが［フォームコントロール］の［ボタン］です。ボタンにマクロを登録すれば、簡単に扱えるようになります。

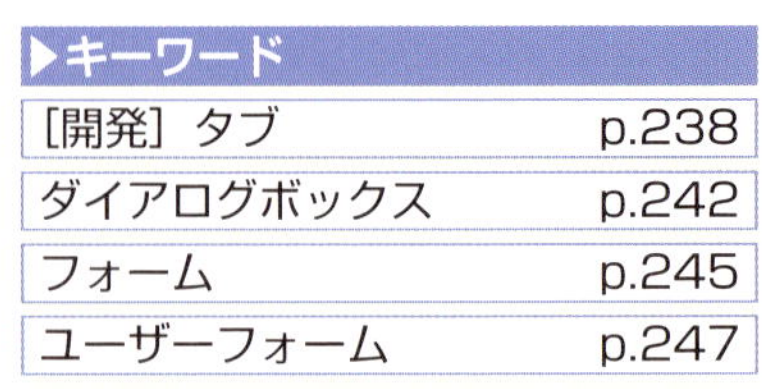

▶キーワード	
［開発］タブ	p.238
ダイアログボックス	p.242
フォーム	p.245
ユーザーフォーム	p.247

レッスンで使う練習用ファイル

ボタン（フォームコントロール）.xlsm

HINT!

フォームコントロールとActiveXコントロール

手順1で［挿入］をクリックしたときに表示されるリストに［フォームコントロール］と［ActiveXコントロール］の2種類があります。［フォームコントロール］はExcel 5.0以降と互換性のある独自のコントロールです。［ActiveXコントロール］は［フォームコントロール］よりも詳細な設定ができるように作られたコントロールです。通常は［フォームコントロール］を使用します。

1 配置するボタンを選択する

［ボタン（フォームコントロール）.xlsm］を開いておく

1 ［開発］タブをクリック

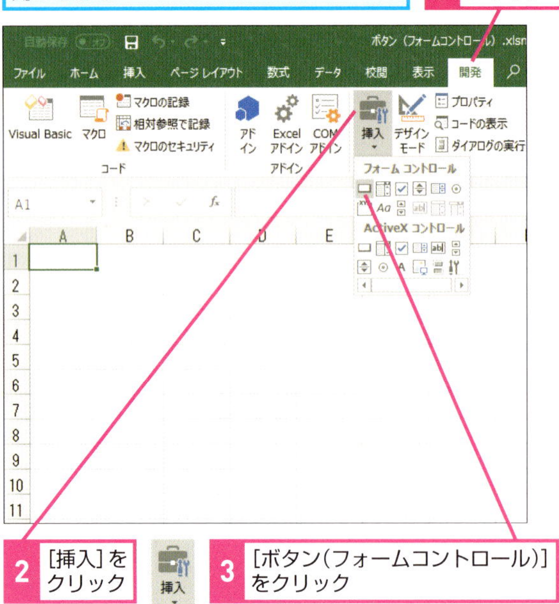

2 ［挿入］をクリック

3 ［ボタン（フォームコントロール）］をクリック

2 ボタンの大きさを設定する

マウスポインターの形が変わった

1 ここにマウスポインターを合わせる

2 ここまでドラッグ

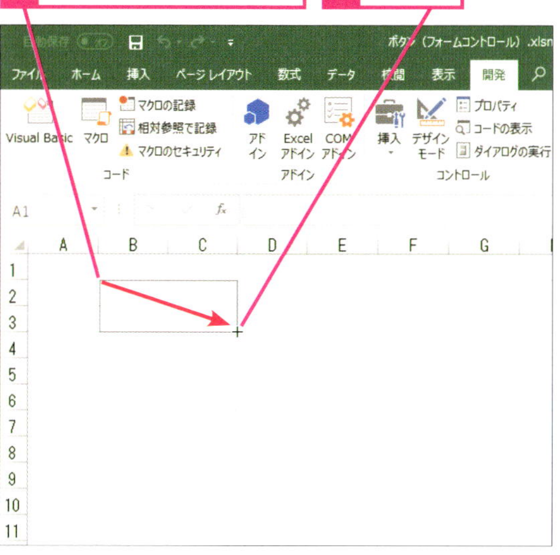

3 登録するマクロを選択する

［マクロの登録］ダイアログボックスが表示された

1 ［MainAll］をクリック

2 ［OK］をクリック

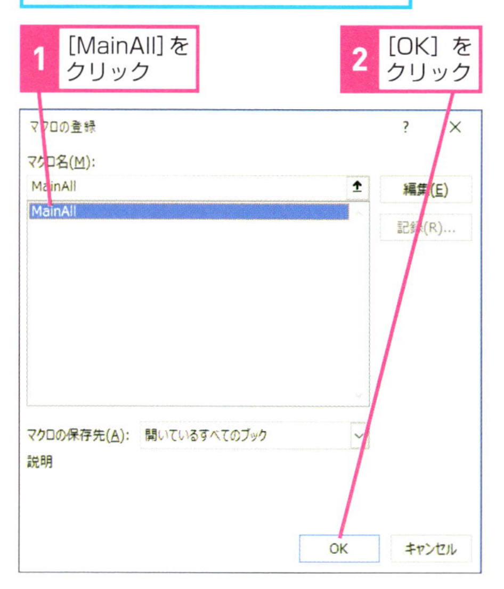

ボタンのサイズをセルに合わせる

手順2でボタンのサイズを変更するとき Alt キーを押しながらドラッグするとセルの枠に合わせることができます。またボタンの位置を移動するときも同じように Alt キーを押しながらドラッグするとセルの枠に合わせて移動できます。

間違った場合は？

手順1で間違えて［ボタン（フォームコントロール）］以外を選択してしまったときは、もう一度手順1でボタンを選択し直します。

次のページに続く

4 ボタンの名前を変更する

マクロを登録したボタンに名前を付ける

1 挿入したボタンの文字の部分をクリック

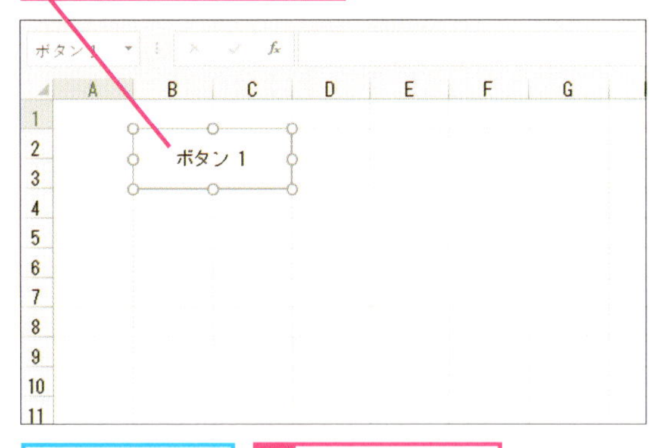

名前を書き換える

2 [売上集計]と入力

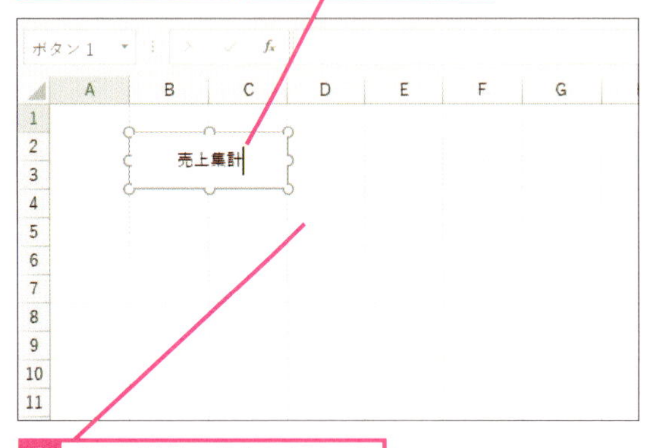

3 ボタン以外の部分をクリック

ボタンの名前が確定された

ボタンのテキストを複数行にするには

手順4ではボタンに表示されるテキストを書き換えましたが、テキストの途中でEnterキーを押すと改行して複数行にすることができます。なお、テキストを複数行にすると、ボタンの高さによってはテキストの一部が表示されないことがあります。テキストの高さに合わせてボタンの高さを変更してください。

確定した名前を修正したいときは

手順4で付けたボタンの名前は後から修正することができます。ボタンの名前を修正するには、修正したいボタンを右クリックして表示されるメニューから「テキストの編集」をクリックします。クリックすると名前の先頭にカーソルが表示され、名前を編集できるようになります。修正が終わったらボタン以外をクリックして、確定しましょう。

間違った場合は?

ボタンの大きさや位置を間違えたときは、[マクロの登録] ダイアログボックスで [キャンセル] ボタンをクリックしてから、Deleteキーを押してボタンを削除し、作成し直しましょう。

開いている別のブックからもマクロを登録できる

マクロが登録されている複数のブックを開いていると、手順3で開いている [マクロの登録] ダイアログボックスの [マクロ名] リストには開いているブックに登録されたすべてのマクロが表示されます。このとき、ボタンを配置したブック以外の別のブックにあるマクロを選択して登録することもできます。ボタンをクリックしたときにマクロが登録してあるブックが開いていないときは、ブックが自動で開いてマクロが実行されます。ただし、マクロを特定のブックで一元管理して、常にマクロを登録してあるブックが開いている状態で使用しなければならないため、使い方には注意が必要です。

テクニック より高度な機能を追加できるユーザーフォーム

VBAには「ユーザーフォーム」という独自のダイアログボックスを作成する機能があります。レッスン⑩の手順1で［標準モジュール］を追加するときに［ユーザーフォーム］をクリックすると、新しいユーザーフォームが追加されます。例えばユーザーフォームにマクロを登録したボタンを配置すればメニュー画面が作れ、メッセージと「OK」と表示されたボタンを配置すれば独自のメッセージボックスがそれぞれ作れます。さらにテキストボックスやさまざまなコントロールを配置すればデータの入力画面やデータの検索画面など、より高機能な画面も作れます。

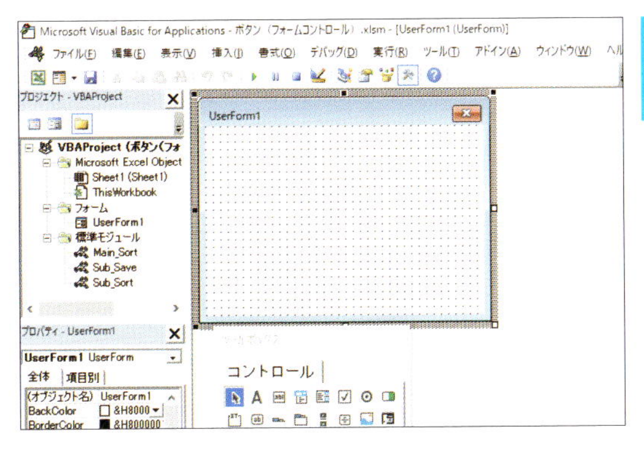

ユーザーフォームを使えば、業務を強く意識したインターフェースを作り上げることができる

5 ボタンからマクロを呼び出せるようになった

ボタンの名前が変更された

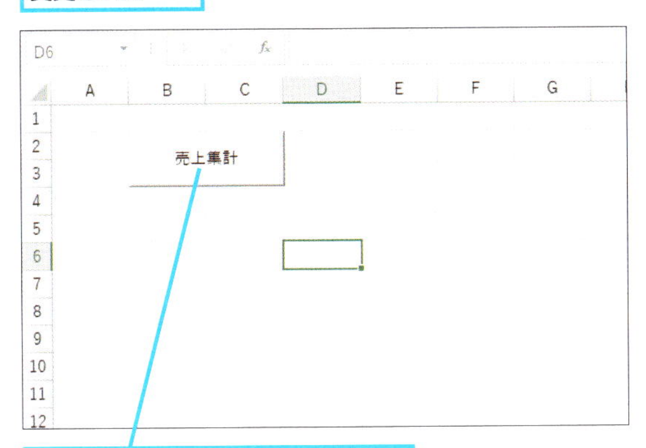

ボタンをクリックすると、登録したマクロが実行される

Point ボタンがあれば素早く実行できる

ボタンにマクロを登録すれば、実行するたびにダイアログボックスを開かなくてすむので便利です。登録してあるマクロの数が増えてきたときなど、必要なマクロを探す手間が省けるでしょう。ボタンに分かりやすい標題を付けておけば、自分以外の人でも簡単に実行できます。ただし、あまりたくさんのボタンを配置してしまうと、逆に分かりにくくなってしまったり、ワークシートの作業スペースがなくなってしまったりするので、最上行の1～2列分ぐらいにしておきましょう。

この章のまとめ

●プログラムは単純な機能に分割する

この章では最後の機能モジュールとして集計処理を作成しました。集計の処理手順にはさまざまなものがありますが、本書では２重ループを使った集計処理の手順を解説しました。ループを組み合わせた２重ループは少し複雑なイメージがありますが、それぞれのループが何を対象に繰り返しているのか考えてみると処理の流れが見えてくると思います。集計処理はさまざまな場面で使われていますので、２重ループを使った処理手順をしっかりと理解しましょう。また、本章では、第５章から作ってきた機能モジュールを統合して「売上集計プログラム」として１つの大きなプログラムにしました。最初から１つのプログラムを作ろうと考えると大変な作業のように感じますが、機能ごとに分割して小さな機能のプロシージャを組み合わせることで大きなプログラムが作れます。プログラミングで大切なことは、最初に必要な機能を考えて少しづつ詳細化し、単純な機能に分けることです。そのためには設計をしっかりと行うことが大切です。

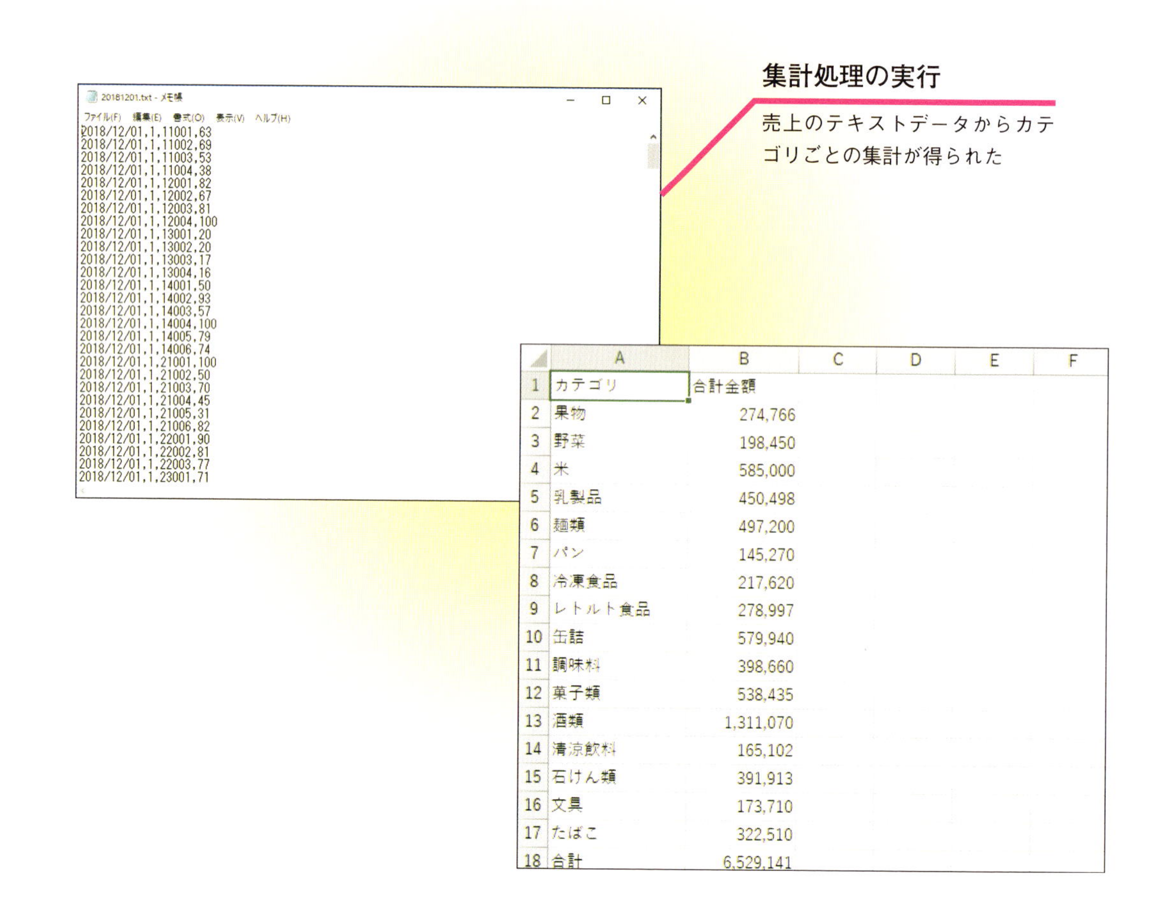

	A	B	C	D	E	F
1	カテゴリ	合計金額				
2	果物	274,766				
3	野菜	198,450				
4	米	585,000				
5	乳製品	450,498				
6	麺類	497,200				
7	パン	145,270				
8	冷凍食品	217,620				
9	レトルト食品	278,997				
10	缶詰	579,940				
11	調味料	398,660				
12	菓子類	538,435				
13	酒類	1,311,070				
14	清涼飲料	165,102				
15	石けん類	391,913				
16	文具	173,710				
17	たばこ	322,510				
18	合計	6,529,141				

練習問題

1

サンプルファイルの「第8章_練習問題.xlsm」を開いて、カテゴリごとの販売数量を集計するように変更してください。

●ヒント　転記先の項目名の変更と集計する列番号を修正します。項目名は「合計数量」で集計する列はH列（8列目）です。

カテゴリごとの販売数量が求められた

	A	B
1	カテゴリ	合計数量
2	果物	4,240
3	野菜	2,600
4	米	36,000
5	乳製品	6,220
6	麺類	8,450
7	パン	2,250
8	冷凍食品	3,465
9	レトルト食品	4,370
10	缶詰	8,200
11	調味料	5,730
12	菓子類	9,075
13	酒類	30,950
14	清涼飲料	2,460
15	石けん類	6,055
16	文具	2,650
17	たばこ	8,550
18	合計	141,265

既存のコードを書き換えよう。
集計する列をよく考えて！

解　答

練習用ファイル[第8章_練習問題.xlsm]を開いておく

[Sub_FormatSumSheet]モジュールを表示しておく

1 ここにマウスポインターを合わせる

2 ここまでドラッグする

```
    With TargetSheet
        .Range("A1") = "カテゴリ"
        .Range("B1") = "合計金額"
        .Columns("A").ColumnWidth = 15

        With .Columns("B")
```

3 Deleteキーを押す

4 「合計数量」と入力

```
    With TargetSheet
        .Range("A1") = "カテゴリ"
        .Range("B1") = "合計数量"
        .Columns("A").ColumnWidth = 15

        With .Columns("B")
            .ColumnWidth = 12
            .Style = "Comma [0]"
        End With
    End With

End Sub
```

[Sub_MakeSum]モジュールを表示しておく

5 ここをクリック

```
        Do While TmpCcode = _
            DatSh.Cells(DatRow, 4) And Not IsEmpty(DatSh.Cells(DatRow,

            SumSh.Cells(SumRow, 2) = _
                SumSh.Cells(SumRow, 2) + DatSh.Cells(DatRow, 9)
            SumTotal = SumTotal + DatSh.Cells(DatRow, 9)

            DatRow = DatRow + 1
        Loop
```

6 Deleteキーを押す

7 「8」と入力

```
        Do While TmpCcode = _
            DatSh.Cells(DatRow, 4) And Not IsEmpty(DatSh.Cells(DatRow,

            SumSh.Cells(SumRow, 2) = _
                SumSh.Cells(SumRow, 2) + DatSh.Cells(DatRow, 8)
            SumTotal = SumTotal + DatSh.Cells(DatRow, 9)

            DatRow = DatRow + 1
        Loop
```

8 ここをクリック

9 Deleteキーを押す

```
        Do While TmpCcode = _
            DatSh.Cells(DatRow, 4) And Not IsEmpty(DatSh.Cells(DatRow,

            SumSh.Cells(SumRow, 2) = _
                SumSh.Cells(SumRow, 2) + DatSh.Cells(DatRow, 8)
            SumTotal = SumTotal + DatSh.Cells(DatRow, 9)

            DatRow = DatRow + 1
        Loop
```

[Sub_FormatSumSheet]モジュールのFormatSumSheetプロシージャのセルB1に「合計金額」を入力しているところを「合計数量」に変更します。[Sub_MakeSum]モジュールのSalesSummaryプロシージャで販売金額の集計と総合計を計算しているコードの「9」列目を指定しているところを「8」列目に書き換えます。

10 「8」と入力

```
        Do While TmpCcode = _
            DatSh.Cells(DatRow, 4) And Not IsEmpty(DatSh.Cells(DatRow,

            SumSh.Cells(SumRow, 2) = _
                SumSh.Cells(SumRow, 2) + DatSh.Cells(DatRow, 8)
            SumTotal = SumTotal + DatSh.Cells(DatRow, 8)

            DatRow = DatRow + 1
        Loop
```

レッスン㉞を参考に「MainSummary」マクロを実行する

カテゴリごとに販売数量が集計される

付録1　Excel VBAリファレンスを活用するには

MicrosoftはOfficeアプリケーションの開発などに役立つ「Officeデベロッパーセンター」を用意しています。特にExcel VBAのプロパティやオブジェクト、メソッドの情報がまとめられた「Excel VBAリファレンス」は、VBAでプログラミングするときに大いに役立ちます。ここでは表示方法や検索する方法などを解説します。

Excel VBAリファレンスの表示

1 Officeデベロッパーセンターを表示する

レッスン❽を参考にVBEを起動しておく

1 [ヘルプ]をクリック

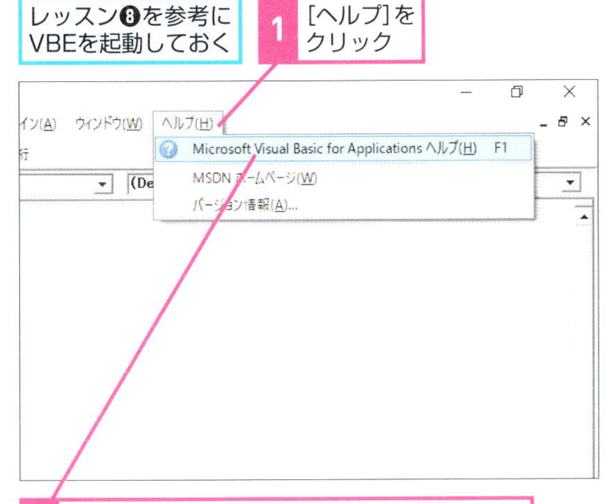

2 [Microsoft Visual Basic for Applications ヘルプ]をクリック

2 Excel VBAリファレンスを表示する

Microsoft Edgeが起動した

[Officeデベロッパーセンター]のWebページが表示された

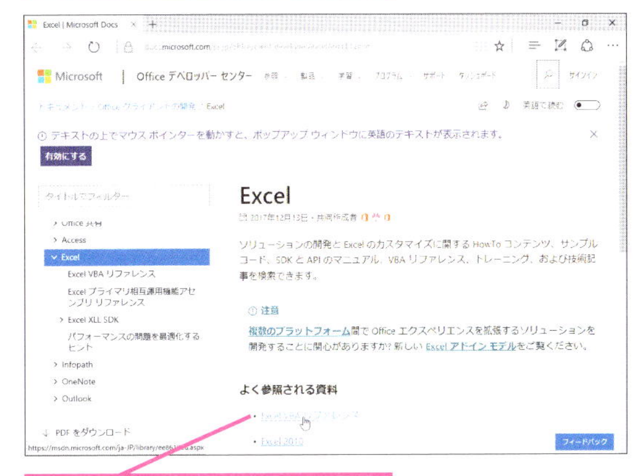

1 [Excel VBAリファレンス]をクリック

3 Excel VBAリファレンスが表示された

[Excel VBAリファレンス] のWebページが表示された

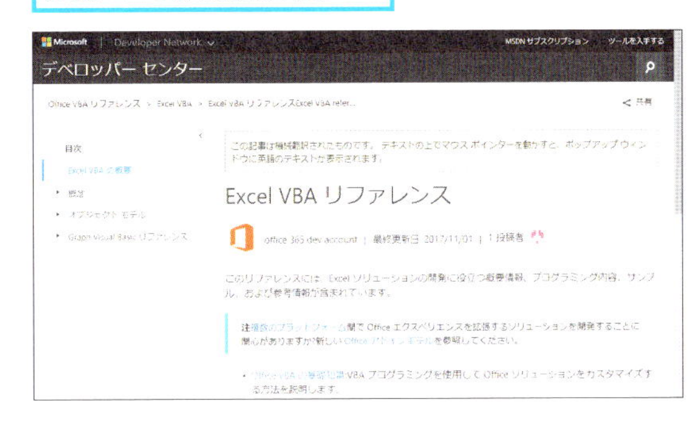

HINT!

ブックマークしておくと便利

Excel VBAリファレンスはWebページとして用意されています。ブラウザのブックマークに登録しておけば、VBEを起動せずにすばやく表示できます。Excel VBAリファレンスをよく使う場合は、登録しておくと便利です。

次のページに続く

付録

Excel VBAリファレンスの検索

1 検索ボックスを表示する

[Excel VBAリファレンス]のWebページを表示しておく

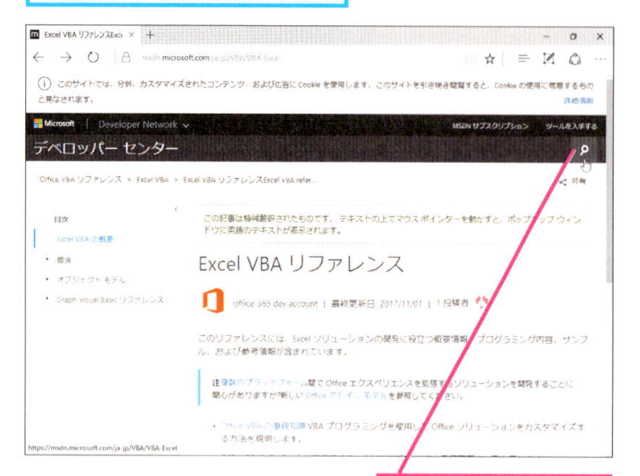

1 [検索]をクリック

2 Excel VBAリファレンスを検索する

検索ボックスが表示された

ここではRangeプロパティを検索する

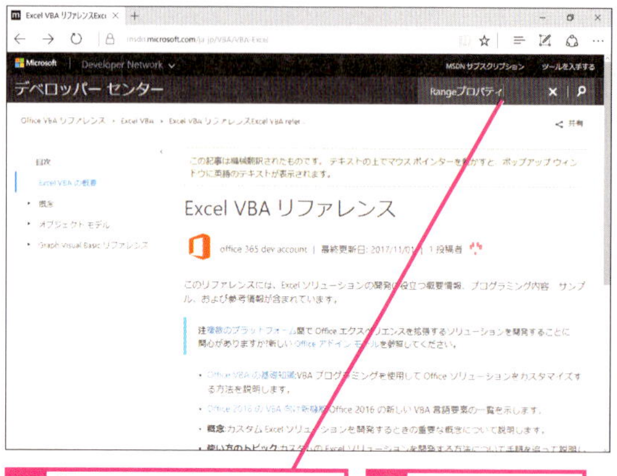

1 「Rangeプロパティ」と入力　2 Enter キーを押す

3 検索結果が表示された

手順2で入力したキーワードの検索結果が表示された

ここをクリックすると、検索し直せる

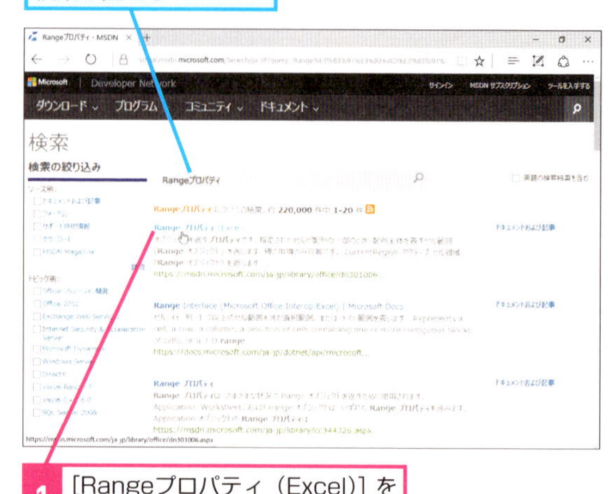

1 [Rangeプロパティ（Excel）]をクリック

4 プロパティの詳細が表示された

Rangeプロパティの詳細が表示された

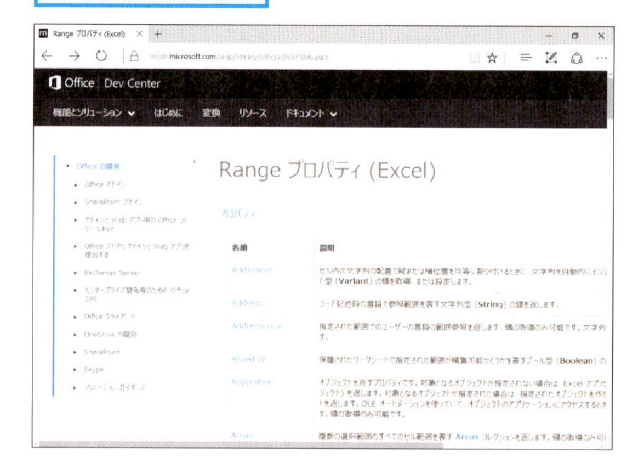

付録

オブジェクトモデルからの検索

1 オブジェクトモデルの一覧を表示する

[Excel VBAリファレンス]のWebページを表示しておく

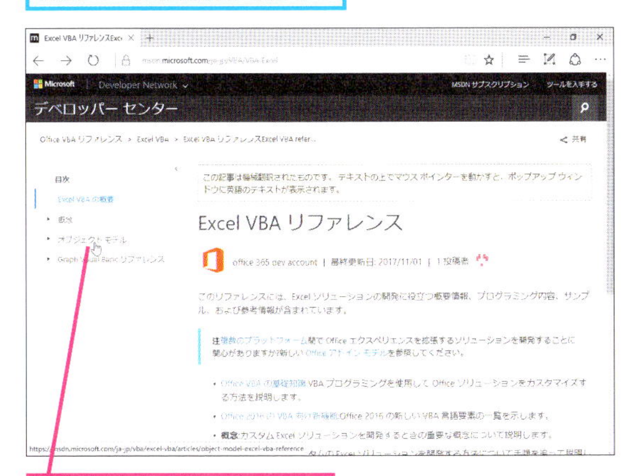

1 [オブジェクトモデル] をクリック

2 Applicationオブジェクトの一覧を表示する

オブジェクトモデルの一覧が表示された

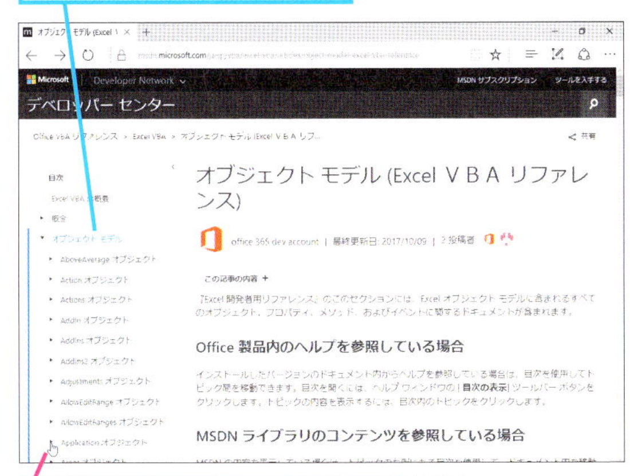

1 [Applicationオブジェクト]のここをクリック 

3 プロパティの詳細を表示する

Applicationオブジェクトの一覧が表示された

1 スクロールバーを下にドラッグして、続きを表示

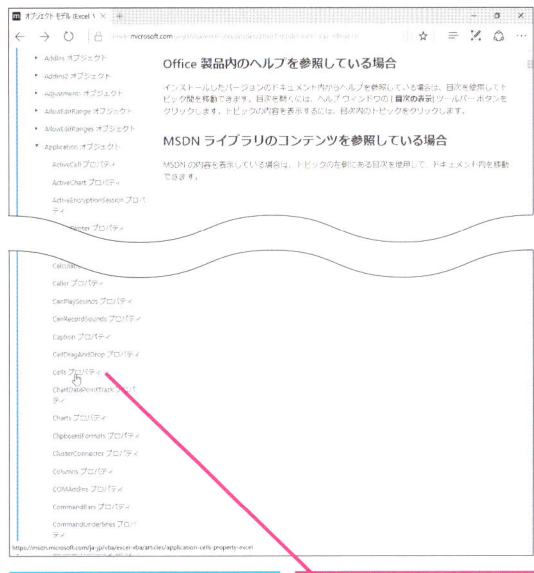

ここではCellsプロパティの詳細を表示する

2 [Cellsプロパティ] をクリック

プロパティの詳細が表示された

HINT! 効率よく検索するには

Excel VBAリファレンスにはプログラミングをする上で、豊富な情報が用意されています。効率よく目的の情報を探し出すには「プロパティ」「オブジェクト」「メソッド」などを付けて検索するといいでしょう。

付録2　VBA用語集

ここでは、本書で紹介したプロパティやメソッド、ステートメントといったVBAの用語をアルファベット順に並べています。各語のかっこ内には用語の種類、右には意味と使用例を掲載しています。VBEでコードを記述するときに参考にしてください。なお、VBAには多くの用語が用意されていますが、本書で紹介したようなプログラムを作るには、まずはこれらの用語の意味と使用例を覚えておくといいでしょう。

用語	
A	
Add (メソッド)	意味 オブジェクトを新規に追加する 使用例 `WorkSheets.Add` …ワークシートを追加する
Application (オブジェクト)	意味 Excelそのものを表す
Apply (メソッド)	意味 並べ替えを実行する 使用例 `ActiveSheet.Sort.Apply` …作業中のシートで並べ替えを実行する
AutoFit (メソッド)	意味 セルの内容に合わせて列幅や行の高さを自動調整する 使用例 `.Columns("D:I").AutoFit` …D～I列の列幅を自動調整する
C	
Call (ステートメント)	意味 プロシージャを呼び出す 使用例 `Call SaveBook(ActiveWorkbook)` …引数「ActiveWorkbook」を渡してSaveBookプロシージャを呼び出す
CCur (関数)	意味 引数のデータ型を通貨型に変換する 使用例 `CCur(iNum)` …変数「iNum」のデータ型を通貨型に変換する
Clear (メソッド)	意味 対象となるオブジェクトの内容を消去する 使用例 `Cells(1,1).Clear` …セルA1の内容を消去する
Close (メソッド)	意味 開いているブックを閉じる 使用例 `ActiveWorkbook.Close` …作業中のブックを閉じる

付録

用語	
Const (ステートメント)	意　味 定数を宣言する 使用例 `Const PMPcd = 1` …定数「PMPcd」に1を指定する
Copy (メソッド)	意　味 対象となるオブジェクトをコピーする 使用例 `ActiveSheet.Copy` …作業中のシートをコピーする
D	
Delete (メソッド)	意　味 対象となるオブジェクトを削除する 使用例 `ActiveSheet.Delete` …作業中のシートを削除する
Dim 変数名 As データ型 (ステートメント)	意　味 変数名と型の定義を宣言する 使用例 `Dim row As Integer` …変数「row」を整数型の変数に定義する
Do Until ～ Loop (ステートメント)	意　味 Until以下の条件になるまで処理を繰り返す 使用例 `Do Until Num >= 10` 　処理 `Loop` …変数「Num」が10以上になるまで、処理を繰り返す
Do While ～ Loop (ステートメント)	意　味 While以下の条件に合っている間、処理を繰り返す 使用例 `Do While Num < 10` 　処理 `Loop` …変数「Num」が10より小さい間、処理を繰り返す
E	
Exit (ステートメント)	意　味 マクロの処理を途中で抜ける 使用例 `Exit Sub` …Subプロシージャを途中で抜けて呼び出し元に戻る 使用例 `Exit Do` …Do ～ Loopを途中で抜ける
F	
For ～ Next (ステートメント)	意　味 指定した回数処理を繰り返す 使用例 `For row=  2 To 13` 　処理 `Next` …変数「row」の値を2から1ずつ増やして、13になるまで処理を繰り返す

付録

<table>
<tr><th colspan="2">用語</th></tr>
<tr><td>For ～ Step ～ Next
（ステートメント）</td><td>意　味 Stepでループカウンターの増分を設定し、指定した回数分処理を繰り返す
使用例<pre>For row = 2 To 13 Step 2
   処理
Next</pre>…変数「row」の値を2から2ずつ増やして、13になるまで処理を繰り返す</td></tr>
<tr><td colspan="2">G</td></tr>
<tr><td>GetOpenFilename
（メソッド）</td><td>意　味 ［ファイルを開く］ダイアログボックスを表示してファイル名を取得する
使用例<pre>Application.GetOpenFilename("Excelファイル(*xlsx
;*.xls),*.xlsx;*.xls")</pre>…すべてのExcelファイル(*.xlsx、*.xls)を選択のファイルの候補に指定して［ファイルを開く］ダイアログボックスを表示する</td></tr>
<tr><td>GetSaveAsFilename
（メソッド）</td><td>意　味 ［名前を付けて保存］ダイアログボックスを表示してファイル名を取得する
使用例<pre>Application.GetSaveAsFilename("新しいブック
.xlsx","Excelブック(*.xlsx),*.xlsx")</pre>…「新しいブック.xlsx」という名前をファイル名の候補に表示して［名前を付けて保存］ダイアログボックスを表示する</td></tr>
<tr><td colspan="2">I</td></tr>
<tr><td>If ～ Then
（ステートメント）</td><td>意　味 条件によって処理を変える
使用例<pre>If Score >= 80 Then
   処理
End If</pre>…もし、変数「Score」が80以上であれば、処理を実行する</td></tr>
<tr><td>If ～ Then ～ Else
（ステートメント）</td><td>意　味 条件によって処理を変える
使用例<pre>If Score >= 80 Then
   処理1
Else
   処理2
End If</pre>…もし、変数「Score」が80以上であれば処理1を実行し、それ以外の場合、Else以下の処理2を実行する</td></tr>
</table>

付録

用語	

If ～ Then ～ ElseIf
（ステートメント）
	意　味 複数の条件によって処理を変える
	使用例 `If Score >= 80`
	　処理1
	`ElseIf Score <= 30`
	　処理2
	`End If`
	…もし、変数「Score」が80以上であれば処理1を実行し、30以下であれば、処理2を実行する

InputBox （関数）	意　味 ダイアログボックスにメッセージとテキストボックスを表示してキーボードから文字列の入力を受け付ける 使用例 `InputBox("文字を入力してください","文字入力")` …「文字入力」という名前のダイアログボックスを表示し、「文字を入力してください」とメッセージを表示して文字入力を待つ
Insert （メソッド）	意　味 指定したセル範囲に空白のセルを挿入する 使用例 `.Rows(1).Insert Shift:=xlDown` …1行目に空白の行を挿入し、既存の行は下に移動する
IsEmpty （関数）	意　味 変数が空であるか判断する 使用例 `IsEmpty(Sales)` …変数「Sales」が空であればTrueを、空でなければFalseを返す
M	
MsgBox(メッセージ , タイトル) （関数）	意　味 メッセージボックスを表示する関数。 メッセージボックス内に表示するメッセージ、タイトルバーに表示するタイトルを指定する 使用例 `MsgBox("マクロを実行しますか","実行の確認")` …「実行の確認」という名前のダイアログボックスで「マクロを実行しますか」というメッセージを表示する
O	
Open （メソッド）	意　味 ブックを開く 使用例 `Workbooks.Open "Book1.xlsx"` …現在の作業フォルダーにある「Book1.xlsx」というブックを開く
OpenText （メソッド）	意　味 テキストファイルを開く 使用例 `Workbooks.OpenText FileName:="売上.txt"` …テキストファイル「売上.txt」をExcelブックとして開く
Option Explicit （ステートメント）	意　味 変数の宣言を強制する

用語	
R	
Range (オブジェクト)	意 味 セルやセル範囲を表す 使用例 Range("A1") = 1 …セルA1に1を入力する
S	
Select Case ~ End Select (ステートメント)	意 味 複数の条件によって処理を変える 使用例 Select Case Score Case 100 処理1 Case Is >= 80 処理2 Case Else 処理3 End Select …変数「Score」が100であれば処理1を実行し、80以上であれば処理2を、それ以外の場合は処理3を実行する
Save (メソッド)	意 味 ブックを保存する 使用例 ActiveWorkbook.Save …作業中のブックを保存する
SaveAs (メソッド)	意 味 ブックに名前を付けて保存する 使用例 ActiveWorkbook.SaveAs FileName:="並べ替え済み.xlsx" …作業中のブックを「並べ替え済み.xlsx」という名前で保存する
SaveCopyAs (メソッド)	意 味 ブックのコピーに名前を付けて保存する 使用例 ActiveWorkbook.SaveCopyAs Filename:="並べ替え済み.xlsx" …作業中のブックのコピーを「並べ替え済み.xlsx」という名前で保存する
Set (ステートメント)	意 味 オブジェクトへの参照を変数に代入する 使用例 Set FormatSheet = Worksheets("Format") …ワークシート参照変数「FormatSheet」に[Format]シートの参照を代入する
SetRange (メソッド)	意 味 並べ替えを行うセル範囲を指定する 使用例 .Sort.SetRange Range("A1:A20") …セルA1 ~ A20を並べ替え範囲に指定する

用語	
Sort (オブジェクト)	意　味 データの並べ替えを管理するオブジェクト 使用例 .Sort.SortFields.Clear …SortFieldオブジェクトをSortFieldsオブジェクトからすべてクリアする
SortFields (オブジェクト)	意　味 SortFieldオブジェクトのコレクション 使用例 .SortFields.Add …新しいSortFieldオブジェクトをコレクションに追加する
Sub ～ End Sub (ステートメント)	意　味 マクロの開始と終了を宣言する 使用例 Sub Test() … End Sub …ここからマクロ[Test]を開始する … 終了する
W	
With ～ End With (ステートメント)	意　味 省略できる範囲を指定する 使用例 With ActiveSheet … End With …ここから「ActiveSheet」を省略する…省略を終了する
Workbook (オブジェクト)	意　味 ブックを表す
Workbooks (オブジェクト)	意　味 Workbookオブジェクトのコレクション 使用例 Workbooks.add …新しいブックを作成する
Worksheet (オブジェクト)	意　味 ワークシートを表す
Worrksheets (オブジェクト)	意　味 Worksheetオブジェクトのコレクション 使用例 Worksheets.Add …新しいワークシートを挿入する

付録3　第5章～第8章コード＆コード全文解説

ここでは第5章から第8章で入力した各コードの全文と、各行の解説文を掲載しています。それぞれをセットで読むことで、より理解が深まります。なお、各コードの先頭と最終の各2行は割愛しています。

プログラムの内容　第5章 レッスン㉛　MainOpenTextプロシージャ

```
 1 Option Explicit
 2 
 3 Sub MainOpenText()
 4 
 5     Dim TxtName As Variant
 6 
 7     TxtName = Application.GetOpenFilename("データファイル(*.txt;*.csv),*.txt;*.csv")
 8 
 9     If TxtName = False Then
10         Exit Sub
11     End If
12 
13     Workbooks.OpenText FileName:=TxtName, _
14         Origin:=932, _
15         StartRow:=1, _
16         DataType:=xlDelimited, _
17         Comma:=True, _
18         FieldInfo:=Array(Array(1, 5), Array(2, 1), Array(3, 1), Array(4, 1))
19 
20     FormatDataSheet ActiveWorkbook
21 
22     SaveBook ActiveWorkbook
23 
24 End Sub
```

【コード全文解説】

3　ここからMainOpenTextプロシージャの開始

4

5　変数の定義。ファイルパスを格納するVariant型変数

6

7　変換するデータファイルの選択。ファイルフィルターに「csvとtxtの両方のファイル」を指定して、処理対象のテキストファイルのファイルパスを変数 TxtName で受け取る

8

9　「ファイルを開く」ダイアログボックスでキャンセルが押されたか確認する処理。変数 TxtName の値が「False」と等しいか確認

10　「False」だったときは直ちにSubプロシージャを終了

11　If文を閉じる

付録

12
13　変数 TxtName に格納されているファイルパスのファイルを開く
14　ファイルの文字コード体系に日本語のシフトJISコードを表す「CP932」を指定
15　データとして取り込むファイルの開始行に「1」を指定
16　テキストファイルの形式は項目が区切り文字で区切られていることを指定
17　区切り文字に「,」（カンマ）を指定
18　取り込まれる各列のデータ形式に 1列目はYMDの日付形式、2～4列目は一般形式 を指定
19
20　ワークシートの書式設定処理。FormatDataSheetプロシージャにアクティブブックを引数で渡して呼び出す
21
22　ブックの保存処理。SaveBookプロシージャにアクティブブックを引数で渡して呼び出す

プログラムの内容　第5章 レッスン㉜　FormatDataSheetプロシージャ

```
1  Option Explicit
2
3  Sub FormatDataSheet(TargetBook As Workbook)
4
5      With TargetBook.ActiveSheet
6          .Rows(1).Insert Shift:=xlDown
7
8          .Range("A1") = "日付"
9          .Range("B1") = "店舗コード"
10         .Range("C1") = "商品コード"
11         .Range("D1") = "販売数量"
12
13         .Columns("A").ColumnWidth = 11
14         .Columns("B").ColumnWidth = 11
15         .Columns("C").ColumnWidth = 11
16         .Columns("D").ColumnWidth = 10
17     End With
18
19 End Sub
```

【コード全文解説】

3　ここからFormatDataSheetプロシージャの開始
仮引数 TargetBook をWorkbookオブジェクト型で宣言
4
5　仮引数で受け取ったWorkbookオブジェクトTargetBookのアクティブなシートを対象にすることを指定
6　1行目に行を挿入して既存の行は下に移動
7
8　セルA1にA列の項目名「日付」を入力
9　セルB1にB列の項目名「店舗コード」を入力

次のページに続く

10　セルC1にC列の項目名「商品コード」を入力
11　セルD1にD列の項目名「販売数量」を入力
12
13　A列の列幅を11にする
14　B列の列幅を11にする
15　C列の列幅を11にする
16　D列の列幅を10にする
17　TargetBookのアクティブなシートを対象にするのはここまで

プログラムの内容　第5章 レッスン㉝　SaveBookプロシージャ

```
1  Option Explicit
2
3  Sub SaveBook(TargetBook As Workbook, Optional NewBookName As String = "")
4
5      Dim BookName As Variant
6
7      BookName = Application.GetSaveAsFilename(NewBookName, "Excelブック(*.xlsx),*.xlsx")
8
9      If BookName = False Then
10         Exit Sub
11     End If
12
13     With TargetBook
14         .SaveAs FileName:=BookName, FileFormat:=xlOpenXMLWorkbook
15         .Close
16     End With
17
18 End Sub
```

【コード全文解説】

3　ここからSaveBookプロシージャの開始
仮引数 TargetBook をWorkbookオブジェクト型で宣言、保存するブック
省略可能な仮引数 NewBookName を文字列型で宣言、初期値は「""""」()空文字、ブック名の既定値
4
5　変数の宣言。保存するファイルパスを格納するVariant型変数
6
7　保存するブックの保存とファイル名の入力。変数 NewBookNameとファイルフィルターに「Excel ブック(*.xlsx),*.xlsx」を指定して保存するブックのファイルパスを変数BookName で受け取る
8
9　変数 BookName の値が「False」と等しいか確認
10　直ちにSubプロシージャを終了
11　If文を閉じる
12

13　仮引数で受け取ったWorkbookオブジェクトTargetBookを対象にすることを指定
14　ファイル名を変数BookName、保存形式をExcelブック形式に指定して保存
15　ブックを閉じる
16　TargetBookを対象にするのはここまで

プログラムの内容 第6章 レッスン㊱　MainMatchプロシージャ

```
1  Option Explicit
2
3  Sub MainMatch()
4
5      Dim ItemMastPath As Variant
6      Dim ItemMastBk As Workbook
7      Dim NewBookName As String
8      Dim TargetPath As Variant
9      Dim DataBook As Workbook
10     Dim DataSheet As Worksheet
11
12     ItemMastPath = Application.GetOpenFilename _
13         ("商品マスター.xlsx(*.xlsx),*.xlsx", , "商品マスター(商品マスター.xlsx)の選択")
14     If ItemMastPath = False Then
15         Exit Sub
16     End If
17     Set ItemMastBk = Workbooks.Open(ItemMastPath)
18     Set ItemMastSh = ItemMastBk.Worksheets("商品マスター")
19
20     TargetPath = Application.GetOpenFilename _
21         ("データファイル(*.xlsx),*.xlsx", , "転記先ブックの選択")
22     If TargetPath = False Then
23         Exit Sub
24     End If
25     Set DataBook = Workbooks.Open(TargetPath)
26     Set DataSheet = DataBook.Worksheets(1)
27
28     AddItemColumn DataSheet
29
30     CopyProductData ItemMastSh, DataSheet
31
32     SaveBook DataBook
33
34     ItemMastBk.Close
35
36 End Sub
```

付録

次のページに続く

【コード全文解説】

3　ここからMainMatchプロシージャの開始
4
5　製品マスターのファイルパスを格納するVariant型変数
6　製品マスターのブックの参照を格納するWorkbookオブジェクト型変数
7　製品マスターのワークシートの参照を格納するWorksheetオブジェクト型変数
8　転記先のファイルパスを格納するVariant型変数
9　転記先のブックの参照を格納するWorkbookオブジェクト型変数
10　転記先のワークシートの参照を格納するWorksheetオブジェクト型変数
11
12　商品マスターを開く処理。商品マスターのファイルパスを変数 ItremMastPath で受け取る
13　ファイルフィルターに「商品マスター .xlsx(*.xlsx),*.xlsx」、ダイアログボックスのタイトルに「商品マスター (商品マスター .xlsx)の選択」を指定
14　変数 ItemMastPath の値が「False」と等しいか確認
15　「False」だったときは直ちにSubプロシージャを終了
16　If文を閉じる
17　商品マスターを開き、Openメソッドの戻り値を変数 ItemMastBk で受け取る
18　商品マスターのワークシート「商品マスター」の参照をItemMastShに格納
19
20　転記先データファイルを開く処理。転記先データファイルのファイルパスを変数 TargetPath で受け取る
21　ファイルフィルターに「データファイル*.xlsx),*.xlsx」、ダイアログボックスのタイトルに「転記先ブックの選択」を指定
22　変数 TargePath の値が「False」と等しいか確認
23　直ちにSubプロシージャを終了
24　If文を閉じる
25　転記先データファイルを開き、Openメソッドの戻り値を変数 DataBook で受け取る
26　転記先データファイルの1番目のワークシートの参照をDataSheetに格納
27
28　転記の準備処理。AddItemColumnプロシージャに転記先ワークシートの参照を引数で渡して呼び出す
29
30　データ転記処理。CopyProductDataプロシージャに商品マスターのワークシートと転記先ワークシートの参照を引数で渡して呼び出す
31
32　ブックの保存処理。SaveBookプロシージャに転記先ブックの参照を引数で渡して呼び出す
33
34　商品マスターを閉じる

```
1  Option Explicit
2
3  Sub AddItemColumn(TargetSheet As Worksheet)
4
5      With TargetSheet
6          .Columns("D:G").Insert Shift:=xlToRight
7
8          .Range("D1") = "カテゴリコード"
9          .Range("E1") = "カテゴリ名"
10         .Range("F1") = "商品名"
11         .Range("G1") = "単価"
12         .Range("I1") = "販売金額"
13
14         .Columns("D").ColumnWidth = 15
15         .Columns("E").ColumnWidth = 15
16         .Columns("F").ColumnWidth = 25
17         .Columns("G").ColumnWidth = 10
18         .Columns("I").ColumnWidth = 12
19     End With
20
21 End Sub
```

【コード全文解説】

3 ここからAddItemColumnプロシージャの開始
仮引数 TargetSheet をWorksheetオブジェクト型で宣言、処理対象のワークシート

4

5 仮引数で受け取ったWorksheeオブジェクトTargetSheetを対象にすることを指定

6 D列からG列に列を挿入して既存の列は行は右に移動

7

8 セルD1にD列の項目名「カテゴリコード」を入力

9 セルE1にE列の項目名「カテゴリ名」を入力

10 セルF1にF列の項目名「商品名」を入力

11 セルG1にG列の項目名「単価」を入力

12 セルH1にH列の項目名「販売金額」を入力

13

14 D列の列幅を15にする

15 E列の列幅を15にする

16 F列の列幅を25にする

17 G列の列幅を10にする

18 I列の列幅を12にする

19 TargetSheetを対象にするのはここまで

付録

次のページに続く

```
1  Option Explicit
2
3  Const PMStartRow = 2
4  Const PMPcd = 1
5  Const PMCcode = 2
6  Const PMCname = 3
7  Const PMPname = 4
8  Const PMPrice = 5
9
10 Const SSStartRow = 2
11 Const SSYear = 1
12 Const SSScd = 2
13 Const SSPcd = 3
14 Const SSCcode = 4
15 Const SSCname = 5
16 Const SSPname = 6
17 Const SSPrice = 7
18 Const SSSelQty = 8
19 Const SSSelAmt = 9
20
21 Sub CopyProductData(PrdMastSh As Worksheet, SumSaleSh As Worksheet)
22
23     Dim PrdMastRow As Integer
24     Dim SumSaleRow As Integer
25
26     SumSaleRow = SSStartRow
27
28     Do Until IsEmpty(SumSaleSh.Cells(SumSaleRow, SSYear))
29
30         Application.StatusBar = SumSaleRow
31
32         PrdMastRow = GetPrdMastData(PrdMastSh, SumSaleSh.Cells(SumSaleRow, SSPcd))
33
34         If PrdMastRow > 0 Then
35             SumSaleSh.Cells(SumSaleRow, SSPname) = PrdMastSh.Cells(PrdMastRow, PMPname)
36             SumSaleSh.Cells(SumSaleRow, SSCcode) = PrdMastSh.Cells(PrdMastRow, PMCcode)
37             SumSaleSh.Cells(SumSaleRow, SSCname) = PrdMastSh.Cells(PrdMastRow, PMCname)
38             SumSaleSh.Cells(SumSaleRow, SSPrice) = PrdMastSh.Cells(PrdMastRow, PMPrice)
39             SumSaleSh.Cells(SumSaleRow, SSSelAmt) _
40                 = SumSaleSh.Cells(SumSaleRow, SSPrice) * SumSaleSh.Cells(SumSaleRow, SSSelQty)
41         Else
42             SumSaleSh.Cells(SumSaleRow, SSPname) = ""
43             SumSaleSh.Cells(SumSaleRow, SSCcode) = ""
```

```
44                 SumSaleSh.Cells(SumSaleRow, SSCname) = ""
45                 SumSaleSh.Cells(SumSaleRow, SSPrice) = ""
46                 SumSaleSh.Cells(SumSaleRow, SSSelAmt) = ""
47             End If
48 
49             SumSaleRow = SumSaleRow + 1
50         Loop
51 
52         Application.StatusBar = False
53 
54     End Sub
```

【コード全文解説】

3　商品マスターのデータ開始行を宣言
4　商品マスターのA列 商品コードを宣言
5　商品マスターのB列 カテゴリコードを宣言
6　商品マスターのC列 カテゴリ名を宣言
7　商品マスターのD列 商品名を宣言
8　商品マスターのE列 単価を宣言
9
10　データファイルのデータ開始行を宣言
11　データファイルのA列 日付を宣言
12　データファイルのB列 店舗コードを宣言
13　データファイルのC列 商品コードを宣言
14　データファイルのD列 カテゴリコードを宣言
15　データファイルのE列 カテゴリ名を宣言
16　データファイルのF列 商品名を宣言
17　データファイルのG列 単価を宣言
18　データファイルのH列 販売数量を宣言
19　データファイルのI列 販売金額を宣言
20
21　ここからCopyProductDataプロシージャの開始
仮引数 PrdMastSh をWorksheetオブジェクト型で宣言、商品マスターのワークシート
仮引数 SumSaleSh をWorksheetオブジェクト型で宣言、売上データのワークシート
22
23　変数の宣言。商品マスターの行番号を格納するInteger型変数
24　変数の宣言。売上データの行番号を格納するInteger型変数
25
26　前処理(変数の初期化)。売上データの行番号を定数 SSStartRow の値で初期化
27

次のページに続く

28 ここから主ループ。売上データの日付列(A列)が空になるまで繰り返し

29

30 ステータスバーに処理中の状況を表示(売上データの現在の行)

31

32 商品マスター検索処理。GetPrdMastDataプロシージャに商品マスターのワークシートの参照と商品コードを引数で渡して呼び出し、戻り値を変数PrdMastRowで受け取る

33

34 商品コードの商品が商品マスターにあった時

35 売上データの変数SumSaleRow行の商品名列(F列)に商品マスターから商品名を転記

36 売上データの変数SumSaleRow行のカテゴリコード列(D列)に商品マスターからカテゴリコードを転記

37 売上データの変数SumSaleRow行のカテゴリ名列(E列)に商品マスターからカテゴリー名を転記

38 売上データの変数SumSaleRow行の単価列(G列)に商品マスターから単価を転記

39 売上データの変数SumSaleRow行の販売金額列(H列)に

40 売上データの変数SumSaleRow行の単価列(G列)と販売数量列(H列)の乗算結果を代入

41 商品コードの商品が商品マスターになかった時

42 売上データの変数SumSaleRow行の商品名列(F列)に「""」を代入してクリアする

43 売上データの変数SumSaleRow行のカテゴリコード列(D列)に「""」を代入してクリアする

44 売上データの変数SumSaleRow行のカテゴリ名列(E列)に「""」を代入してクリアする

45 売上データの変数SumSaleRow行の単価列(G列)に「""」を代入してクリアする

46 売上データの変数SumSaleRow行の販売金額列(H列)に「""」を代入してクリアする

47 It文を閉じる

48

49 売上データの行番号を「1」増やす

50 ここまで主ループを繰り返し

51

52 ステータスバーの状態を既定に戻す

```
57 Function GetPrdMastData(PrdMastSh As Worksheet, PrdCode As String) As Integer
58
59     Dim PrdMastRow As Integer
60     Dim FoundRow As Integer
61
62     PrdMastRow = PMStartRow
63     FoundRow = 0
64
65     Do Until IsEmpty(PrdMastSh.Cells(PrdMastRow, PMPcd))
66         If PrdMastSh.Cells(PrdMastRow, PMPcd) = PrdCode Then
67             FoundRow = PrdMastRow
68             Exit Do
69         End If
70
71         PrdMastRow = PrdMastRow + 1
72     Loop
73
74     GetPrdMastData = FoundRow
75
76 End Function
```

【コード全文解説】

57 ここからGetPrdMastDataプロシージャの開始
仮引数 PrdMastSh をWorksheetオブジェクト型で宣言、商品マスターのワークシート
仮引数 PrdCode をString型で宣言、検索する商品コード
Functionプロシージャの戻り値型を Integer型で宣言

58

59 変数の宣言。商品マスターの行番号を格納するInteger型変数

60 変数の宣言。検索結果の行番号を格納するInteger型変数

61

62 前処理(変数の初期化)。商品マスターの行番号を定数 PMStartRow の値で初期化

63 検索結果の行番号を「0」で初期化

64

65 ここから主処理ループ。商品マスターの商品コード列(A列)が空になるまで繰り返し

66 商品マスターの変数PrdMastRow行の商品コードと検索する商品コード PrdCodeが等しかったら

67 検索結果の行番号FoundRowに変数PrdMastRowを代入

68 商品コード列(A列)が空になったら繰り返しを直ちに抜ける

69 It文を閉じる

70

71 商品マスターの行番号を「1」増やす

72 ここまで主ループを繰り返し

次のページに続く

73
74　戻り値に変数FoundRowの値を設定
75
76　GetPrdMastDataプロシージャの終了

プログラムの内容 第7章 レッスン㊷　MainSortプロシージャ

```
1  Option Explicit
2
3  Sub MainSort()
4
5      Dim TargetPath As Variant
6      Dim DataBook As Workbook
7      Dim DataSheet As Worksheet
8      Dim SortKey As String
9      Dim SortCol As Integer
10
11     TargetPath = Application.GetOpenFilename _
12         ("データファイル(*.xlsx),*.xlsx", , "ソートするブックの選択")
13     If TargetPath = False Then
14         Exit Sub
15     End If
16
17     Set DataBook = Workbooks.Open(TargetPath)
18     Set DataSheet = DataBook.Worksheets(1)
19
20     SortKey = InputBox("並べ替える列番号を数字で入力", "ソートキーの指定")
21     If SortKey = "" Then
22         Exit Sub
23     End If
24     SortCol = SortKey
25
26     SortData DataSheet, SortCol
27
28     SaveBook DataBook
29
30 End Sub
```

付録

【コード全文解説】

3　ここからMainSortプロシージャの開始
4
5　並べ替えるデータファイルのファイルパスを格納するVariant型変数
6　並べ替えるデータファイルのブックの参照を格納するWorkbookオブジェクト型変数
7　並べ替えるデータファイルのワークシートの参照を格納するWorksheetオブジェクト型変数
8　ソートキーを格納するString型変数
9　ソートキーを格納するInteger型変数
10
11　並べ替えるデータファイルのファイルパスを変数 TargetPath で受け取る
12　ファイルフィルターに「データファイル*.xlsx),*.xlsx」、ダイアログボックスのタイトルに「ソートするブックの選択」を指定
13　変数 TargePath の値が「False」と等しいか確認
14　直ちにSubプロシージャを終了
15　If文を閉じる
16
17　並べ替えるデータファイルを開く処理。並べ替えるデータファイルを開き、Openメソッドの戻り値を変数 DataBook で受け取る
18　並べ替えるデータファイルの1番目のワークシートの参照をDataSheetに格納
19
20　ソートキーの指定処理。InputBox関数でソートキーを数字で受け取り変数SortKey に格納する
21　変数 SortKey の値が「""」（空文字）と等しいか確認
22　直ちにSubプロシージャを終了
23　If文を閉じる
24　変数 SortColにSortKeyの値を代入（暗黙の型変換）
25
26　並べ替え処理。SortDataプロシージャに並べ替えるワークシートの参照とソートキーを引数で渡して呼び出す
27
28　SaveBookプロシージャに並べ替えたブックの参照を引数で渡して呼び出す

付録

次のページに続く

```
1  Option Explicit
2
3  Sub SortData(TgSh As Worksheet, KeyCol As Integer)
4
5      Dim RngKey As Range
6      Dim RngArea As Range
7      Dim MaxRow As Integer
8      Dim MaxCol As Integer
9
10     With TgSh
11         MaxRow = Range("A1").End(xlDown).Row
12         MaxCol = Range("A1").End(xlToRight).Column
13         Set RngKey = Range(.Cells(2, KeyCol), Cells(MaxRow, KeyCol))
14         Set RngArea = Range(.Cells(2, 1), Cells(MaxRow, MaxCol))
15
16         With .Sort
17             .SortFields.Clear
18             .SortFields.Add Key:=RngKey, Order:=xlAscending
19             .SetRange RngArea
20             .Apply
21         End With
22     End With
23
24 End Sub
```

【コード全文解説】

3　ここからSortDataプロシージャの開始
仮引数 TeSh をWorksheetオブジェクト型で宣言、処理対象のワークシート
仮引数 KeyCol をInteger型で宣言、ソートキーの列番号

4

5　ソートキーを格納するRangeオブジェクト型変数

6　並べ替えの範囲を格納するRangeオブジェクト型変数

7　並べ替え範囲の最大行番号を格納するInteger型変数

8　並べ替え範囲の最大列番号を格納するInteger型変数

9

10　仮引数で受け取ったWorksheeオブジェクトTgShを対象にすることを指定

11　セルA1を基準に空でない下端にあるセルの行番号を変数MaxRowに代入

12　セルA1を基準に空でない右端にあるセルの行番号を変数MaxColに代入

13　ソートキーを格納する変数 RngKeyに仮引数 KeColの列の2行目から変数 MaxRow行までの範囲を設定

14　並べ替え範囲を格納する変数 RngAreaに1列の2行目から変数 MaxRow行の変数 MaxCol列までの範囲を設定

15

16　並べ替えの設定と実行処理。現在の処理対象オブジェクトのSortオブジェクトを対象にすることを指定
17　SortFieldsオブジェクトが持っているすべてのSortFieldコレクションをクリア
18　SortFieldsオブジェクトにソートキーに変数 RngKey、並べ替え順序に照準を指定して新しいSortFieldオブジェクトを追加する
19　並べ替え範囲を変数 RngAreaで指定
20　現在の設定で並べ替えを実行
21　Sortを対象にするのはここまで
22　TgShを対象にするのはここまで

プログラムの内容　第8章 レッスン㊺　MainSummaryプロシージャ

```
1  Option Explicit
2
3  Sub MainSummary()
4
5      Dim TargetPath As Variant
6      Dim SumBook As Workbook
7      Dim SumSheet As Worksheet
8      Dim DataBook As Workbook
9      Dim DataSheet As Worksheet
10
11     TargetPath = Application.GetOpenFilename _
12         ("データファイル(*.xlsx),*.xlsx", , "集計するブックの選択")
13     If TargetPath = False Then
14         Exit Sub
15     End If
16     Set DataBook = Workbooks.Open(TargetPath)
17     Set DataSheet = DataBook.Worksheets(1)
18
19     Set SumBook = Workbooks.Add
20     Set SumSheet = SumBook.Worksheets(1)
21
22     FormatSumSheet SumSheet
23
24     SalesSummary DataSheet, SumSheet
25
26     SaveBook SumBook
27
28     DataBook.Close
29
30 End Sub
```


次のページに続く

【コード全文解説】

3	ここからMainSummaryプロシージャの開始
4	
5	集計元のファイルパスを格納するVariant型変数
6	集計元のブックの参照を格納するWorkbookオブジェクト型変数
7	集計元のワークシートの参照を格納するWorksheetオブジェクト型変数
8	集計先のブックの参照を格納するWorkbookオブジェクト型変数
9	集計先のワークシートの参照を格納するWorksheetオブジェクト型変数
10	
11	集計元ブックを開く処理。集計元のファイルパスを変数 TargetPath で受け取る
12	ファイルフィルターに「データファイル(*.xlsx),*.xlsx」、ダイアログボックスのタイトルに「集計するブックの選択」を指定
13	変数 TargetPath の値が「False」と等しいか確認
14	直ちにSubプロシージャを終了
15	If文を閉じる
16	集計元ブックを開き、Openメソッドの戻り値を変数 DataBook で受け取る
17	集計元ブックの1番目のワークシートの参照をDataSheetに格納
18	
19	集計先ブックの新規作成処理。集計先ブックを新規ブックとして作成、Addメソッドの戻り値を変数 SumBook で受け取る
20	集計先ブックの1番目のワークシートの参照をSumSheetに格納
21	
22	集計先ワークシートの設定処理。FormatSumSheetプロシージャに集計先ワークシートの参照を引数で渡して呼び出す
23	
24	集計処理。SalesSummaryプロシージャに集計元と集計先のワークシートの参照を引数で渡して呼び出す
25	
26	集計結果の保存。SaveBookプロシージャに集計先ブックの参照を引数で渡して呼び出す
27	
28	集計元ブックを閉じる

付録

```
1  Option Explicit
2
3  Sub FormatSumSheet(TargetSheet As Worksheet)
4
5      With TargetSheet
6          .Range("A1") = "カテゴリ"
7          .Range("B1") = "合計金額"
8          .Columns("A").ColumnWidth = 15
9
10         With .Columns("B")
11             .ColumnWidth = 12
12             .Style = "Comma [0]"
13         End With
14     End With
15
16 End Sub
```

【コード全文解説】

3　ここからFormatSumSheetプロシージャの開始
　　仮引数 TargetSheet をWorksheetオブジェクト型で宣言、処理対象のワークシート

4

5　仮引数で受け取ったWorksheeオブジェクトTargetSheetを対象にすることを指定

6　セルA1にA列の項目名「カテゴリ」を入力

7　セルB1にB列の項目名「合計金額」を入力

8　A列の列幅を15にする

9

10　B列の設定処理。B列を対象にすることを指定

11　列幅を12にする

12　セルのスタイルを3桁ごとのカンマ区切りで小数点以下は表示なしに設定

13　B列を対象にするのはここまで

14　TargetSheetを対象にするのはここまで

次のページに続く

```
1  Option Explicit
2  
3  Sub SalesSummary(DatSh As Worksheet, SumSh As Worksheet)
4  
5      Dim DatRow As Integer
6      Dim SumRow As Integer
7      Dim TmpCcode As Integer
8      Dim SumTotal As Currency
9  
10     DatRow = 2
11     SumRow = 2
12     SumTotal = 0
13 
14     Do While Not IsEmpty(DatSh.Cells(DatRow, 1))
15         TmpCcode = DatSh.Cells(DatRow, 4)
16         SumSh.Cells(SumRow, 1) = DatSh.Cells(DatRow, 5)
17 
18         Do While TmpCcode = _
19             DatSh.Cells(DatRow, 4) And Not IsEmpty(DatSh.Cells(DatRow, 1))
20 
21             SumSh.Cells(SumRow, 2) = _
22                 SumSh.Cells(SumRow, 2) + DatSh.Cells(DatRow, 9)
23             SumTotal = SumTotal + DatSh.Cells(DatRow, 9)
24 
25             DatRow = DatRow + 1
26         Loop
27 
28         SumRow = SumRow + 1
29     Loop
30 
31     SumSh.Cells(SumRow, 1) = "合計"
32     SumSh.Cells(SumRow, 2) = SumTotal
33 
34 End Sub
```

【コード全文解説】

3 ここからSalesSummaryプロシージャプロシージャの開始
仮引数 DatSh をWorksheetオブジェクト型で宣言、集計元のワークシート
仮引数 SumSh をWorksheetオブジェクト型で宣言、集計先のワークシート

4

5 集計元の行番号を格納するInteger型変数

6 集計先の行番号を格納するInteger型変数

7 集計するカテゴリーコードを格納するInteger型変数

8 合計金額を格納するCurrency型変数

9

10 集計元の行番号を「2」で初期化

11 集計先の行番号を「2」で初期化

12 合計金額を「0」で初期化

13

14 ここから主処理ループ。集計元の変数DatRow行の1列目が空でない間繰り返し

15 集計元の変数DatRow行のカテゴリコードを集計するカテゴリーコードを格納する変数に代入

16 集計先の変数SumRow行の1列目に集計元の変数DatRow行のカテゴリ名を転記

17

18 ここから集計ループ。集計するカテゴリーコードと

19 集計元の変数DatRow行のカテゴリコードが等しくて、かつ、集計元の変数DatRow行の1列目が空でない間繰り返し

20

21 集計先の変数SumRow行の2列目に

22 集計元の変数DatRow行の9列目を加算

23 合計金額に集計元の変数DatRow行の9列目を加算

24

25 集計ループの後処理。集計元の行番号 DatRowに「1」を加算

26 集計ループはここまで

27

28 主処理ループの後処理。集計先の行番号 SumRowに「1」を加算

29 主処理ループはここまで

30

31 ここから後処理。集計先の変数SumRow行の1列目に「合計」を入力

32 集計先の変数SumRow行の2列目に変数 SumTotalの値を入力

付録

次のページに続く

```
1  Option Explicit
2
3  Sub MainAll()
4
5      Dim TxtName As Variant
6      Dim ItemMastPath As Variant
7      Dim ItemMastBk As Workbook
8      Dim ItemMastSh As Worksheet
9      Dim SumBook As Workbook
10     Dim SumSheet As Worksheet
11     Dim DataBook As Workbook
12     Dim DataSheet As Worksheet
13     Dim SortKey As String
14     Dim SortCol As Integer
15
16     TxtName = Application.GetOpenFilename _
17         ("データファイル(*.txt;*.csv),*.txt;*.csv")
18
19     If TxtName = False Then
20         Exit Sub
21     End If
22
23     Workbooks.OpenText FileName:=TxtName, _
24         Origin:=932, _
25         StartRow:=1, _
26         DataType:=xlDelimited, _
27         Comma:=True, _
28         FieldInfo:=Array(Array(1, 5), Array(2, 1), Array(3, 1), Array(4, 1))
29
30     FormatDataSheet ActiveWorkbook
31
32     Set DataBook = ActiveWorkbook
33     Set DataSheet = DataBook.Worksheets(1)
34
35     ItemMastPath = Application.GetOpenFilename _
36         ("商品マスター.xlsx(*.xlsx),*.xlsx", , "商品マスター(商品マスター.xlsx)の選択")
37     If ItemMastPath = False Then
38         Exit Sub
39     End If
40     Set ItemMastBk = Workbooks.Open(ItemMastPath)
41     Set ItemMastSh = ItemMastBk.Worksheets("商品マスター")
```

```
42
43      AddItemColumn DataSheet
44
45      CopyProductData ItemMastSh, DataSheet
46
47      ItemMastBk.Close
48
49      SortKey = InputBox("ソートする列番号を数字で入力", "ソートキーの指定")
50      If SortKey = "" Then
51          Exit Sub
52      End If
53      SortCol = SortKey
54
55      SortData DataSheet, SortCol
56
57      Set SumBook = Workbooks.Add
58      Set SumSheet = SumBook.Worksheets(1)
59
60      FormatSumSheet SumSheet
61
62      SalesSummary DataSheet, SumSheet
63
64      SaveBook SumBook
65      SaveBook DataBook
66
67  End Sub
```

【コード全文解説】

3　ここからMainAllプロシージャの開始
4
5　テキストファイルのファイルパスを格納するVariant型変数
6　製品マスターのファイルパスを格納するVariant型変数
7　製品マスターのブックの参照を格納するWorkbookオブジェクト型変数
8　製品マスターのワークシートの参照を格納するWorksheetオブジェクト型変数
9　集計先のブックの参照を格納するWorkbookオブジェクト型変数
10　集計先のワークシートの参照を格納するWorksheetオブジェクト型変数
11　データファイルのブックの参照を格納するWorkbookオブジェクト型変数
12　データファイルのワークシートの参照を格納するWorksheetオブジェクト型変数
13　ソートキーを格納するString型変数
14　ソートキーを格納するInteger型変数
15
16　変換するデータファイルの選択。処理対象のテキストファイルのファイルパスを変数 TxtName で受け取る

付録

次のページに続く

17 ファイルフィルターに「csvとtxtの両方のファイル」を指定

18

19 「ファイルを開く」ダイアログボックスでキャンセルが押されたか確認する処理。変数 TxtName の値が「False」と等しいか確認

20 「False」のときは直ちにSubプロシージャを終了

21 If文を閉じる

22

23 テキストファイルをExcelブックとして開く処理。変数 TxtName に格納されているファイルパスのファイルを開く

24 ファイルの文字コード体系に日本語のシフトJISコードを表す「CP932」を指定

25 データとして取り込むファイルの開始行に「1」を指定

26 テキストファイルの形式は項目が区切り文字で区切られていることを指定

27 区切り文字に「,」(カンマ)を指定

28 取り込まれる各列のデータ形式に 1列目はYMDの日付形式、2 ～ 4列目は一般形式 を指定

29

30 ワークシートの書式設定処理。FormatDataSheetプロシージャにアクティブブックを引数で渡して呼び出す

31

32 データブックの参照設定処理。アクティブブックの参照を変数 DataBookに代入

33 変数 DataBookの1番目のワークシートの参照をDataSheetに格納

34

35 商品マスターを開く処理。商品マスターのファイルパスを変数 ItremMastPath で受け取る

36 ファイルフィルターに「商品マスター .xlsx(*.xlsx),*.xlsx」、ダイアログボックスのタイトルに「商品マスター (商品マスター .xlsx)の選択」を指定

37 変数 ItemMastPath の値が「False」と等しいか確認

38 直ちにSubプロシージャを終了

39 If文を閉じる

40 商品マスターを開き、Openメソッドの戻り値を変数 ItemMastBk で受け取る

41 商品マスターのワークシート「商品マスター」の参照をItemMastShに格納

42

43 転記の準備処理。AddItemColumnプロシージャに転記先ワークシートの参照を引数で渡して呼び出す

44

45 データ転記処理。CopyProductDataプロシージャに商品マスターのワークシートと転記先ワークシートの参照を引数で渡して呼び出す

46

47 商品マスターを閉じる

48

49 ソートキーの指定処理。InputBox関数でソートキーを数字で受け取り変数SortKey に格納する

50 変数 SortKey の値が「""」(空文字)と等しいか確認

51 直ちにSubプロシージャを終了

52 If文を閉じる

53 変数 SortColにSortKeyの値を代入(暗黙の型変換)

54

55　並べ替え処理。SortDataプロシージャに並べ替えるワークシートの参照とソートキーを引数で渡して呼び出す

56

57　集計先ブックの新規作成処理。集計先ブックを新規ブックとして作成、Addメソッドの戻り値を変数SumBook で受け取る

58　集計先ブックの1番目のワークシートの参照をSumSheetに格納

59

60　集計先ワークシートの設定処理。FormatSumSheetプロシージャに集計先ワークシートの参照を引数で渡して呼び出す

61

62　集計処理。SalesSummaryプロシージャに集計元と集計先のワークシートの参照を引数で渡して呼び出す

63

64　集計結果の保存。SaveBookプロシージャに集計先ブックの参照を引数で渡して呼び出す

65　SaveBookプロシージャに売上データの参照を引数で渡して呼び出す

付録

用語集

CSV
「Comma Separated Values」（カンマ区切り）の略。コンピューターの世界でデータ交換形式として最も普及しているファイル形式。データのレコード（行）は改行で区切られていて、各行の項目が「,」（カンマ）で区切られているテキストファイルの形式。
→区切り文字

Microsoft Office（マイクロソフト オフィス）
マイクロソフトが開発しているオフィス統合ソフトウェア。WordやExcel、Outlookなどがセットになっている。

Option Explicit（オプション イクスプリシット）
マクロで変数を使うときに変数の宣言を強制するためのステートメント。プロシージャの先頭に記述する。「Option Explicit」が記述されているプロシージャでは宣言していない変数を記述するとエラーになる。
→ステートメント、宣言、プロシージャ、変数、マクロ

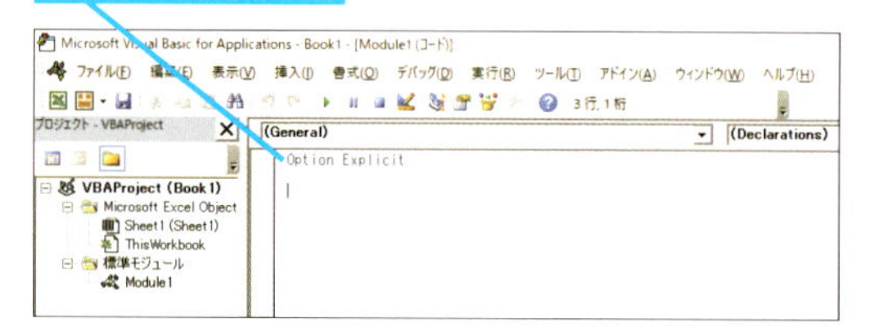

VBA（ブイビーエー）
「Visual Basic for Applications」（ビジュアル ベーシック フォー アプリケーションズ）の略。Visual Basicを基にしたプログラミング言語で、ExcelやWordなどのOffice製品でマクロを作成できる。ExcelやWordなど、Office製品で利用できる。
→Visual Basic、マクロ

VBE（ブイビーイー）
Visual Basic Editor（ビジュアル ベーシック エディター）の略。VBAを使って、マクロのプログラミングをするための、さまざまなツールを備えた統合開発環境のこと。VBAとともに、ExcelやWordなど、Office製品で利用できる。
→VBA、Visual Basic、マクロ

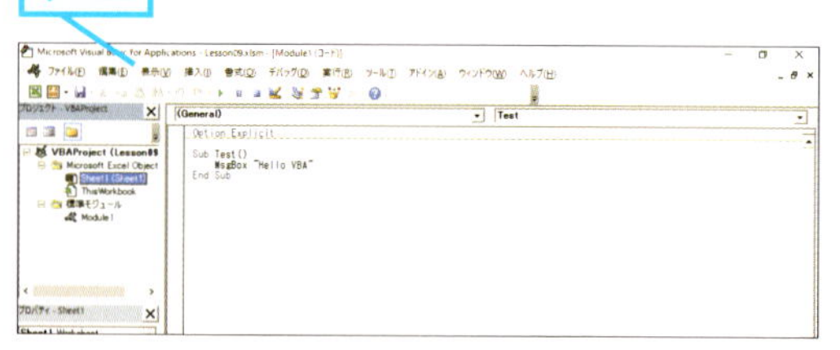

Visual Basic（ビジュアル ベーシック）
BASIC（ベーシック）言語を基にして作られた、マイクロソフトが提供するプログラミング言語の1つ。VB(ブイビー）と略される。VBAは、ExcelやWordなど、Office製品上で動作するアプリケーションしか作成できないが、VBはWindows上で動作するアプリケーションを開発できる。
→VBA

Windows Update（ウィンドウズ アップデート）
マイクロソフトのOSやソフトウェアなどの更新プログラムを提供するオンラインサービス。更新プログラムをインストールすれば、WindowsやOfficeを最新の状態にできる。
→ソフトウェア

アイコン
ファイルやフォルダー、ショートカットなどを小さな絵で表したもの。ファイルの種類によってアイコンの形が異なる。
→フォルダー

アクティブシート
ブックを開いているときに一番手前に表示される、作業対象のワークシートのこと。Excelの画面下に並んでいるシート見出しをクリックすれば、アクティブシートを切り替えることができる。
→シート見出し、ブック、ワークシート

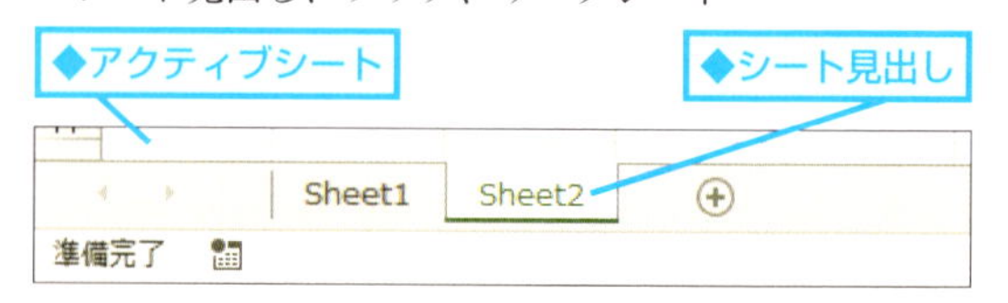

アクティブセル
ワークシート上で、入力や修正など処理の対象となっているセル。アクティブセルはワークシートに1つだけあり、太枠で表示される。アクティブセルの位置はExcelの画面左上にある名前ボックスに表示される。
→セル、ワークシート

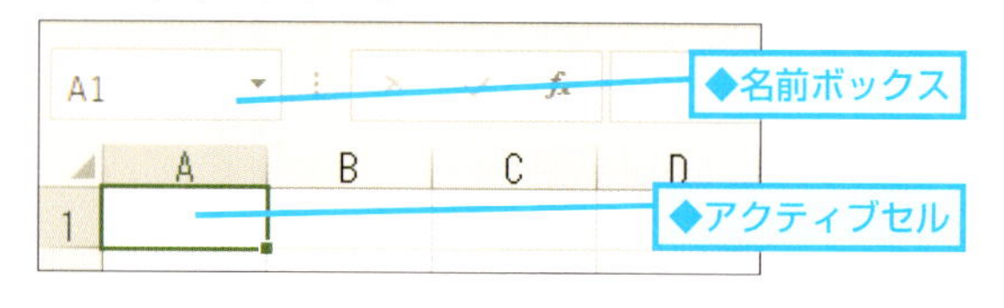

値
セルに入力されているデータやマクロ、関数がデータを処理した結果のことを値と呼ぶ。例として「セルの値」や「変数の値」など。
→関数、セル、変数、マクロ

アップデート
ソフトウェアなどを最新の状態に更新すること。マイクロソフトの製品はWindows Updateを実行して更新プログラムをダウンロードできる。
→Windows Update、ソフトウェア

暗黙の型変換
変数にデータを代入するときにデータ型が異なっていても変換可能であれば変換の指示がなくてもVBAが自動でデータの型変換を行うこと。数値型の変数に数値を表す文字列のデータを代入するときなど変換可能であれば自動で変換される。変換が不可能な場合には実行時エラー「型が一致しません」が発生する。
→データの型変換、明示的型変換

イベント
Excelを操作しているときに、何らかの特定の出来事が発生したことをVBAに伝えるシグナル。ブックを開いたりワークシートを選択したときや、セルをダブルクリックしたときなど特定の操作したときに発生する。
→VBA、セル、ブック、ダブルクリック、
ワークシート

色番号
Office製品の［カラーパレット］にある56色を識別する番号のこと。Excelでは、光の三原色である「R」「G」「B」を0～255の256段階で表し、約1670万色の色を扱うことができるが、よく使う色を簡単に扱えるように用意されている。コード中で色番号を指定することで、セルの塗りつぶしやフォントの色などを変更できる。
→コード、セル、フォント

インストール
ハードウェアやソフトウェアをパソコンで使えるように組み込むこと。Excelは初めからパソコンにインストールされている場合も多い。ソフトウェアをインストールすると、パソコンのハードディスクなどに実行ファイルや設定ファイルが組み込まれる。
→ソフトウェア

インデント
行頭に空白を入れて、行の開始位置を下げること。ループや条件文など、処理のまとまりの行にインデントを設定しておけば、コードが見やすくなる。
→行、コード、条件、ループ

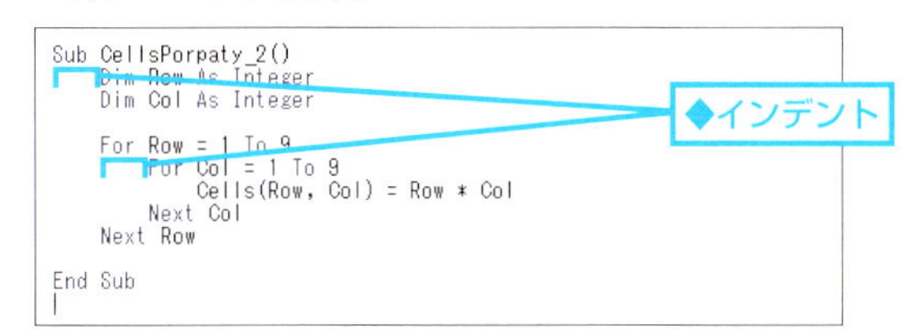
```
Sub CellsPorpaty_2()
    Dim Row As Integer
    Dim Col As Integer

    For Row = 1 To 9
        For Col = 1 To 9
            Cells(Row, Col) = Row * Col
        Next Col
    Next Row

End Sub
```


上書き保存
ブックの編集後に現在付いているファイル名を変えずに同じファイルへ書き換えること。ファイルを書き換えたくないときは、［名前を付けて保存］の機能を実行する。新規に作成したブックを初めて保存するときは、［名前を付けて保存］ダイアログボックスが表示される。
→ダイアログボックス、名前を付けて保存、ブック

永久ループ
DoループやForループなど繰り返し処理が永久に終了しないこと。繰り返しの条件や繰り返しの中の処理を間違えたときに起きるバグ。処理手順によってはあえて永久ループを作ることもある。
→バグ

エラー
正しくないコードや命令、数式を入力したときや、間違った操作を行ったときの状態。この状態になるとセルやダイアログボックスにエラーメッセージが表示される。
→コード、数式、セル、ダイアログボックス

オートコンプリート
セルに文字を入力していて、同じ列のセルに入力済みの文字と先頭が一致すると、自動的に同じ文字が表示される機能。
→セル、列

オートフィル
アクティブセルのフィルハンドル（■）をドラッグしてコピーすることで、連続する日付や曜日をコピーできる機能。
→アクティブセル、コピー、セル、ドラッグ、
フィルハンドル

オーバーフロー
変数の型で扱うことのできる限界値を超えた状態。例えば整数型の変数では、-32768～32767の範囲の値を扱えるが、これに「-32769」や「32768」など範囲を超えた値を格納すると、オーバーフローしてエラーが発生する。
→値、エラー、型、変数

オブジェクト
VBAで処理の対象になる要素のこと。VBEでは、Excelのブックやワークシート、セル、さらにセルのフォントや背景色などを「オブジェクト」と呼ぶ。
→VBE、コード、セル、フォント、ブック、ワークシート

カーソル
入力位置を示す印のこと。セルやコードウィンドウに文字が入力できる状態になっているとき、点滅する縦棒（|）が表示される。
→コードウィンドウ、セル

[開発] タブ
マクロの記録やマクロの実行、VBEの起動などのコマンドが配置されたリボンのタブ。
→VBE、タブ、マクロ、リボン

拡張子
Windowsがファイルの種類を識別するために利用するファイル名の最後にある「.」以降の文字。Excelブック形式の「xlsx」や「xls」、Excelマクロ有効ブック形式の「xlsm」などを指す。ファイルをダブルクリックすると、拡張子に関連付けされたソフトウェアが起動する。
→ソフトウェア、ダブルクリック、ブック、マクロ

カスタマイズ
ユーザーが、ソフトウェアを使いやすくするために標準的な設定に変更を加えること。Excelのタブやクイックアクセスツールバー、ツールバーなどにボタンを追加することもカスタマイズの1つ。
→クイックアクセスツールバー、ソフトウェア、タブ、ツールバー

型
変数が扱うことができるデータの種類。VBAでは、整数の数値を扱う「整数型」や文字を扱う「文字列型」、日付や時間を扱う「日付型」などがある。
→VBA、変数

関数
複雑な計算や、手間のかかる計算を簡単に行えるように、あらかじめその計算方法が定義してある命令のこと。計算に必要なセル範囲の数値や定数、値などを引数として与えると、その計算結果が表示される。
→値、セル範囲、定数、引数

行
ワークシートの横方向へのセルの並び。Excelでは「1」から始まる数字で「行番号」を使って位置を指定する。
→行番号、セル、ワークシート

行番号
「1」から始まる、ワークシート内のセルの縦方向の位置を表す数字。
→セル、ワークシート

切り取り
選択した文字列や図形などを、ほかで使えるようにクリップボードに一時的に記憶する操作。コピーと異なり、切り取りの後に貼り付けの操作を実行すると、元の内容は削除される。
→クリップボード、コピー、貼り付け

記録
作業の手順などを再び同じように行うために書き残して保存すること。マクロの記録では、Excelを操作した内容をコードに保存している。
→コード、マクロ

クイックアクセスツールバー
Excel 2007以降でリボンの上にあるツールバー。日常的によく使うボタンが並んでいて、自由にボタンを追加できる。
→ツールバー、リボン

◆クイックアクセスツールバー

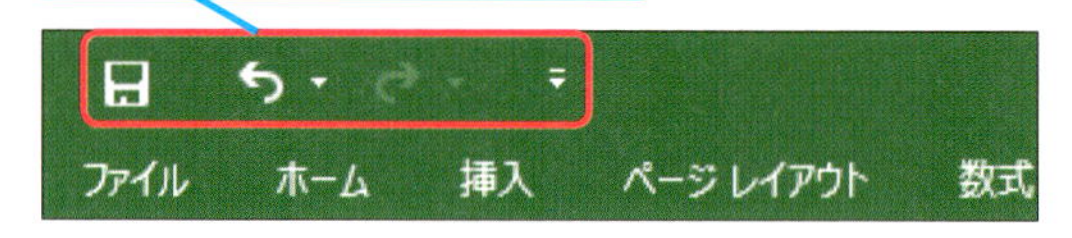

区切り文字
テキストファイルでデータの項目を区別するための記号のこと。一般的な「,」（カンマ）区切り（CSV）のほかにスペース（空白）区切り（SSV）やタブ（TAB）区切り（TSV）などがある。
→CSV

グラフ
表のデータを視覚的に分かりやすく表現した図。Excelでは、表のデータを棒グラフや円グラフ、折れ線グラフのほかさまざまな種類のグラフにできる。

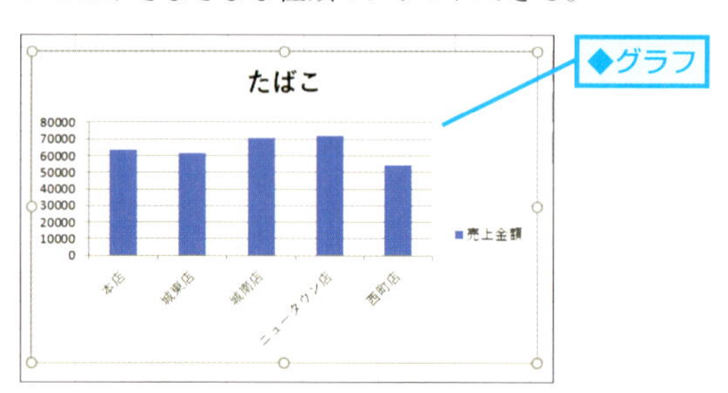

◆グラフ

用語集

クリア
セルの値や数式、書式などを消す操作。セルにあるデータの値や書式のみを消す、すべて消すなど、目的に応じて利用できる。例えば、数値が入力されているセルに書式が設定されている場合、書式のみを消すことができる。マクロで計算をするときは、計算を実行する前にセルの内容をクリアして、以前の計算結果が残らないようにする。
→値、書式、数式、セル、マクロ

繰り返し処理
指定された条件に従って同じ処理を繰り返す手順の流れのこと。プログラムの3つの基本的な手順の流れの1つ。
→プログラム

クリップボード
コピーや切り取りを行った内容が一時的に記憶される場所のこと。Officeクリップボードには24個まで一時的にデータを記憶でき、ほかのOffice製品とデータをやりとりできる。Windowsにもクリップボードがあるが、こちらは1つしか保存できない。通常、クリップボードというと後者を指す。
→切り取り、コピー

罫線
表の周囲や中を縦横に区切る線のこと。項目名とデータを区切れば、表が見やすくなる。

桁区切りスタイル
セルの値を3けたごとに「,」(カンマ)を付けて位取りをする表示形式。通貨記号は付かない。
→値、セル、表示形式

コード
情報を表現する記号や符号のこと。コンピューターに処理を指示するための情報を、人間が分かりやすい形で表現するコードの集合体は、プログラムコードとも呼ばれる。マクロの内容(コード)を修正するには、VBEを利用する。
→VBE、マクロ

コードウィンドウ
VBEで、VBAのコードを表示するためのウィンドウ。モジュールごとに表示され、モジュールに含まれるVBAのコードが表示される。
→VBE、VBA、コード、モジュール

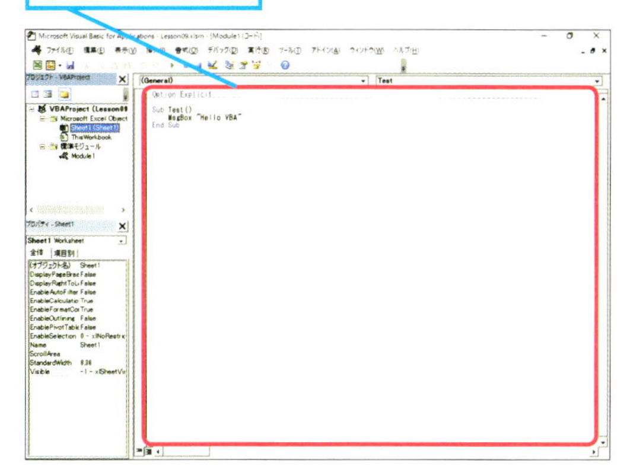

コピー
選択した文字列や図形などを、ほかでも使えるようにクリップボードに一時的に記憶する操作。切り取りとは異なり、コピー後に貼り付けの操作を実行しても、元の内容は残る。
→切り取り、クリップボード、貼り付け

コメント
コードの中に記述する説明文のこと。VBAでは、「'」以降が、コメントとして識別される。コメントは、マクロの実行には影響を与えないので、コードの処理内容を分かりやすく説明するために使う。
→VBA、コード、マクロ

コメントアウト
プログラムのデバッグ手法の1つ。プログラムの特定の処理を実行させないようにコードの先頭に「'」を付けてそのコードをコメントにすること。コメントにすることでコードを削除しなくても実行しないようにできるので、すぐに元に戻すことができる。
→コメント

コレクション
同じオブジェクトが集合したオブジェクトのこと。Workbookオブジェクトのコレクションがworkbooksオブジェクトとなり、Worksheetオブジェクトのコレクションがworksheetsオブジェクトとなる。なお、Rangeオブジェクトは特殊なオブジェクトで、それ自体が単一のセルやセルのコレクションとも言えるセル範囲を表すため、Ranges コレクションは存在しない。
→オブジェクト

コンパイル
入力したプログラムコードをコンピュータが実行できる命令のマシンコードに翻訳する手続き。マシンコードは人間が理解しにくいのでVBAなどのプログラム言語が用意されている。コンパイル時にプログラムの構文チェックが行われ、間違いが見つかるとコンパイルエラーが表示される。VBAはコードを入力するたびに1行ずつ自動コンパイルを行う。
→VBA、エラー

最終値
一連の繰り返し処理が終わった後の変数やデータの値。ループカウンターと比較される。繰り返しの回数をカウントしている変数の値は、繰り返し処理の完了後には終了条件より多くなっている。
→値、変数、ループカウンター

算術演算子
プログラム言語で数値計算を表す記号のこと。VBAの算術演算子には加算（+)、減算（-)、乗算（*)、除算（/)、べき乗（^)、整数除算（\)、剰余（Mod）がある。

シート
→ワークシート

シート見出し
ブックに含まれる複数のワークシートを切り替えるときに使うタブのこと。シート見出しをクリックしてワークシートの表示を切り替えられる。シート見出しをダブルクリックすればワークシートの名前を変更できる。
→タブ、ダブルクリック、ブック、ワークシート

システム
複数のプログラムとその実行環境が組み合わされて機能する全体のこと。ExcelのVBAではVBAのプログラムとExcelブック、実行するExcel本体が組み合わされることで機能する。
→VBA、ブック、プログラム

実行
作成されたマクロを動かすこと。マクロを実行するとコードで記述された内容に従って処理が行われる。
→コード、マクロ

自動クイックヒント
プロシージャでプロパティや関数を入力すると自動で引数やオプションの候補が表示される機能。
→関数、引数、プロシージャ、プロパティ

◆自動クイックヒント

```
For Row = 1 To 9
    Cells(
Next  _Default([RowIndex], [ColumnIndex])
```

自動構文チェック
VBAでコードの記述時に行われる自動コンパイルでコードの入力間違いなど、構文を自動で確認する機能。ステートメントが入力されるごとに構文のエラーを確認して間違いがあるとメッセージを表示する。
→VBA、エラー、コード、コンパイル、ステートメント

◆自動構文チェック

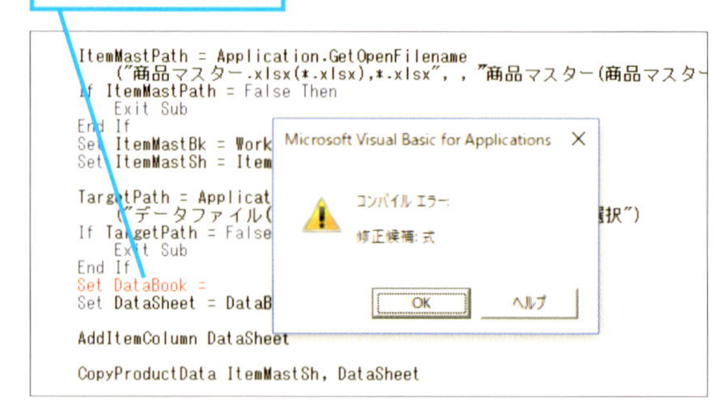

順次処理
処理を上から下に向かって順番に処理する手順の流れのこと。プログラムの3つの基本的な手順の流れの1つ。
→プログラム

ショートカットキー
マウスを使うことなく、キーボード操作だけでソフトウェアの操作ができる「キーの組み合わせ」のこと。例えば、Excelで Ctrl + O キーを押すと、［ファイルを開く］ダイアログボックスを表示できる。
→ソフトウェア、ダイアログボックス

条件
マクロの処理の流れを変えるときに判定する基準。If ～ ThenステートメントやDo ～ Loopステートメントなど、条件を指定して処理を分岐する。
→ステートメント、分岐、マクロ

初期値
マクロの開始時点で変数に格納されている最初の値。累計の値を格納する変数には初期値として「0」を格納しておく。また、繰り返しの回数をカウントする変数には、処理を開始するときの行番号や列番号を初期値にすることもある。
→値、行番号、変数、マクロ、列番号

書式
セルの文字や表、グラフなどに設定できる装飾のこと。文字のサイズや太さ、色、フォントなどもすべて書式に含まれる。
→グラフ、セル、フォント

書式のクリア
セルに設定されている書式のみを削除する機能。セルに入力されているデータは削除されない。
→クリア、書式、セル

書式のコピー
セルに設定されている書式を、別のセルに複写すること。書式のみを別のセルに適用したいときに利用する。セルのデータはコピーされない。
→コピー、書式、セル

シリアル値
1900年1月1日を「1」として、Excelが管理する日付や時刻の値。時刻は小数点以下の値で管理している。
→値

ズームスライダー
Excelで表示画面の拡大／縮小をマウスでドラッグして調整できるスライダー。ステータスバーの右端にある。
→ステータスバー

数式
計算をするためにセルやコードウィンドウなどに入力する計算式のこと。
→コードウィンドウ、セル

数式バー
アクティブセルの数式や文字を表示・入力できる領域。
→アクティブセル、数式

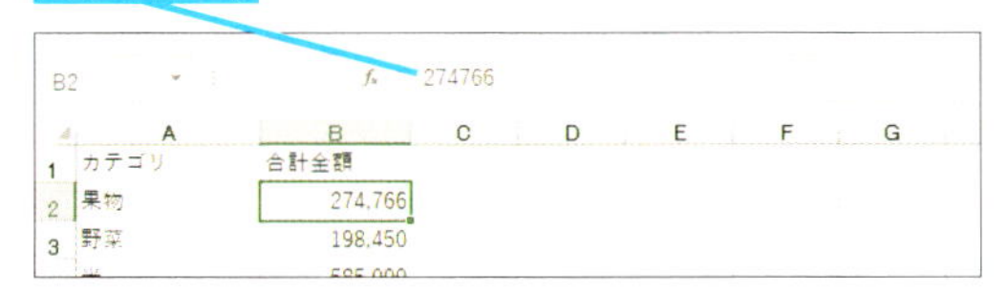

スクロールバー
ウィンドウの右端や下端にあるバーのこと。スクロールバーを上下や左右にドラッグすれば、ウィンドウ内に表示しきれない内容を表示できる。
→ドラッグ

スコープ
変数やプロシージャを参照できる参照範囲のこと。プロシージャ内で宣言された変数はそのプロシージャ内からしか参照できないので、別のプロシージャから使用することはできない。
→プロシージャ、変数

ステータスバー
Excelの画面下端にある領域のこと。Excelの状態や、表示モードの切り替えボタン、表示画面の拡大や縮小ができるズームスライダーが配置されている。マクロの記録や開始は、ステータスバー左にあるボタンからも実行できる。
→記録、ズームスライダー、マクロ

ステートメント
プログラムの中で宣言や定義、制御、操作などを行う完結した構文の最小単位。変数宣言の「Dim」ステートメントやプロシージャを定義する「Sub ～ End Sub」や繰り返しの「For ～ Next」ステートメント、分岐の「If ～ End If」ステートメントなどがある。
→宣言、プロシージャ、分岐、変数

ステップイン
作成したマクロが正しく動作するかを確認するためにコードを1行ずつ実行すること。1行ずつ実行して、1ステートメントごとの処理結果を変数やセルの値を確認しながら問題点を探せる。
→値、コード、ステートメント、セル、変数、マクロ

セキュリティの警告
ウイルスなどが含まれたマクロを間違って実行してしまわないように、Excel 2007以降では、マクロを含んだブックを開くとセキュリティの警告が表示される。
→ブック、マクロ

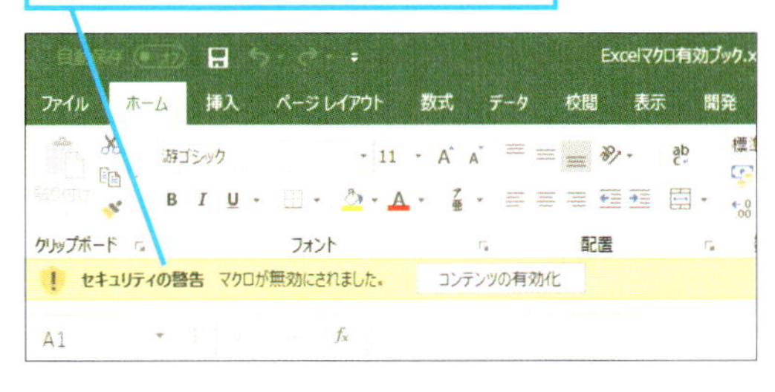

絶対参照
セルの参照方法の1つで、常に特定のセルを参照する方法。
→セル

用語集

セル
ワークシートにある1つ1つのマス目。Excelで、セルにデータや数式を入力する場所。
→数式、ワークシート

セル参照
ワークシート内のセルの位置を表す、「A」から始まる列番号のアルファベットと、「1」から始まる行番号の数字を組み合わせたもの。VBAのコードでは、Rangeプロパティの引数に「"」でくくって使用する。Cellsプロパティを使うと、行と列を数字で指定できる。
→VBA、行、行番号、コード、セル、引数、プロパティ、ワークシート、列、列番号

セルの書式設定
セルやセルにあるデータの表示方法を指定するもの。セル内のデータの見せ方や、表示するフォントの種類、フォントサイズ、セルの塗りつぶし色や罫線、配置などが設定できる。
→罫線、セル、フォント、フォントサイズ

セル範囲
「セルA1～C5」や「セルA1、B2、C1～E7」のように、複数のセルを含む範囲をセル範囲と呼ぶ。コード中では、1つ以上のセルのまとまりを処理の対象にする。連続したセル範囲は対角にあるセル参照を「:」（コロン）で区切り、複数のセルやセル範囲を「A3:C5,B6,D2:D4」のように、「,」（カンマ）で区切って表す。
→コード、セル、セル参照

宣言
マクロで使用する変数などをコードの中で使用する前にVBAに表明しておくこと。変数を宣言しておくことで、VBAがマクロを実行するときに、変数名の入力間違いやデータ型の使い方の間違いをチェックできるので、ミスを防げる。
→VBA、型、コード、データ型、変数、マクロ

ソートキー
データを並べ替えるときに並べ替えの順序の基準になる項目のこと。基準になる項目を「キー項目」と呼ぶ。

相対参照
セルの参照方法の1つで、アクティブセルを起点として、相対的な位置のセルを参照する方法。セルの参照先を固定したいときは絶対参照を利用する。
→アクティブセル、絶対参照、セル

ソフトウェア
コンピューターを何かの目的のために動かすプログラムのこと。コンピューターなどの物理的な機械装置の総称であるハードウェアに対し、OSやプログラムなどのことを総称してソフトウェアと呼ぶ。

ダイアログボックス
Excelで対話的な操作が必要なときに開く設定画面。セルの書式設定やファイルを保存するときに表示される。
→セル、セルの書式設定、書式

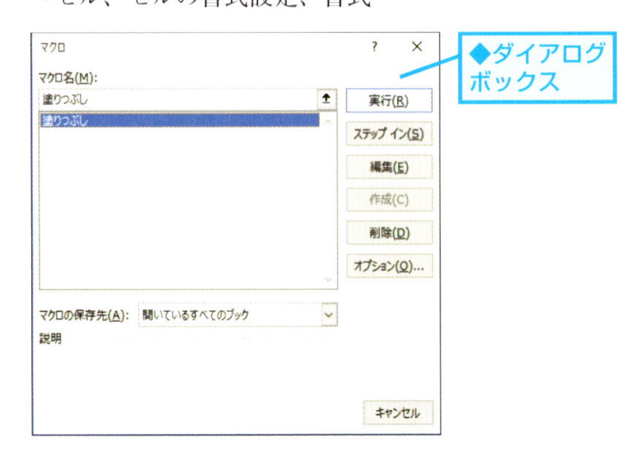

タイトルバー
ExcelやVBEの画面のほか、フォルダーウィンドウの上端にあるバーのこと。Excelでは、「Book1」「Book2」などのファイル名がタイトルバーに表示される。
→VBE

代入演算子
数式において左辺の変数やプロパティに値を代入するときに使う演算子。VBAでは「=」を使う。
→プロパティ

タブ
1つのダイアログボックスなどで関連する複数の画面を切り替えるときのつまみ。いくつも画面を開かずに、同じ属性の異なる内容を設定するときに使われている。Excel 2007以降では、リボン上で機能を分類するタブが採用されている。
→ダイアログボックス、リボン

ダブルクリック
マウスのボタンを素早く2回続けて押す操作。

中断モード
マクロの実行中にプログラムのバグなどで実行が一時中断している状態。
→VBE、タイトルバー、バグ、マクロ

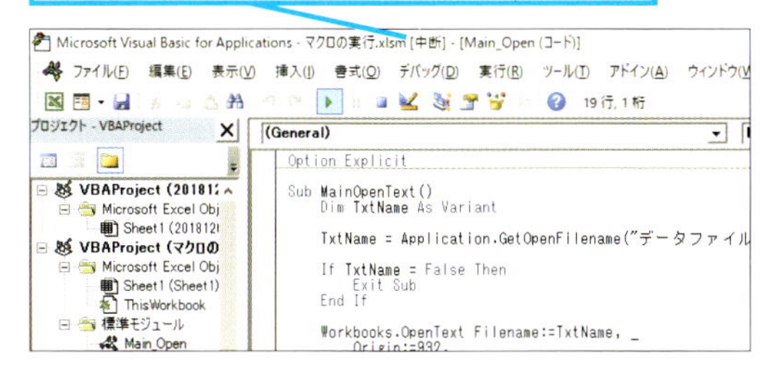

ツールバー
操作の内容が表示されたボタンが並んでいる帯状の小さなウィンドウのようなもの。用意されているボタンを押すだけで操作ができる。
→マクロ

通貨表示形式
セルのデータを金額として表示する表示形式。設定すると、通貨記号と位取りの「,」（カンマ）が付く。データに小数点以下の値があると、小数点以下が四捨五入して表示されるが、セル内のデータは変わらない。
→値、セル、表示形式

データ型
変数や定数などの値の種類。変数は格納する値に応じてあらかじめデータ型を指定しておく。整数型（Integer）、長整数型（Long）、通貨型（Currency）、日付型（Date）、文字列型（String）など。
→値、型、定数、変数

データの型変換
整数型から実数型、数値型から文字列型など元のデータのデータ型を別のデータ型に変換すること。自動で行われる暗黙の型変換とデータ型変換関数を使った明示的型変換がある。
→暗黙の型変換

テーマ
Excel 2007以降でフォントや配色、図形の効果などの書式をまとめて設定できる機能。セルや表、グラフのフォントや配色を統一感のあるデザインに設定できる。テーマを変更すると列番号や行番号など、ブック全体の書式も変更される。
→行番号、グラフ、書式、セル、フォント、ブック、列番号

定数
コードの中で変化することなく決まった値のこと。例えば、コードの中で消費税率の「8%」を変更しない値として変数に設定し、定数として利用する。
→値、コード、変数

テキストファイル
内容が文字と改行やタブなど一部の制御文字で構成されていて、メモ帳などで内容を目で見ることができるファイルのこと。

テキストボックス
主にテキストを入力するための四角の図形要素。ワークシート内の任意の場所に、コメントや文章を入力するときなどに使う。
→コメント、ワークシート

デスクトップ
Windowsでフォルダーやソフトウェアのウィンドウを複数表示できる領域のこと。さまざまなアイコンを配置したり、ソフトウェアのウィンドウを表示したりする様子が、机の上（Desktop）に、道具や書類を置くことに似ていることから付けられた名称。
→アイコン、ソフトウェア、フォルダー

デバッグ
コードからエラーを探し出して修正すること。VBEでは、コードの入力時に発生する構文エラーは、その都度検出してくれるので簡単に修正できるが、条件分岐などの論理的なバグは見つけることが難しい。
→VBE、エラー、コード、条件、バグ、分岐

テンプレート
特定の表などを作成するのに適した、ひな形のブックのこと。マイクロソフトが運営しているOffice OnlineのWebページからもテンプレートをダウンロードできる。
→ブック

等号
「＝」の記号のこと。Excelの画面でセルの先頭にあるときは代入演算子となり、続いて入力されている内容は数式と判断される。数式の途中にあると等号の両辺が等しいかを判断する論理演算子となる。VBEのコードの中では、値を設定したり、条件分岐の論理式を判定するときに使う。
→VBE、値、演算子、コード、条件、数式、セル、分岐

ドラッグ
マウスの左ボタンを押したまま移動して目的の場所でボタンを離すこと。セル範囲の選択やオートフィル、グラフやテキストボックスのハンドルを動かすときはドラッグで操作する。
→オートフィル、グラフ、セル範囲、テキストボックス、ハンドル

名前を付けて保存
ブックに新しい名前を付けてファイルに保存すること。既存のファイルを編集しているときに別の名前を付けて保存すれば、以前のファイルはそのまま残る。
→ブック

入力モード
Excelでセルに新たなデータを入力できる状態のこと。入力モードの状態で、セルに何らかのデータが入力されていたときは、セルの内容が上書きされる。セルの内容の一部を編集したいときは、編集モードに切り替えて作業する。
→セル、編集モード

ネスト
繰り返し処理や判断処理などを入れ子にすること。

パーセントスタイル
セルの値をパーセンテージ（%）で表示する表示形式。設定すると、数値が100倍されて「%」が付く。
→値、セル、表示形式

バグ
コードの中に潜んでいるエラーのこと。開発環境によっては構文エラーもバグに含まれるが、VBEは自動で構文エラーを検出して報告してくれる。バグを修正する作業をデバッグと呼ぶ。
→VBE、エラー、コード、デバッグ

貼り付け
コピーや切り取りなどで、クリップボードに保存された内容を、指定した位置に挿入すること。
→切り取り、クリップボード、コピー

判断処理
指定された条件によって異なる処理を選択する手順の流れのこと。プログラムの3つの基本的な手順の流れの1つ。

ハンドル
画像や図形、クリップアート、テキストボックスなどのオブジェクトを操作するためのつまみのこと。オブジェクトのサイズを変更できる選択ハンドルや回転するための回転ハンドルなどがある。
→オブジェクト、テキストボックス、ハンドル

比較演算子
2つの値を比較する演算子。比較演算子には、より小さい（<）、以下（<=）、より大きい（>）、以上（>=）、等しくない（<>）、等しい（=）がある。
→値、演算子

引数
関数などで計算するために必要な値のこと。特定のセルやセル範囲が引数として利用される。関数の種類によって必要な引数は異なる。VBEでは、コードの入力中に自動クイックヒントを利用して命令に必要な引数の内容や順序を確認できる。
→VBE、値、関数、コード、自動クイックヒント、セル、セル範囲

表示形式
セルに入力したデータをセルに表示する見せ方のこと。表示形式を変えてもセルの内容は変わらない。例えば、数値「1234」を通貨表示形式に設定すると「¥1,234」と表示されるが、セルの内容そのものは「1234」のまま。
→セル、通貨表示形式

[ファイル] タブ
Excel 2016/2013/2010でブックの新規作成や保存、印刷など、ファイルに関する操作やExcelのオプション設定を行う画面を表示できるタブ。
→印刷、タブ、ブック

ファイルパス
ディスクドライブの中のファイルの位置を表すもの。ディスクのドライブ名から順にフォルダー名を「¥」記号で区切って表す。
→フォルダー

フィルター
ワークシート上にあるセル範囲のデータを簡単な操作で抽出するExcelの機能。ドロップダウンリストから抽出条件を指定すると目的のデータだけが表示され、そのほかのデータが一時的に非表示になる。
→セル範囲、ワークシート

フィルハンドル
アクティブセルの右下に表示される小さな四角のつまみ。マウスポインターをフィルハンドルに合わせてドラッグすると、連続データや数式をコピーできる。
→アクティブセル、コピー、数式、マウスポインター

フォーム

VBAで独自のウィンドウやダイアログボックスを作成する機能。テキストボックスやリストボックス、コマンドボタンなどを配置して、データの入力画面やメニュー画面などを作成できる。
→VBA、ダイアログボックス、テキストボックス

コマンドボタンはフォームで追加できる機能の1つ

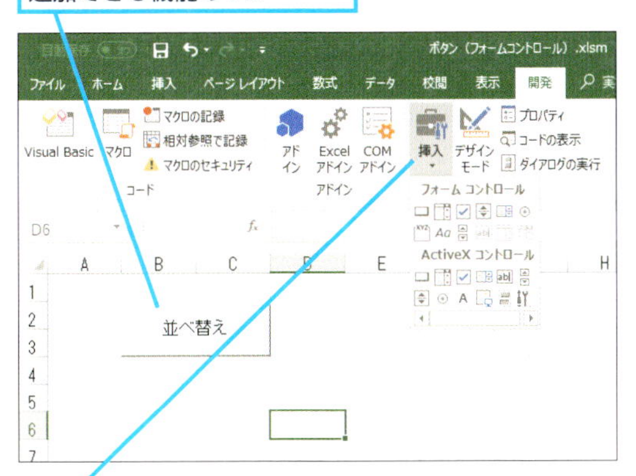

[開発]タブの[挿入]からボタンなどのフォームを配置できる

フォルダー

ファイルを分類したり整理するための入れ物。ファイルと同じように名前を付けて管理する。

フォント

文字の形状。［游ゴシック］［MSゴシック］など、さまざまな種類がある。Excelでは、Officeに付属しているフォントとWindowsにはじめから搭載されているフォントを利用できる。

フォントサイズ

フォントの大きさ。ポイントという単位で表す。1ポイントは1/72インチ。
→フォント

ブック

ワークシートが複数集まったもの。Excelでは1つのブックにワークシートを束ね、それをファイルとして管理できる。Excel 2016/2013の標準の設定では、ブックの新規作成時にワークシートが1つだけ表示される。
→ワークシート

フッター

ページ下部の余白にある特別な領域。ページ番号などを入力できる。
→余白

ブレークポイント

プログラムの動作確認を行うときに使う機能。ブレークポイントを設定したコードの行でプログラムの動作を一時停止させることができる。プログラムを一時停止させることで動作中の状態や変数の値を確認することができる。
→プログラム

フローチャート

処理手順の流れを図形や記号で分かりやすく表現したもの。プログラムの設計図となる。データ記号や処理記号、流れを表す線記号などがJISで定められている。
→プログラム

プログラム

コンピューターが処理を行うための手順を記述したファイルのこと。コンピューターが理解できるプログラミング言語で記述する。コンピューターはプログラムに書かれた手順通りに命令を実行する。

プロシージャ

マクロとして実行できるコードの最小の単位。VBEのコードウィンドウで、「Sub」のキーワードから「End Sub」のキーワードでくくられたもの。
→VBE、コード、コードウィンドウ、マクロ

プロシージャは「Sub」と「End Sub」でくくられる

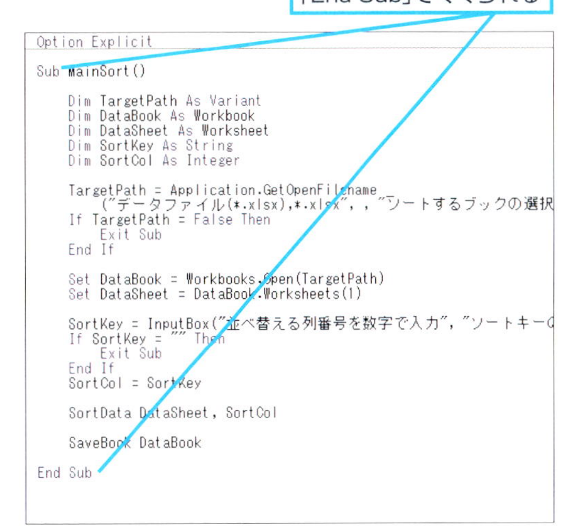

プロジェクト

関連のある複数のプログラムやシステムをまとめて管理する単位。ExcelはブックごとにExcel VBAプロジェクトとして管理している。
→ブック、プログラム

プロジェクトエクスプローラー

ブックに含まれるワークシートやモジュールの一覧を表示するウィンドウ。VBAでは、ブックに含まれているワークシートやモジュールを、ブックごとに1つのプロジェクトとして管理している。
→VBA、ブック、モジュール、ワークシート

◆プロジェクトエクスプローラー

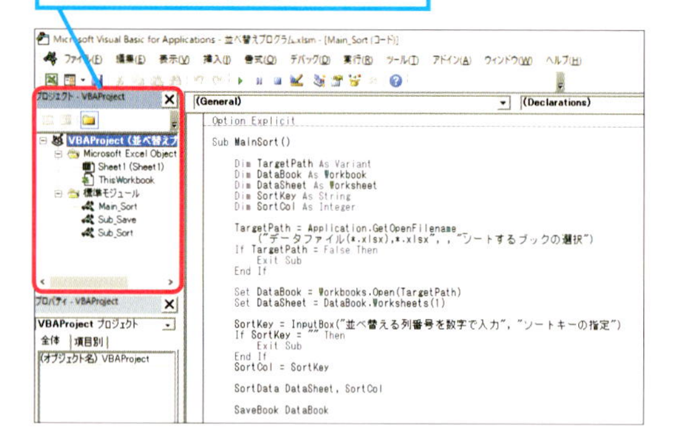

プロパティ

対象となるものが所有している情報。ブックは各ワークシートを表す「WorkSheets」プロパティを持ち、ワークシートはセル範囲の情報として「Range」プロパティを持っている。
→セル範囲、ブック、ワークシート

プロパティウィンドウ

プロジェクト内にある、ブックやワークシート、モジュールに関する、名前などの情報を表示するウィンドウ。プロジェクトエクスプローラーで選択した対象のプロパティを表示する。
→ブック、プロジェクトエクスプローラー、プロパティ、モジュール、ワークシート

分岐

コードの処理の流れを条件によって分けること。
→コード、条件

編集モード

セルに入力済みのデータを修正できる状態のこと。セルをダブルクリックするか、F2キーを押すと、編集モードに切り替わる。
→セル、ダブルクリック

変数

コードで扱う数値や文字などのデータを格納するための入れ物。変数は格納できるデータの種類をあらかじめ宣言して、名前を付けて管理する。
→コード、宣言

マウスポインター

操作する対象を指し示すもの。マウスの動きに合わせて画面上を移動する。操作の対象によってマウスポインターの形が変わる。

マクロ

一連の作業の手順を記録して、同じ作業を再現するための機能。一度記録しておけば、複雑な作業手順を覚えなくても、繰り返し同じ作業ができる。Excelでは、実際に行った手順を記録するか、VBEでプログラミングしてマクロを作成する。
→VBE、記録

明示的型変換

データ型変換関数を使って明示的にデータの型を変換すること。変換が不可能な場合には実行時エラー「型が一致しません」が発生する。
→エラー

メソッド

対象となるオブジェクトに対して操作をする命令のこと。例えば、セル範囲を選択する操作は、セル範囲を表すRangeプロパティにSelectメソッドを使う。
→オブジェクト、セル範囲、プロパティ

メッセージボックス

マクロの実行中にダイアログボックスを表示してメッセージを表示するVBAの関数。メッセージを表示するだけでなく、[はい]ボタンや[いいえ]ボタン、[キャンセル]ボタンを表示して処理を選択できる。
→VBA、関数、ダイアログボックス、マクロ

メニューバー

VBEなどで項目名が並んで表示されているツールバーの1つ。項目名が文字で表示されているため、ほかのツールバーとは区別して「メニューバー」と呼ばれる。Excel 2007以降では、メニューバーとツールバーを統合した「リボン」に変更された。
→VBE、ツールバー、リボン

◆メニューバー
利用できる機能が項目別に表示される

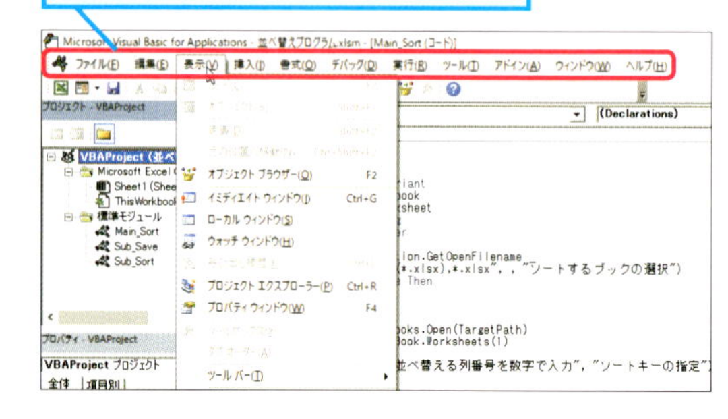

モジュール
複数の関連したプロシージャを1つにまとめたコードの管理単位。
→コード、プロシージャ

元に戻す
ワークシート上などで行った操作を取り消して、操作を行う前の状態に戻す機能。Excel 2016/2013/2010では、クイックアクセスツールバーを利用する。
→クイックアクセスツールバー、ワークシート

戻り値
関数が処理した結果を呼び出し元に返す値のこと。返せる値は1つだけになる。
→関数

ユーザー定義書式
ユーザーが独自に定義できる表示形式のこと。表示形式の設定に必要な記号を組み合わせて、日時や数値、金額などのデータを任意の表示形式に変更できる。
→表示形式

ユーザーフォーム
ユーザーが独自のダイアログボックスを作成する機能。ボタンやテキストボックスなどさまざまなコントロールを配置して高機能な画面を作ることができる。
→ダイアログボックス

ライセンス認証
マイクロソフトがソフトウェアの不正コピー防止のために導入している仕組み。OSやOfficeのインストール時に実行する。インターネットに接続されていれば、数ステップで認証が完了する。
→インストール、ソフトウェア

リスト
ワークシート上にある集計表や名簿などのデータの固まりのこと。表をリストに変換しておけば、データの並べ替えや抽出がしやすくなる。Excel 2016/2013/2010では、テーブルと呼ぶ。
→テーブル、ワークシート

リボン
Excel 2007以降でExcelを操作するボタンを一連のタブに表示した領域。作業の種類で分類されたタブごとに機能のボタンや項目が表示される。
→タブ

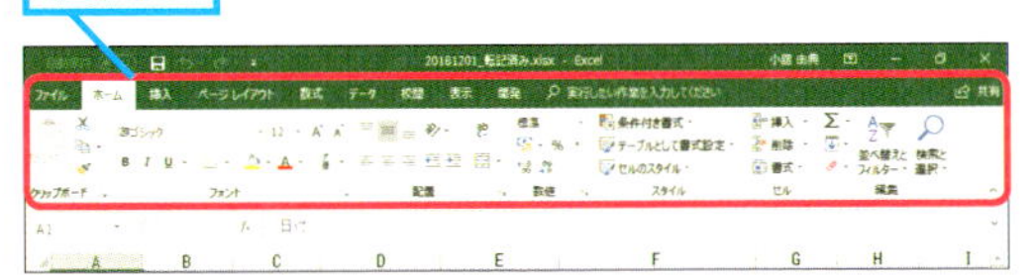

ループ
一連の処理をある条件に基づいて繰り返し行うこと。
→条件

ループカウンター
ループを繰り返す回数をカウントするために用意した変数。
→変数、ループ

列
ワークシートの縦方向へのセルの並び。Excelではアルファベットの「A」から始まる「列番号」を使って位置を指定する。
→セル、列番号、ワークシート

列番号
ワークシート内のセルの横方向の位置を表す「A」から始まるアルファベット。「Z」の次は「AA」「AB」と増える。
→セル、列、ワークシート

ロジック
目的を達成するための筋道、手順のこと。プログラムの処理手順や動作の流れ。
→プログラム

論理演算子
複数の条件を組み合わせて判断するときに使う演算子のこと。「かつ」「または」といったキーワードを表す記号。

ワークシート
縦横にセルと呼ばれるマス目に区切られた、Excelでデータの入力や表示を行う場所。
→セル

ワイルドカード
文字列のパターンマッチングで使用する特殊な文字のこと。VBAでは「*」と「?」が使用できる。「*」は0文字以上の任意の文字、「?」は任意の1文字に対応する。
→VBA

索　引

アルファベット

ア

カ

サ

索引

タ

ナ

ハ

索引

できるサポートのご案内

できるシリーズの書籍の記載内容に関する質問を下記の方法で受け付けております。

電話 **FAX** **インターネット** **封書によるお問い合わせ**

質問の際は以下の情報をお知らせください

①**書籍名・ページ**
②書籍の裏表紙にある**書籍サポート番号**
③お名前　④電話番号
⑤質問内容（なるべく詳細に）
⑥ご使用のパソコンメーカー、機種名、使用OS
⑦ご住所　⑧FAX番号　⑨メールアドレス

※電話の場合、上記の①～⑤をお聞きします。
FAXやインターネット、封書での問い合わせについては、各サポートの欄をご覧ください。

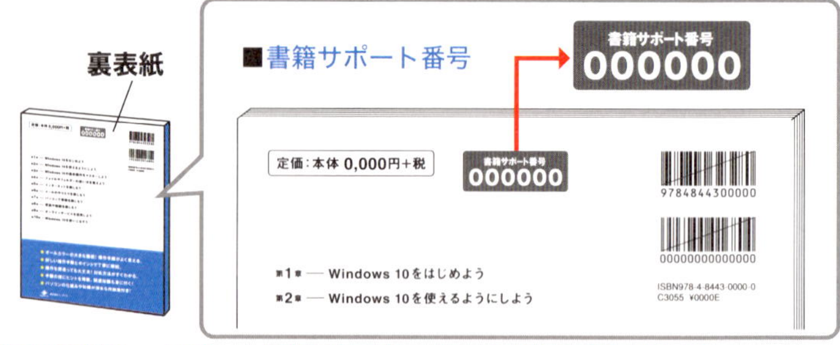

※裏表紙にサポート番号が記載されていない書籍は、サポート対象外です。なにとぞご了承ください。

回答ができないケースについて（下記のような質問にはお答えしかねますので、あらかじめご了承ください。）

- 書籍の記載内容の範囲を超える質問
  書籍に記載していない操作や機能、ご自分で作成されたデータの扱いなどについてはお答えできない場合があります。
- できるサポート対象外書籍に対する質問
- ハードウェアやソフトウェアの不具合に対する質問
  書籍に記載している動作環境と異なる場合、適切なサポートができない場合があります。
- インターネットやメールの接続設定に関する質問
  プロバイダーや通信事業者、サービスを提供している団体に問い合わせください。

サービスの範囲と内容の変更について

- 該当書籍の奥付に記載されている初版発行日から3年が経過した場合、もしくは該当書籍で紹介している製品やサービスについて提供会社によるサポートが終了した場合は、ご質問にお答えしかねる場合があります。
- なお、都合により「できるサポート」のサービス内容の変更や「できるサポート」のサービスを終了させていただく場合があります。あらかじめご了承ください。

電話サポート 0570-000-078（月～金 10:00～18:00、土・日・祝休み）

- **対象書籍をお手元に用意**いただき、**書籍名**と**書籍サポート番号**、**ページ数**、**レッスン番号**をオペレーターにお知らせください。確認のため、お客さまのお名前と電話番号も確認させていただく場合があります
- サポートセンターの対応品質向上のため、通話を録音させていただくことをご了承ください
- 多くの方からの質問を受け付けられるよう、1回の質問受付時間はおよそ15分までとさせていただきます
- 質問内容によっては、その場ですぐに回答できない場合があることをご了承ください
  ※本サービスは無料ですが、**通話料はお客さま負担**となります。あらかじめご了承ください
  ※午前中や休日明けは、お問い合わせが混み合う場合があります

FAXサポート 0570-000-079（24時間受付・回答は2営業日以内）

- 必ず上記①～⑧までの情報をご記入ください。メールアドレスをお持ちの場合は、メールアドレスも記入してください（A4の用紙サイズを推奨いたします。記入漏れがある場合、お答えしかねる場合がありますので、ご注意ください）
- 質問の内容によっては、折り返しオペレーターからご連絡をする場合もございます。あらかじめご了承ください
- FAX用質問用紙を用意しております。下記のWebページからダウンロードしてお使いください
  https://book.impress.co.jp/support/dekiru/

インターネットサポート https://book.impress.co.jp/support/dekiru/（24時間受付・回答は2営業日以内）

- 上記のWebページにある「できるサポートお問い合わせフォーム」に項目をご記入ください
- お問い合わせの返信メールが届かない場合、迷惑メールフォルダーに仕分けされていないかをご確認ください

封書によるお問い合わせ

（郵便事情によって、回答に数日かかる場合があります）

〒101-0051
東京都千代田区神田神保町一丁目105番地
株式会社インプレス できるサポート質問受付係

- 必ず上記①～⑦までの情報をご記入ください。FAXやメールアドレスをお持ちの場合は、ご記入をお願いいたします（記入漏れがある場合、お答えしかねる場合がありますので、ご注意ください）
- 質問の内容によっては、折り返しオペレーターからご連絡をする場合もございます。あらかじめご了承ください

本書を読み終えた方へ
できるシリーズのご案内

※1：当社調べ　※2：大手書店チェーン調べ

Excel関連書籍

いちばんやさしい Excel VBAの教本

人気講師が教える
実務に役立つ
マクロの始め方

伊藤潔人
定価：本体2,200円＋税

講義＋実習のワークショップ形式でExcelマクロを学べる! 簡単なマクロから始まり、徐々にステップアップしながら学べるので、初めての人に最適。

できる逆引き Excel VBAを極める勝ちワザ700

2016/2013/
2010/2007 対応

国本温子・緑川吉行＆
できるシリーズ編集部
定価：本体2,980円＋税

売り上げNo.1のExcel VBA書籍にExcel 2016対応版が登場! 実務で欠かせない処理や応用操作を700紹介。練習用ファイルがあるので、幅広く活用できる。

できる大事典 Excel VBA

2016/2013/
2010/2007 対応

国本温子・緑川吉行＆
できるシリーズ編集部
定価：本体3,800円＋税

960ページの大ボリューム! Excel VBAを網羅した解説書がついに登場。「これ1冊」で安心。サンプルファイルと電子版PDFが無料でダウンロードできる。

できる 仕事がはかどる Excelマクロ 全部入り。

古川順平
定価：本体1,680円＋税

「マクロ」でExcelの操作を自動化すれば、作業の効率が劇的に上がる! 実務で活用できるさまざまなマクロを1冊にギッシリと凝縮!

できる Excel マクロ&VBA

作業の効率化&
スピードアップに
役立つ本
2016/2013/
2010/2007 対応

小舘由典＆
できるシリーズ編集部
定価：本体1,580円＋税

マクロとVBAを駆使すれば、毎日のように行っている作業を自動化できる! 仕事をスピードアップできるだけでなく、VBAプログラミングの基本も身に付きます。

できる大事典 Excel関数

2016/2013/
2010 対応

羽山　博・吉川明広＆
できるシリーズ編集部
定価：本体3,500円＋税

Excelの全関数を完全網羅した解説書。すべてサンプル付きで解説。サンプルファイルと電子版PDFが無料でダウンロードできる!

インターネット関連書籍

できるAmazon スタート→活用 完全ガイド

菊地崇仁＆
できるシリーズ編集部
定価：本体1,280円＋税

できるGoogleサービス パーフェクトブック

困った！&
便利ワザ大全

田中拓也＆
できるシリーズ編集部
定価：本体1,580円＋税

できるOffice 365 Business/Enterprise対応 2018年度版

株式会社
インサイトイメージ＆
できるシリーズ編集部
定価：本体1,800円＋税

読者アンケートにご協力ください！

https://book.impress.co.jp/books/1118101038

このたびは「できるシリーズ」をご購入いただき、ありがとうございます。
本書はWebサイトにおいて皆さまのご意見・ご感想を承っております。
気になったことやお気に召さなかった点、役に立った点など、
皆さまからのご意見・ご感想をお聞かせいただき、
今後の商品企画・制作に生かしていきたいと考えています。
お手数ですが以下の方法で読者アンケートにご回答ください。
ご協力いただいた方には抽選で毎月プレゼントをお送りします！

※プレゼントの内容については、「CLUB Impress」のWebサイト（https://book.impress.co.jp/）をご確認ください。

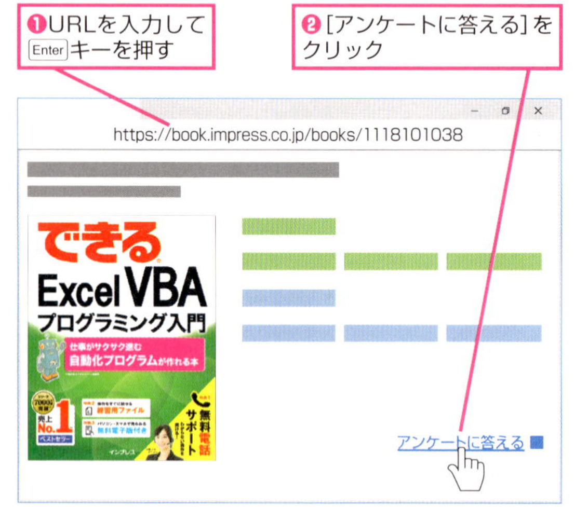

※Webサイトのデザインやレイアウトは変更になる場合があります。

本書のご感想をぜひお寄せください　https://book.impress.co.jp/books/1118101038

「アンケートに答える」をクリックしてアンケートにご協力ください。アンケート回答者の中から、抽選で**商品券（1万円分）**や**図書カード（1,000円分）**などを毎月プレゼント。当選は賞品の発送をもって代えさせていただきます。はじめての方は、「CLUB Impress」へご登録（無料）いただく必要があります。

読者登録サービス

アンケートやレビューでプレゼントが当たる！

本書の内容に関するお問い合わせは、無料電話サポートサービス「できるサポート」をご利用ください。詳しくは252ページをご覧ください。

■著者
小舘由典（こたて よしのり）

株式会社イワイ システム開発部に所属。ExcelやAccessを使ったパソコン向けの業務アプリケーション開発から、UNIX系データベース構築まで幅広く手がける。できるシリーズのExcel関連書籍を長年執筆している。表計算ソフトとの出会いは、1983年にExcelの元祖となるMultiplanに触れたとき。以来Excelとは、1985年発売のMac用初代Excelから現在までの付き合い。
主な著書に『できるExcel&PowerPoint 仕事で役立つ集計・プレゼンの基礎が身に付く本 Windows 10/8.1/7対応』『できるExcelマクロ&VBA 作業の効率化＆スピードアップに役立つ本 2016/2013/2010/2007対応』『できるポケットExcelマクロ&VBA 基本マスターブック 2016/2013/2010/2007対応』『できるWord&Excel 2016 Windows 10/8.1/7対応』（共著）（以上、インプレス）などがある。

STAFF

本文オリジナルデザイン	川戸明子
シリーズロゴデザイン	山岡デザイン事務所<yamaoka@mail.yama.co.jp>
カバーデザイン	株式会社ドリームデザイン
カバーモデル写真	©taka - Fotolia.com
本文イラスト	阿部 猛・永野雅子
DTP制作	株式会社トップスタジオ（岩本千絵） 町田有美・田中麻衣子
編集協力	進藤 寛
デザイン制作室	今津幸弘<imazu@impress.co.jp> 鈴木 薫<suzu-kao@impress.co.jp>
制作担当デスク	柏倉真理子<kasiwa-m@impress.co.jp>
編集	株式会社トップスタジオ（加島聖也・金野靖之）
デスク	小野孝行<ono-t@impress.co.jp>
編集長	藤原泰之<fujiwara@impress.co.jp>
オリジナルコンセプト	山下憲治

本書は、できるサポート対応書籍です。本書の内容に関するご質問は、252ページに記載しております「できるサポートのご案内」をよくお読みのうえ、お問い合わせください。
なお、本書発行後に仕様が変更されたハードウェア、ソフトウェア、サービスの内容などに関するご質問にはお答えできない場合があります。該当書籍の奥付に記載されている初版発行日から3年が経過した場合、もしくは該当書籍で紹介している製品やサービスについて提供会社によるサポートが終了した場合は、ご質問にお答えしかねる場合があります。また、以下のご質問にはお答えできませんのでご了承ください。
・書籍に掲載している操作以外のご質問
・書籍で取り上げているハードウェア、ソフトウェア、各種サービス以外のご質問
・ハードウェアやソフトウェア、各種サービス自体の不具合に関するご質問
本書の利用によって生じる直接的または間接的被害について、著者ならびに弊社では一切の責任を負いかねます。あらかじめご了承ください。

■落丁・乱丁本などの問い合わせ先
TEL 03-6837-5016 FAX 03-6837-5023
service@impress.co.jp
受付時間 10:00〜12:00 ／ 13:00〜17:30
（土日・祝祭日を除く）
●古書店で購入されたものについてはお取り替えできません。

■書店／販売店の窓口
株式会社インプレス 受注センター
TEL 048-449-8040 FAX 048-449-8041

株式会社インプレス 出版営業部
TEL 03-6837-4635

できるExcel VBAプログラミング入門
仕事がサクサク進む自動化プログラムが作れる本

2018年9月21日 初版発行

著 者 小舘由典&できるシリーズ編集部

発行人 小川 亨

編集人 高橋隆志

発行所 株式会社インプレス
〒101-0051 東京都千代田区神田神保町一丁目105番地
ホームページ https://book.impress.co.jp/

印刷所 株式会社廣済堂

ISBN978-4-295-00475-2 C3055

Printed in Japan